Excel大百科全书

从逻辑到实战

Excel

函数与公式应用大全

（案例·视频）

韩小良 ◎ 著

中国水利水电出版社
www.waterpub.com.cn
·北京·

内 容 提 要

《从逻辑到实战 Excel 函数与公式应用大全（案例·视频）》共28章，全面介绍了 Excel 常用函数与公式的基本原理、基本用法及各种变形扩展应用，以拓宽解决问题的逻辑思路，从而提升解决实际问题的能力。

本书介绍的大量实际案例，都来自于培训第一线，具有非常高的实用价值。大部分案例实际上就是现成的模板，拿来即可应用于实际工作中，有利于迅速提高工作效率。

本书适用于具有 Excel 基础知识的财务管理人员，以及需要经常处理大量数据的其他岗位从业人员。本书也可作为高等院校经济类本科生、研究生和 MBA 学员的教材或参考用书。

图书在版编目(CIP)数据

从逻辑到实战 Excel 函数与公式应用大全：案例·
视频/韩小良著. —北京：中国水利水电出版社，2021.5
ISBN 978-7-5170-9058-8

Ⅰ.①从… Ⅱ.①韩… Ⅲ.①表处理软件 Ⅳ.
①TP391.13

中国版本图书馆CIP数据核字(2020)第213774号

书　　名	从逻辑到实战 Excel 函数与公式应用大全（案例·视频） CONG LUOJI DAO SHIZHAN Excel HANSHU YU GONGSHI YINGYONG DAQUAN
作　　者	韩小良　著
出版发行	中国水利水电出版社 （北京市海淀区玉渊潭南路 1 号 D 座　100038） 网址：www.waterpub.com.cn E-mail：zhiboshangshu@163.com 电话：（010）62572966-2205/2266/2201（营销中心）
经　　售	北京科水图书销售中心（零售） 电话：（010）88383994、63202643、68545874 全国各地新华书店和相关出版物销售网点
排　　版	北京智博尚书文化传媒有限公司
印　　刷	河北华商印刷有限公司
规　　格	180mm×210mm　24 开本　18.25 印张　608 千字　1 插页
版　　次	2021 年 5 月第 1 版　2021 年 5 月第 1 次印刷
印　　数	0001—5000 册
定　　价	99.80 元

凡购买我社图书，如有缺页、倒页、脱页的，本社营销中心负责调换

Preface 前　言

　　一般来说，Excel 学习中最难的部分是函数与公式。很多人对单个函数的学习和使用，往往得心应手，但对函数嵌套，却往往一筹莫展。

　　作为 Excel 四大核心工具（函数、透视表、图表、Power Query）之一，函数与公式是 Excel 的灵魂，不论是普通的统计表，还是几个关联数据工作表，我们都需要使用函数与公式进行基本或者复杂的计算，以完成特定的任务。

　　那么，到底是先学函数还是先学公式呢？很多人并不清楚函数与公式的区别和联系，因而不知道该如何学习。其实在学习 Excel 函数与公式时，应把学习重点放在培养逻辑思维上，培养对表格的阅读能力。对单个函数的使用往往没有问题，但对函数嵌套就束手无策；某个函数在这个表格场景中明白，但换个表格场景，就一点思路也没有了，这其中的原因是什么呢？

　　Excel 提供了数百个函数，但从实际数据处理和分析中来看，经常使用的函数并不多。在这些函数中，有些函数的使用频率非常高，它们的变形扩展应用也更加多样化。这些变形扩展应用，一方面是由函数本身的特点所决定，另一方面也会随着不同表格、不同问题而获得不同的应用。对这些函数进行透彻的研究、理解和应用，会极大地提升我们解决问题的核心能力：逻辑思路。

　　学习 Excel 的核心不是学习函数语法，更不是简单地学习公式的用法，而是要培养逻辑思维。

　　Excel 最强之函数公式，觉难学者甚众，为何？因不解原理，无逻辑思路，不去思考。王阳明曰：故不务去天理上着工夫，徒弊精竭力，从册子上钻研，名物上考索，形迹上比拟，知识愈广而人欲愈滋，才力愈多而天理愈蔽。又曰：道之全体，圣人亦难以语人，须是学者自修自悟。又曰：如人走路一般，走得一段，方认得一段；走到歧路处，有疑便问，问了又走，方渐能到得欲到之处。又曰：人不用功，莫不自以为已知。吾亦总结十余年之经验心得，得三句话：表格决定思路，思路决定函数，函数决定公式。今再补一句：善思者得其理，以勤学苦练，一日一练，一日多练，熟能生巧，愈练愈精。一个任务，一个表格，一个数据，一个函数，一个公式，皆必先思之。

　　本书共 28 章，按照数据处理问题，全面介绍了常用函数和公式的基本原理、基本用法及各种变形扩展应用，启发解决问题的逻辑思路，而不是局限于了解函数的语法，套用现成的公式。

　　本书自始至终贯彻一个坚定的理念：逻辑思路是学习 Excel 的核心！

本书针对的是 Excel 2016 以上的版本，所有案例都在该版本中测试完成。

本书的编写得到了朋友和家人的支持和帮助，包括翟永俭、贾春雷、冯岩、韩良玉、徐沙比、申果花、韩永坤、冀叶彬、刘兵辰、徐晓斌、刘宁、韩雪珍、徐换坤、张合兵、徐克令、张若曦、徐强子等，在此表示衷心的感谢！

中国水利水电出版社的刘利民老师和秦甲老师在本书的编写中也给予了很多帮助和支持，使得本书能够顺利出版，在此表示衷心的感谢！

由于水平有限，作者虽尽职尽力，以期本书能够满足更多人的需求，但书中难免有疏漏之处，敬请读者批评指正，我会在适当的时间进行修订和补充。

欢迎加入 QQ 群一起交流，群号：676696308。

韩小良

Contents 目 录

第 1 章　公式的重要规则和注意事项　▶▶▶

第 ② 章　函数的语法规则和使用技巧　▶▶▶

第 ③ 章　使用名称简化公式，灵活分析数据　▶▶▶

第 4 章　数组公式及其应用　▶▶▶

第（5）章　在公式函数中使用条件表达式　▶▶▶

第（6）章　学习函数公式的核心是逻辑思路　▶▶▶

第 7 章　数据处理与分析，从逻辑判断开始　▶▶▶▶

第 8 章　处理文本数据　▶▶▶

第 9 章　日期时间数据处理与计算 ▶▶▶

第⑫章 SUMPRODUCT 函数：强大的多种计算功能 ▶▶▶

第⑬章 VLOOKUP 函数：从左往右查找数据 ▶▶▶

第⑭章　HLOOKUP 函数：从上往下查找数据　▶▶▶

第⑮章　LOOKUP 函数：强大的数据查找函数 ▶▶▶

第⑯章　MATCH 函数：查找函数的定海神针 ▶▶▶

第 17 章　INDEX 函数：根据坐标查找数据 ▶▶▶

第 18 章　INDIRECT 函数：间接引用单元格 ▶▶▶

第21章　排名与排序分析　▶▶▶

第22章　极值计算　▶▶▶

第23章　数字的舍入　▶▶▶

第24章　数据预测　▶▶▶

第25章　数据特殊处理　▶▶▶

第 26 章　财务基本计算 ▶▶▶

第 27 章　获取工作簿和工作表基本信息 ▶▶▶

第 28 章　利用简单的 VBA 创建函数 ▶▶▶

公式的重要规则和注意事项

Excel

作为 Excel 的核心技能之一，函数公式是表格的灵魂。没有了公式，表格就失去了灵动性，也就无从谈起数据统计与数据分析了。

然而，如何正确学习公式，如何从根本上解决公式在实际应用中的问题，则是需要认真考虑的。

1.1 公式的基本概念

千里之行，始于足下。要想灵活地设计公式，首先要了解公式的基本知识和重要规则，因为 Excel 公式不是只有简单的加减乘除运算。

1.1.1 公式是什么

简单来说，公式是以等号 (=) 开头的，以运算符将多个元素（常量、数组、表达式、单元格引用、名称、函数、括号等）连接起来的数学表达式。

例如，下面的公式就是将数字 100、单元格 A1 的值、单元格区域 A1:A10 的合计数相加，然后减去表达式 (A1=100)*9 的结果。

=100+A1+SUM(A1:A10)-(A1=100)*9

在这个公式中：

◎ 使用了算术运算符 +、−、*。

◎ 使用了单元格引用 A1、A1:A10。

◎ 使用了条件表达式 A1=100。

◎ 使用了括号 ()。

◎ 使用了函数 SUM。

◎ 使用了引用运算符 :。

在 Excel 中，凡是在单元格中先输入等号，然后再输入其他内容的式子，Excel 就自动认定为公式。

如果在单元格输入了"=100"，尽管该单元格显示出的数据为 100，但它不是数字 100，而是一个公式，其计算结果是 100。

如果在单元格输入"="100""，单元格显示出的数据也为 100，但这个 100 也不是数字 100，而是一个文本字符 "100"。

如果在单元格输入公式"= 北京"，那么 Excel 就认为是引用一个名称"北京"，如果没有定义这个名称，就会出现错误值 #NAME? 。

如果输入了"=" 北京 ""，那么就是输入了文本字符"北京"，单元格就显示"北京"两字。

1.1.2　公式结构及其元素

输入到单元格的计算公式，由以下几种基本元素组成。

1. 等号

任何公式必须都是以等号开头。如果在起始位置没有等号，那么输入到单元格的内容认定为一个字符串常量。

2. 运算符

将多个参与计算的元素连接起来的符号就是运算符。Excel 公式常用的运算符有引用运算符、算术运算符、文本运算符和比较运算符。

3. 常量

常量是指公式中永远不变的数据，包括常数和字符串。

◎ 常数是指值永远不变的数据，如 10.02、2000 等。

◎ 字符串是指用双引号括起来的文本，如 "47838" " 彩电 " 等。

4. 数组

在公式中还可以使用数组来创建更加复杂的公式，如 {1,2,3,4,5} 就是一个数组。

5. 单元格引用

单元格引用是指以单元格地址或名称来代表单元格的数据进行计算。

例如，公式"=A1+B2+200"就是将单元格 A1 数据和 B2 数据以及常数 200 进行相加；而公式"=SUM(销售量)"就是利用函数 SUM 对名称为"销售量"所代表的单元格区域进行求和计算。

6. 函数和它们的参数

公式的元素也可以是函数。例如，公式"=SUM(A1:A10)"就使用了函数 SUM，A1:A10 是为 SUM 函数设置的一个参数，表示引用单元格区域 A1:A10。

7. 括号

括号主要用于控制公式中各元素运算的先后顺序。

在公式中，括号有两种：函数括号和公式括号。

任何一个函数都必须有一对括号，这就是函数括号。它里面是需要设置的参数。公式括号是根据实际需要，对某些元素的运算顺序进行控制。

例如，下面两个公式得到的结果是不同的。

◎ 公式 1：=(A1=100)*0.9。

◎ 公式 2：=A1=100*0.9。

公式 1 的计算逻辑是先判断 A1 单元格数据是否等于 100，结果是逻辑值 TRUE 或者 FALSE；然后将这个判断结果逻辑值乘以 0.9，公式的结果是 0.9 或者 0。

公式 2 的计算逻辑是判断 A1 单元格数据是否等于 100*0.9，也就是判断 A1 单元格数据是否等于 90，公式的结果是逻辑值 TRUE 或者 FALSE。

1.1.3 公式运算符及其运用

Excel 公式的运算符有引用运算符、算术运算符、文本运算符和比较运算符。

1. 引用运算符

引用运算符用于对单元格区域的合并引用，常见的引用运算符有冒号（:）、逗号（,）和空格。

（1）冒号

冒号是引用单元格连续区域的运算符，用于对两个单元格之间的所有单元格进行引用。

例如：

◎ A1:B10 表示以 A1 为左上角、以 B10 为右下角的连续单元格区域。

◎ A:A 表示整个 A 列。

◎ A:D 表示 A 列~D 列。

◎ 5:5 表示第 5 行。

◎ 5:10 表示 5~10 行。

（2）逗号

逗号是函数参数分隔符。在函数的各个参数之间，必须用逗号予以分隔。

有时会遇到函数中出现 3 个逗号 ",,," 的情形，这是因为该函数的某两个参数被省略了。

（3）空格

空格是交集运算符，用于对两个单元格区域的交叉单元格的引用。

例如，公式 "=SUM(B5:D5 C5:E5)" 是将两个单元格区域 B5:D5 和 C5:E5 的交叉单元格区域 C5:D5 的数据进行加总运算。

2. 算术运算符

算术运算符用于完成基本的算术运算，按运算的先后顺序，算术运算符有以下几个。

- ◎ 负号（-）
- ◎ 百分数（%）
- ◎ 幂（^）
- ◎ 乘（*）
- ◎ 除（/）
- ◎ 加（+）
- ◎ 减（-）

例如：

- ◎ 公式"=A1*B1+C1-100"就是将单元格 A1 和 B1 的数据相乘后加上单元格 C1 的数据，再减去 100。
- ◎ 公式"=A1^(1/3)"就是求单元格 A1 的数据的立方根。
- ◎ 公式"=-A1"就是将单元格 A1 的数值变为负数后输入到指定单元格。
- ◎ 公式"=205.88%"就是输入百分数 205.88%，实质上是将 205.88 除以 100。

3. 文本运算符

文本运算符用于将两个或多个值连接或串联起来产生一个连续的文本值。文本运算符主要指文本连接运算符（&）。

例如，公式"=A1&A2&A3&100&" 元 ""就是将单元格 A1、A2、A3 的数据、数字 100 及文本字符"元"连接起来组成一个新的文本字符串。如果单元格 A1、A2 和 A3 的数据分别为 111、222 和 333，那么这个公式的结果就是文本字符串 "111222333100 元 "。

4. 比较运算符

比较运算符用于比较两个值，并返回逻辑值 TRUE（真）或 FLASE（假）。比较运算符有以下几个。

- ◎ 等于（=）
- ◎ 小于（<）
- ◎ 小于或等于（<=）
- ◎ 大于（>）
- ◎ 大于或等于（>=）

◎ 不等于（<>）

例如，公式"=A1=A2"就是比较单元格 A1 和 A2 的值，如果 A1 的值等于 A2 的值，就返回 TRUE，否则就返回 FALSE。注意，这个公式的第一个等号是公式的等号，而第二个等号才是比较运算符。

📢 注意：Excel 是不区分字母大小写的，因此在使用上述比较运算符对英文字符串进行比较时，要注意这个问题。

假设单元格 A1 为字母 a，单元格 A2 为字母 A，那么公式"=A1=A2"的结果是 TRUE。

比较运算只能对两个值进行比较，而不能对很多数据同时进行比较。

1.1.4　公式运算符的优先顺序规则

当公式中有不同的运算符一起使用时，要特别注意它们的优先顺序。一般情况下，Excel 公式会按照默认的运算符优先顺序进行逐次运算，其顺序如下。

引用运算符→算术运算符→文本运算符→比较运算符

如果公式中的运算符具有相同的优先顺序时，则计算的顺序是从左到右依次计算。可以使用小括号"()"改变公式的计算顺序。当有多层小括号组成层状结构时，原则上由内往外逐层计算。

例如，公式"=((A1*B1)+(A2*B2))*C1"就是利用小括号设置计算顺序的例子，它首先计算单元格 A1 和 B1 的乘积以及 A2 和 B2 的乘积，然后将两者相加起来，最后乘以单元格 C1 的值。

又如，要计算单元格 A1 数据的立方根，就必须使用公式"=A1^(1/3)"，也就是先计算小括号内的表达式"1/3"，然后以此结果对单元格 A1 进行幂计算。切忌将公式写为"=A1^1/3"（即先计算单元格 A1 的 1 次幂，然后将结果除以 3）。

1.1.5　常量及其输入规则

Excel 处理的数据主要有三类：文本、日期和时间、数字。当要在公式或函数中使用不同类型的常量时，要依据数据类型做不同的处理。

1. 文本

文本常量要用双引号括起来，如"=" 北京 ""。如果在单元格输入这样的公式"="100""，那么单元格得到的结果将不再是数字 100，而是文本型数字。

2. 日期和时间

日期和时间常量也要用双引号括起来，如"="2020-6-1""和"="18:23:55""。如果直接输入公式"=2020-6-1"，那么就是减法运算了。

但要注意，带有双引号的日期在进行算术运算以及用在日期函数中进行计算时，不需要进行特殊处理。但如果在其他函数中使用带有括号的日期和时间常量时，最好使用 DATEVALUE 函数和 TIMEVALUE 函数将文本型日期和文本型时间进行转换，即：

◎ = DATEVALUE("2020-6-1")

◎ = TIMEVALUE("18:23:55")

📢 思考：在 Excel 里，日期是什么类型数据？时间是什么类型数据？日期和时间到底是文本还是数字？

3. 数字

数字常量直接输入即可。

例如，下面的公式就是把数字 100083 和文本字符串连接成一个新字符串。

=100083&" 北京市海淀区学院路 "

1.1.6　在公式中如何正确输入标点符号

无论是在公式中直接输入，还是在函数里作为参数，当用到单引号、双引号、逗号、冒号等标点符号时，都必须是英文半角字符，不能是汉字状态下的全角字符，这点在输入公式时要特别注意。有时候输入全角字符，Excel 能够自动转换为半角字符，但大多数情况会出现错误。

1.1.7　公式中的英文字母区分大小写吗

在 Excel 公式中，不区分英文字母大小写。例如，当输入求和函数时，既可以输入小写字母 sum，也可以输入大写字母 SUM。

对于函数名称而言，不论是输入大写字母还是小写字母，都会被自动转换为大写。如果要严格区分字母的大小写，那么就需要使用函数进行匹配。

1.1.8　在公式中可以使用空格吗

在 1.1.3 小节说过，空格在公式里是一个交集运算符，但这仅是指在单元格引用的情况下。

如果将其用于运算符或者表达式之间，它就仅是一个空格而已。

当公式嵌套比较复杂时，为了能够增强公式的阅读性，可以使用空格将各个计算部分适当分开，使公式的表达更加清晰，如下所示。

> =IF(K1>1, SUM(A1:A8), AVERAGE(C1:C11))

需要注意的是，函数名与函数括号之间是绝对不能使用空格的。例如，下面的写法就是错误的。

> =SUM (A1:A7)

1.2 相对引用和绝对引用

引用的作用在于标识工作表上的单元格或单元格区域，便于获取该单元格或单元格区域的数据。例如：

◎ 引用工作表第一个单元格的数据时，可以使用公式"=A1"。

◎ 引用当前工作表第 5 行第 3 列的单元格数据时，可以使用公式"=C5"或者公式"=R5C3"。

◎ 引用另外一个工作表 Sheet2 的第 5 行第 3 列的单元格数据，可以使用公式"=Sheet2!C5"或者公式"=Sheet2!R5C3"。

大多数的引用是同一个工作簿中当前工作表的单元格或同一工作簿中的其他工作表单元格。但有时也需要引用其他工作簿中的单元格数据，引用其他工作簿中的单元格被称为链接或外部引用。

1.2.1 了解 A1 引用样式和 R1C1 引用样式

默认情况下，Excel 使用 A1 引用样式。在此样式下，字母标识列，数字标识行，这些字母和数字分别被称为列标和行号。若要引用某个单元格，先输入列标字母，再输入行号。例如，B2 就是引用 B 列第 2 行交叉处的单元格。

除了 A1 引用样式，Excel 还提供了 R1C1 引用样式，此时 R 表示行（Row 的第一个字母），C 表示列（Column 的第一个字母）。例如，R10C5 表示引用第 10 行第 5 列的单元格，也就是常规样式下的 E10 单元格。

A1 引用样式和 R1C1 引用样式的切换是在"Excel 选项"对话框中进行的，如图 1-1 所示。

在该对话框中,切换到"公式"选项卡,在"使用公式"分类组中根据需要选中或者取消选中"R1C1引用样式"复选框即可。

图 1-1 A1 引用样式和 R1C1 引用样式的切换

选中"R1C1引用样式"复选框后的工作表界面如图 1-2 所示,此时列标不再是字母,而是数字。仔细观察编辑栏左侧的名称框,显示为 R4C2。

在"Excel 选项"对话框中取消选中"R1C1引用样式"复选框后,工作表列标又恢复为默认的字母了。此时,编辑栏左侧名称框里显示为 B4,如图 1-3 所示。

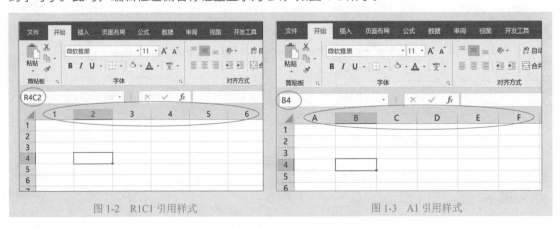

图 1-2 R1C1 引用样式　　　　　　　　　　图 1-3 A1 引用样式

1.2.2　正确设置相对引用和绝对引用

在引用单元格进行计算时，如果想要复制公式（俗称拉公式），那么要特别注意单元格引用位置是否跟着公式的复制发生变化。也就是说，在复制公式时要考虑单元格的引用方式，即相对引用和绝对引用，以免复制后的公式不是想要的结果。

1. 相对引用

相对引用也称相对地址，用列标和行号直接表示单元格，如 A2、B5 等。在默认情况下，输入的新公式使用相对引用。

当某个单元格的公式被复制到另一个单元格时，原单元格内公式中的地址在新的单元格中就会发生变化，但其引用的单元格地址之间的相对位置间距保持不变。

例如，单元格 C2 的公式为"=A1"，将其复制到单元格 E6，也就是往下复制 4 行，再往右复制 2 列，则单元格 E6 的公式就是"=C5"，引用位置发生了同步变化，如图 1-4 所示。

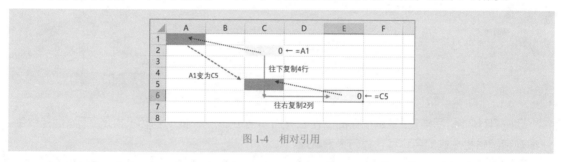

图 1-4　相对引用

2. 绝对引用

绝对引用又称绝对地址，在列标和行号前加 $ 符号就称为绝对引用，其特点是在将此单元格复制到新的单元格时，公式中引用的单元格位置始终保持不变。

例如，单元格 C2 的公式为"=$A$1"，将其复制到单元格 E6，也就是往下复制 4 行，再往右复制 2 列，单元格 E6 的公式仍为"=$A$1"，引用位置不变，如图 1-5 所示。

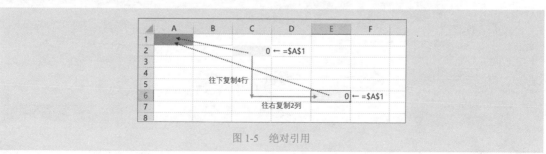

图 1-5　绝对引用

3. 列绝对行相对引用

列标前有 $ 符号，而行号前没有 $ 符号，就是列绝对行相对引用。此时，当往左右复制公式时，引用的列是不发生变化的，但是往上下复制公式时，引用的行会发生变化。

例如，单元格 C2 公式为"=$A1"，将其复制到单元格 E6，也就是往下复制 4 行，再往右复制 2 列，单元格 E6 的公式变为"=$A5"。此时，仍然引用的是 A 列，第 1 行变为了第 5 行，如图 1-6 所示。

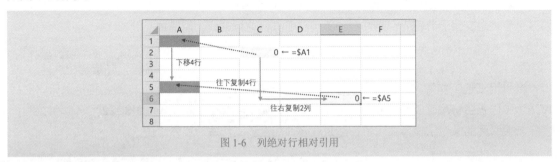

图 1-6 列绝对行相对引用

4. 列相对行绝对引用

列标前没有 $ 符号，而行号前有 $ 符号，就是列相对行绝对引用。此时，当往左右复制公式时，引用的列会生变化，但是往上下复制公式时，引用的行不会发生变化。

例如，单元格 C2 公式为"=A$1"，将其复制到单元格 E6，也就是往下复制 4 行，再往右复制 2 列，单元格 E6 的公式变为"=C$1"。此时，仍然引用的是第 1 行，但 A 列变为了 C 列，如图 1-7 所示。

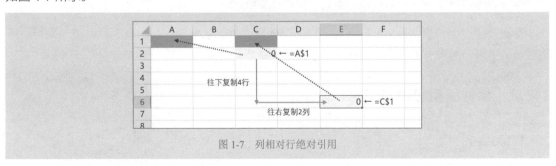

图 1-7 列相对行绝对引用

5. 引用其他工作表单元格

当要引用同一工作簿的不同工作表的单元格时，要在引用工作表名称后面加一个感叹号（！），然后加上单元格地址，即

（= 工作表名称！单元格地址）

例如，公式"=Sheet2!B5"表示引用工作表 Sheet2 中的 B5 单元格内容。

当工作表名称是数字或者是以数字开头的字符串时，直接单击引用该工作表单元格时，会在工作表名称外面自动添加一对单引号，如公式"='1111'!A1"和公式"='10 月 '!A1"。如果是手动输入工作表名称，可以不加单引号。

如果工作表名称之间有空格，那么必须用一对单引号将工作表名称括起来，否则 Excel 会认为这个空格是交集运算符，空格左右的单词是名称，这样就会出现错误。例如

='China Sales'!B2:B10

当引用其他工作簿的某个工作表单元格时，需要先用方括号将其他工作簿名称括起来，然后接某个工作表名称及感叹号，最后接单元格地址，如"=[Book2.xls]Sheet1!$B$2"。

如果引用的某个工作簿关闭了，那么就必须加上该工作簿的具体路径，即

='C:\TEMP\[Book2.xls]Sheet1'!$B$2

📢注意：这里引用的具体写法是用单引号将包括工作簿路径、工作簿名称及工作表名称在内的字符串全部括起来，然后在后面加一个感叹号，最后加单元格地址。具体格式如下所示。

=' 工作簿保存文件夹路径 \[工作簿名称 .xls] 工作表名称 '! 单元格地址

6. 熟练使用 F4 键：相对引用和绝对引用快速转换键

牢记一个引用转换快捷键：F4 键。重复按 F4 键，就会依照相对引用→绝对引用→列相对行绝对→列绝对行相对→相对引用这样的顺序循环转换。

1.2.3　相对引用和绝对引用示例

1. 完全绝对引用

计算各个项目销售收入占总销售收入的百分比，它们分别等于单元格 B2、B3、B4、B5、B6、B7 的数值除以单元格 B8 的数值，如图 1-8 所示。

在每个单元格的计算公式中，分子分别是每个项目的数值，因此分子引用单元格是相对引用；每个公式都是使用单元格 B8 的数值作为分母，因此单元格 B8 要采用绝对引用。

C2 =B2/$B$8

	A	B	C	D	E
1	项目	销售收入	占比		
2	项目1	546	2.52%		
3	项目2	2985	13.77%		
4	项目3	1987	9.17%		
5	项目4	394	1.82%		
6	项目5	9041	41.72%		
7	项目6	6720	31.01%		
8	合计	21673	100.00%		

图 1-8 绝对引用的应用示例

这样，在单元格 C2 输入公式“=B2/$B$8”，然后向下复制到单元格 C8，就得到各个项目销售额的百分比数据。

2. 列绝对行相对引用

图 1-9 所示的左侧是各个项目在各个地区的销售统计表，现在要分析每个项目在各个地区的销售占比，从而制作出右侧的占比分析报表。

不论在哪个单元格输入公式，分子都是左侧表格的相应单元格，因此分子必须是相对引用。

对某个项目而言，当往右复制公式时，该项目的合计数保存在 F 列，是不能移动的，因此分母要列绝对。

当往下复制公式时，每一行是一个不同的项目，其合计数在 F 列的不同行，因此分母要行相对。

这样，在单元格 J4 输入公式“=B4/$F4”，往右往下复制，就得到需要的占比报表。

J4 =B4/$F4

各地区统计报表

项目	北区	东区	南区	西区	合计
项目1	271	1051	461	541	2324
项目2	466	265	940	552	2223
项目3	1202	1077	644	900	3823
项目4	212	705	1135	1280	3332
项目5	508	123	426	1383	2440
项目6	708	291	695	1187	2881
合计	3367	3512	4301	5843	17023

各个项目在各个地区的销售占比

项目	北区	东区	南区	西区	合计
项目1	11.7%	45.2%	19.8%	23.3%	100.0%
项目2	21.0%	11.9%	42.3%	24.8%	100.0%
项目3	31.4%	28.2%	16.8%	23.5%	100.0%
项目4	6.4%	21.2%	34.1%	38.4%	100.0%
项目5	20.8%	5.0%	17.5%	56.7%	100.0%
项目6	24.6%	10.1%	24.1%	41.2%	100.0%
合计	19.8%	20.6%	25.3%	34.3%	100.0%

图 1-9 计算每个项目在各个地区的销售占比

3. 列相对行绝对引用

在上面的示例中，继续分析各个地区下各个项目的销售占比，制作出右侧的占比分析报表，如图 1-10 所示。

图 1-10　计算各个地区下各个项目的销售占比

不论在哪个单元格做公式，分子是左侧表格的相应单元格，因此分子必须是相对引用。

对某个地区而言，当往下复制公式时，该地区的合计数保存在第 10 行，是不能移动的，因此分母要行绝对。

当往右复制公式时，每一列是一个不同的地区，其合计数在第 10 行的不同列，因此分母要列相对。

这样，在单元格 J4 输入公式"=B4/B$10"，往右往下复制，就得到需要的占比报表。

图 1-11 是一个很常见的表格结构，每个地区下有一个合计，现在要加总所有地区各月的合计数。单元格 C17 的公式如下。

	A	B	C	D	E	F	G	H	I	J	K	L	M	N	O
1	地区	产品	1月	2月	3月	4月	5月	6月	7月	8月	9月	10月	11月	12月	合计
2	华北	产品1	229	150	686	626	500	429	460	236	439	749	258	567	5329
3		产品2	277	725	729	281	606	730	800	709	279	483	772	746	7137
4		产品3	398	233	464	744	193	167	750	785	413	352	450	627	5576
5		合计	904	1108	1879	1651	1299	1326	2010	1730	1131	1584	1480	1940	18042
6	华东	产品1	354	130	254	532	581	747	531	419	498	276	139	164	4625
7		产品2	638	686	147	100	310	356	668	475	517	733	357	365	5352
8		产品3	454	427	591	524	315	154	281	391	626	445	185	498	4891
9		产品4	496	508	602	457	414	780	527	192	178	506	167	561	5388
10		合计	1942	1751	1594	1613	1620	2037	2007	1477	1819	1960	848	1588	20256
11	华南	产品2	316	403	538	389	501	460	571	383	512	727	360	422	5582
12		产品3	427	268	196	591	375	250	344	634	656	334	739	569	5383
13		产品4	307	378	700	411	312	469	771	373	495	643	274	223	5356
14		产品5	562	786	739	139	136	126	518	506	599	574	126	101	4912
15		产品6	371	665	475	111	664	628	422	677	126	483	660	445	5727
16		合计	1983	2500	2648	1641	1988	1933	2626	2573	2388	2761	2159	1760	26960
17	总计		4829	5359	6121	4905	4907	5296	6643	5780	5338	6305	4487	5288	65258
18															

图 1-11　计算总计

=SUMIF($B$2:$B$16," 合计 ",C2:C16)

在这个公式中，判断区域是 B2:B16，不论公式复制到哪里，这个判断区域不变，所以要绝对引用 $B$2:$B$16；而求和区域是 C2:C16，这个仅是计算 1 月份的总计，当向右复制公式时，要分别计算其他月份的总计，因此这个区域要相对引用。

图 **1-12** 是一个各个月的预算分析表，现在要计算全年的合计数。此时，单元格 **B3** 的公式如下。

B3				▼	:	× ✓ fx	=SUMIF($E$2:$AN$2,B$2,$E3:$AN3)									
▲	A	B	C	D	E	F	G	H	I	J	K	L	M	N	O	P	Q
1	项目		全年			1月			2月			3月			4月		
2		预算	实际	差异	预算	实际	差异	预算	实际	差异	预算	实际	差异	预算	实际	差异	预算
3	项目01	6279	5609	-670	363	645	282	693	338	-355	742	207	-535	583	454	-129	216
4	项目02	6604	5750	-854	284	482	198	770	719	-51	455	414	-41	787	413	-374	659
5	项目03	6146	5238	-908	316	226	-90	606	672	66	365	499	134	740	385	-355	405
6	项目04	5744	6194	450	255	658	403	362	512	150	748	227	-521	435	771	336	558
7	项目05	6815	6689	-126	528	202	-326	326	329	3	797	557	-240	637	771	134	411
8	项目06	6104	6291	187	745	375	-370	421	258	-163	735	607	-128	494	684	190	579
9	项目07	4908	4857	-51	618	593	-25	338	391	53	243	542	299	650	314	-336	225
10	项目08	6361	5337	-1024	670	211	-459	341	421	80	728	791	63	371	504	133	281
11	项目09	5790	6422	632	305	476	171	365	411	46	271	736	465	647	543	-104	622
12	项目10	6696	6276	-420	757	797	40	687	617	-70	565	243	-322	609	313	-296	529
13	合计	61447	58663	-2784	4841	4665	-176	4909	4668	-241	5649	4823	-826	5953	5152	-801	4485
14																	

图 1-12　计算全年合计数

=SUMIF($E$2:$AN$2,B$2,$E3:$AN3)

在这个公式中，判断区域是第 2 行各个月的标题，不论公式往右还是往下复制，这个区域都是固定不变的，因此要绝对引用 $E$2:$AN$2。

条件值是使用第 2 行 B2 的标题，当往右复制时，分别变成"预算""实际"和"差异"这些不同的名称，因此要列相对；当往下复制时，该行单元格的标题是不能变化的，仍旧是单元格 B2，因此要行绝对。从而，函数 SUMIF 的条件值引用是列相对行绝对 B$2。

不论公式怎么复制，求和区域永远是 E 列～AN 列的区域，因此往右复制公式时，这个区域是不能发生变化的（永远是 E 列到 AN 列的区域），因此要列绝对；但是每行都是一个不同的项目，往下复制公式时要变成不同项目的数据区域，因此要行相对。这样，求和区域要设置为列绝对行相对 $E3:$AN3。

1.3 实用的复制和移动公式技巧

复制和移动公式是最常见的操作之一，尤其是在需要输入大量计算公式的场合。复制和移动公式有很多方法和窍门，可以根据自己的喜好和实际情况选择使用。

1.3.1 复制公式的基本方法

复制公式的基本方法是在一个单元格输入公式后，将鼠标指针对准该单元格右下角的黑色小方块，按下鼠标左键不放，然后向下、向右、向上或者向左拖曳鼠标，从而完成其他单元格相应计算公式的输入工作。

1.3.2　复制公式的快捷方法

除了上面介绍的通过拖动单元格右下角的黑色小方块来复制公式外，还可以采用一些小技巧来实现公式的快速复制，如双击法、快速复制法等。

当在某单元格输入公式后，如果要将该单元格的公式向下填充复制，一般的方法是向下拖曳鼠标。但有一个更快的方法：双击单元格右下角的黑色小方块，就可以迅速得到复制的公式。

不过，这种方法只能快速向下复制公式，无法向上、向左或向右快速复制公式，也不适用于中间有空行的场合。如果中间有空行，复制公式就会停止在空行处。

如果要复制公式的单元格区域是一个包含很多行和列的连续区域，采用上述的拖曳鼠标的方法就比较低效了。这时可以先在单元格区域的第一个单元格输入公式，然后选取包括第一个单元格在内的要输入公式的全部单元格区域，按 F2 键，再按 Ctrl+Enter 组合键，即可快速得到所有的计算公式。

1.3.3　移动公式的基本方法

移动公式就是将某个单元格的计算公式移动到其他单元格中，基本方法是先选择要移动公式的单元格区域，按 Ctrl+X 组合键；再选取目标单元格区域的第一个单元格，按 Ctrl+V 组合键。

这种方法只能用于操作连续单元格区域，不能操作不连续单元格区域。

1.3.4　移动公式的快捷方法

如果觉得按 Ctrl+X 组合键和 Ctrl+V 组合键麻烦，可以采用下面的快速方法：选择要移动公式的单元格区域，将鼠标指针放置在选定区域的边框上，按住左键，拖曳鼠标到目的单元格区域的左上角单元格。

这种方法只能移动连续单元格区域，不能操作不连续的单元格区域。

1.3.5　复制公式本身或公式的一部分

有时候，希望将单元格的公式本身复制到其他的单元格区域，不改变公式中单元格的引用，只是将公式作为文本进行复制。其基本方法和步骤如下。

步骤 1：选择要复制公式本身的单元格。

步骤 2：在编辑栏中或者单元格中选择整个公式文本。

步骤 3：按 Ctrl+C 组合键，将选取的公式文本复制到剪切板。

步骤 4：双击目标单元格。

步骤 5：按 Ctrl+V 组合键。

另外一个复制公式本身的方法是先删除单元格公式前面的等号，然后将该单元格复制到其他单元格，最后在这个单元格的公式字符串前面加上等号。

还可以利用上述方法复制公式文本的一部分，只要在单元格内和公式编辑栏中选取公式的一部分，再进行复制粘贴就可以了。

1.3.6　将公式转换为值

当利用公式对数据进行计算和处理后，如果公式结果不再变化，可以将公式转换为值，这样可以防止一不小心把公式的引用数据删除所造成的错误，也能提高工作表计算速度。

将整个公式的值转换为不变的数值，可以按照以下步骤进行。

步骤 1：选择公式单元格。

步骤 2：按 Ctrl+C 组合键。

步骤 3：执行右键菜单中"粘贴选项"中的"值"选项，如图 1-13 所示。

图 1-13　右键菜单的"值"选项

1.4 ‖ 让公式容易阅读理解的技巧

当设计了一个复杂的、有多层嵌套结构的公式时，可以使用几个小技巧，让公式易于阅读、检查和修改。

1.4.1　分行输入公式

当输入的公式非常复杂又很长时，为增强公式的可阅读性，可以将公式分成几部分并分行显示，以便于查看公式。Excel 允许公式分行输入，这种处理并不影响公式的计算结果。

要将公式分行输入，应在需要分行处按 Alt+Enter 组合键进行强制分行，当所有部分输入完毕按 Enter 键即可。将公式分行输入后的情形如图 1-14 所示。

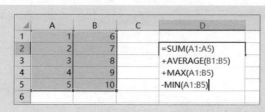

图 1-14　将公式分行输入

1.4.2　在公式表达式和运算符之间插入空格

Excel 允许在表达式和运算符之间添加空格，但是不能在函数名的字母之间以及函数名与函数括号之间插入空格。

插入空格后的公式查看起来更加清楚，便于对公式进行分析和编辑。

在公式表达式和运算符之间插入空格后的情形如图 1-15 所示。

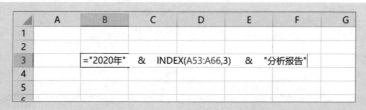

图 1-15　在公式表达式和运算符之间插入空格

1.5　检查公式技巧

设计公式是一项复杂的工作，而检查和发现公式中的错误更复杂。此时，需要使用几个技巧来快速检查和修改公式。

1.5.1 通过错误信息返回值了解错误的原因

Excel 提供了单元格公式错误信息的标志。当单元格的公式出现错误时，就会在该单元格的左上角出现一个错误信息提示的小三角符号，如图 1-16 所示。

当单击该单元格时，在该单元格旁边就会出现错误提示符号，单击此符号，就会弹出该错误的一些提示选项，如图 1-17 所示。

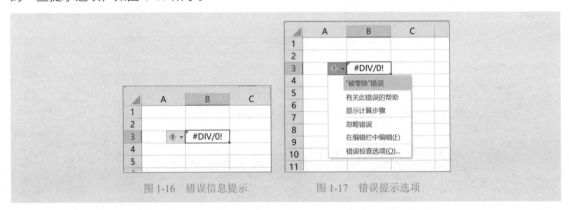

图 1-16 错误信息提示   图 1-17 错误提示选项

Excel 的错误信息返回值如表 1-1 所示。我们可以根据 Excel 的错误信息返回值来判断错误的原因。

表 1-1 Excel 的常见错误信息返回值

错误信息返回值	错误原因
#DIV/0!	公式的除数为 0，例如"=B3/0"
#N/A	查找函数找不到数据，例如，使用 VLOOKUP 函数找不到数据后的情况
#NAME?	不能识别的名称，例如"=SUM(国内市场)"，但没有定义名称"国内市场"
#NUM!	在函数中使用了不能接收的参数，例如 B2:F2 数据有问题，则公式"=IRR(B2:F2)"无结果
#REF!	公式中引用了无效的单元格，例如公式"=A1"，但 A 列已删除
#VAULE!	参数类型有错误，例如公式"="2017.9.28"+10"，这里 "2017.9.28" 是文本，无法与数字相加

1.5.2 查看每步公式的计算结果

当制作了一个比较复杂的公式，希望按照公式的计算顺序来检查公式每一部分的计算结果，则可以使用"公式求值"工具。

执行"公式"→"公式审核"→"公式求值"命令，打开"公式求值"对话框，单击"求值"按钮，就会看到公式每一步的计算结果，如图 1-18 所示。

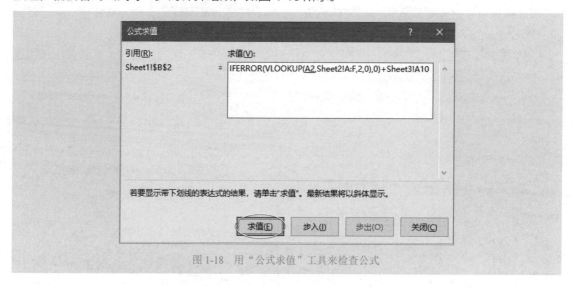

图 1-18　用"公式求值"工具来检查公式

1.5.3　使用 F9 键查看公式某部分的计算结果

如果要查看公式中的某部分表达式的计算结果，以便于检查公式各个部分计算结果的正确性，则可以利用编辑栏的计算器功能和 F9 键。具体步骤如下。

步骤 1：先在公式编辑栏或者单元格内选择公式中的某部分表达式。

步骤 2：然后按 F9 键查看其计算结果。

例如，想查看公式"=VLOOKUP(D3,K4:N12,MATCH(D4,K3:N3,0),0)"中 MATCH 函数的运算结果，其具体操作过程如图 1-19~ 图 1-21 所示。

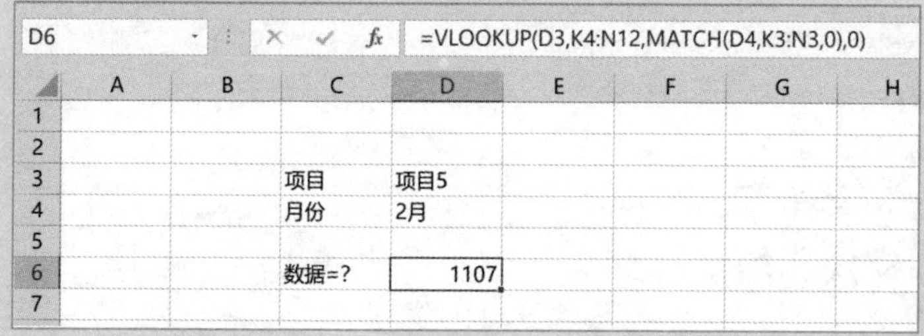

图 1-19　输入公式

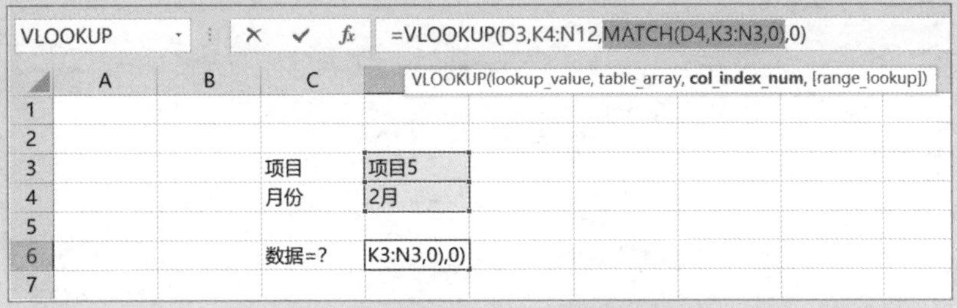

图 1-20 在编辑栏中选择 MATCH 函数部分

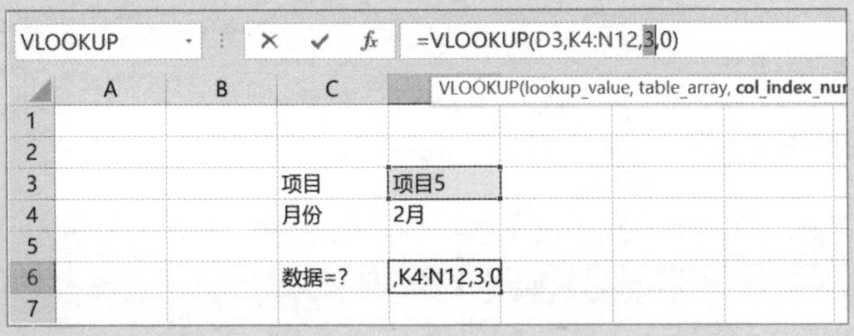

图 1-21 按 F9 键，显示计算结果

📢注意：检查完计算结果后，需要按 **Esc** 键放弃计算，恢复公式原样。千万不要按 **Enter** 键，否则会将选中的表达式的值替换为计算结果数值。

1.6 显示、保护和隐藏公式

在所有的公式输入完毕并检查无误后，一个重要的工作就是要将这些公式保护起来，以免不小心损坏公式。有时也需要查看各个单元格的公式，或者将计算公式隐藏起来，以免被别人看到。掌握几个小技巧，可以很容易实现这些目的。

1.6.1 显示公式计算结果和显示公式字符串

按 **Ctrl+`** 组合键可以在显示公式计算结果和显示公式字符串之间进行切换。

按一次 **Ctrl+`** 组合键，单元格内会显示公式字符串，如图 **1-22** 所示。再次按该组合键，则会显示公式计算结果。

如果要在公式的旁边一列显示单元格的公式字符串，可以使用 FORMULATEXT 函数，其功能是将单元格公式字符串显示出来（不计算），如图 **1-23** 所示。

	A	B	C
1	项目	销售收入	占比
2	项目1	546	=B2/$B$8
3	项目2	2985	=B3/$B$8
4	项目3	1987	=B4/$B$8
5	项目4	394	=B5/$B$8
6	项目5	9041	=B6/$B$8
7	项目6	6720	=B7/$B$8
8	合计	=SUM(B2:B7)	=B8/$B$8
9			

图 1-22　按 Ctrl+` 组合键，单元格显示公式字符串

D2　　　　　　×　✓　fx　=FORMULATEXT(C2)

	A	B	C	D	E
1	项目	销售收入	占比		
2	项目1	546	2.52%	=B2/$B$8	
3	项目2	2985	13.77%	=B3/$B$8	
4	项目3	1987	9.17%	=B4/$B$8	
5	项目4	394	1.82%	=B5/$B$8	
6	项目5	9041	41.72%	=B6/$B$8	
7	项目6	6720	31.01%	=B7/$B$8	
8	合计	21673	100.00%	=B8/$B$8	

图 1-23　使用 FORMULATEXT 函数显示公式字符串

1.6.2　保护和隐藏公式

当一些重要工作表的单元格公式被输入完成后，要注意将公式保护起来（其他没有公式的单元格不进行保护）。如果需要保密的话，还可以将公式隐藏起来，使任何人看不见单元格的公式。

保护并隐藏单元格公式的具体步骤如下。

步骤 1：选择数据区域，打开"设置单元格格式"对话框，在"保护"选项卡中取消选中"锁定"复选框，如图 1-24 所示。

这一步的操作是为了解除数据区域全部单元格的锁定。否则，当保护工作表后就会保护工作表的全部单元格，无法达到单独保护公式单元格的目的。

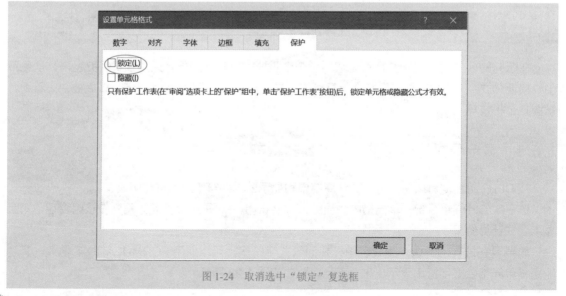

图 1-24　取消选中"锁定"复选框

步骤 2：按 Ctrl+G 组合键，打开"定位"对话框，如图 1-25 所示。

步骤 3：单击"定位条件"按钮，打开"定位条件"对话框，选中"公式"单选按钮，如图 1-26 所示。

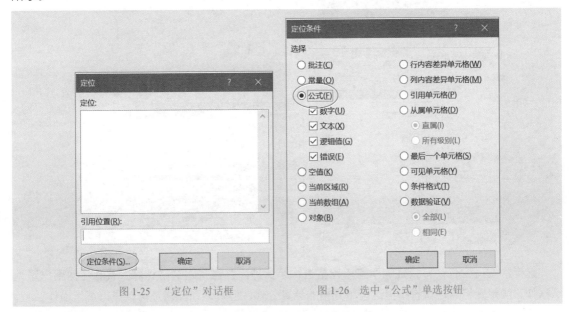

图 1-25 "定位"对话框　　　　　图 1-26 选中"公式"单选按钮

这样，就一次选择了所有的公式单元格，如图 1-27 所示。

步骤 4：再次打开"设置单元格格式"对话框，在"保护"选项卡中选中"锁定"复选框。如果同时要隐藏计算公式，则需要选中"隐藏"复选框，如图 1-28 所示。

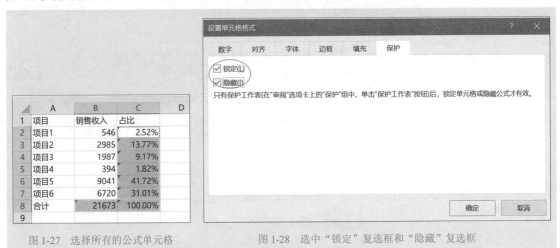

图 1-27 选择所有的公式单元格　　　　　图 1-28 选中"锁定"复选框和"隐藏"复选框

步骤 5：执行"审阅"→"保护工作表"命令，打开"保护工作表"对话框，设置保护密码，并进行相关设置，如图 1-29 和图 1-30 所示。

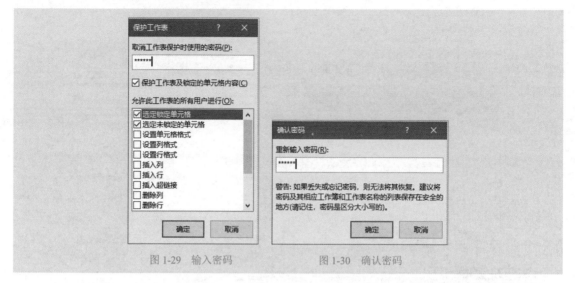

图 1-29　输入密码　　　　　　　　图 1-30　确认密码

这样，就将含有计算公式的所有单元格进行了保护，并且也隐藏了计算公式。任何用户是无法操作这些单元格的，也看不见这些单元格的计算公式，但其他单元格还可以进行正常操作。

第②章

函数的语法规则和使用技巧

Excel

　　Excel 提供了大量函数用来对数据进行灵活计算与统计分析，并制作各种分析报告。这些函数既可单独使用，又可嵌套使用。

　　利用宏和 VBA 也可以编写满足特定需求的自定义函数。自定义函数与 Excel 提供的函数使用方法相同。通过自定义函数可以简化计算公式，提升计算效率。

2.1 函数基础知识

很多人对学习 Excel 的印象就是学函数、学公式，但是收效甚微。究其原因，往往是对函数的语法和规则没掌握好。

2.1.1 什么是函数

函数就是在公式中使用的一种 Excel 内置工具，通过它可以迅速完成或简单或复杂的计算，并得到一个计算结果。

大多数函数的计算结果是根据指定的参数值计算出来的。例如，公式"=SUM(A1:A10,100)"就是加总单元格区域 A1:A10 的数值并再加上 100。

也有一些函数不需要指定参数即可直接得到计算结果。例如，公式"=TODAY()"就是得到系统的当前日期。

2.1.2 先从名称初步认识函数

每个函数的名称都是由英文字母组成的，通过函数名称，可以对函数有一个初步了解。

常见函数如下所示。

◎ TODAY 函数：获取系统的当前日期。

◎ LEN 函数：计算字符串长度。LEN 是英文单词 length 的前 3 个字母。

◎ LEFT 函数：从字符串左侧截取指定长度的字符。

◎ RIGHT 函数：从字符串右侧截取指定长度的字符。

◎ MID 函数：从字符串中间（middle）指定位置开始，截取指定长度的字符。

◎ IF 函数：基本的逻辑判断函数。如果条件满足，执行相应操作；如果条件不满足，执行其他操作。

◎ SUMIF 函数：如果（IF）条件满足，就求和（SUM）。SUMIF= SUM+IF。

◎ SUMIFS 函数：如果（IFS）几个条件都满足，就求和（SUM）。SUMIFS= SUM+IFS。

◎ COUNTIF 函数：如果（IF）条件满足，就统计满足这个条件的单元格的数量（COUNT）。COUNTIF= COUNT+IF。

◎ COUNTIFS 函数：如果（IFS）几个条件都满足，就统计满足这几个条件的单元格的数量（COUNT）。COUNTIFS= COUNT+IFS。

◎ INDIRECT 函数：间接引用单元格。

通过以上介绍，可以消除对函数的恐惧心理，至少函数名称看起来并不陌生。

2.1.3 函数的基本语法规则

在使用函数时，必须遵循一定的规则，即函数都有自己的基本语法。函数的基本语法如下。

= 函数名 (参数 1, 参数 2, ..., 参数 n)

在使用函数时，应注意以下几个问题。

- ◎ 函数也是公式，所以当公式中只有一个函数时，函数名称前面必须有等号。
- ◎ 函数可以作为公式表达式的一部分，也可以作为另外一个函数的参数，此时在函数名称前就不能输入等号了。
- ◎ 函数名称与其后的小括号 (之间不能有空格。
- ◎ 参数的前后必须用小括号 () 括起来，也就是说，一对括号是函数的组成部分。如果函数没有参数，则函数名后面必须有一对小括号。
- ◎ 当有多个参数时，参数之间要用逗号分隔。
- ◎ 参数可以是数值、文本、逻辑值、单元格或单元格区域地址、名称，也可以是各种表达式、数组或函数。
- ◎ 函数中的逗号、引号等符号都是半角字符，不能使用全角字符。
- ◎ 有些函数的参数是可选参数，那么这些函数是否输入具体的数据可依实际情况而定。从语法上来说，不输入这些可选参数也是合法的。

2.1.4 函数的参数

通过学习函数的语法规则，已经了解到函数的参数可以是数值、文本、逻辑值、单元格或单元格区域地址、名称，也可以是各种表达式、数组或函数，还有些函数根本就没有参数。函数的参数具体采用哪种形式，可以根据实际情况灵活确定。

例如，要获取当前的日期，可以在单元格输入下面没有任何参数的公式。

=TODAY()

例如，要获取当前的日期和时间，可以在单元格输入下面没有任何参数的公式。

=NOW()

假若定义单元格区域 A1:A10 的名称为 Data，那么在函数中既可以使用原有的单元格区域引用，也可以直接使用这个名称。下面两个公式的计算结果完全一样。

=SUM(A1:A10)

=SUM(Data)

也可以将整行或整列作为函数的参数。例如，要计算 A 列的所有数值之和，可以使用下面的公式。

=SUM(A:A)

也许有些读者会认为公式"=SUM(A:A)"的计算要花费较长的时间，认为它是对"整列"（整列有 1 048 576 行）进行计算。事实并非如此，Excel 只是计算到 A 列中有数据的最后一个单元格，并不会一直计算到 A 列的最后一行。

函数的参数可以是具体的数字常量。例如，下面的公式就是计算 156 的平方根。

=SQRT(156)

函数的参数也可以是文本字符。例如，下面的公式就是从数据区域 A 列中查找文本"彩电"的位置。

=MATCH(" 彩电 ",A:A,0)

此外，还可以将表达式作为函数的参数。例如，下面的公式就是对 IF 函数的第一个参数使用了表达式"A1+B1>100"。

=IF(A1+B1>100,1,0)

一个函数的参数还可以是另外一个函数，即嵌套函数。例如，下面的公式就是联合使用 INDEX 函数和 MTACH 函数查找数据，函数 MATCH 的结果是函数 INDEX 的参数。

=INDEX(B2:C4,MATCH(E2,A2:A4,0),MATCH(E1,B1:C1,0))

更为复杂一点的情况为函数参数还可以是数组。例如，下面的公式就是判断单元格 A1 的数字是否为 1、5 或 9，只要是它们中的任意一个，公式就返回 TRUE，否则就返回 FALSE。

=OR(A1={1,5,9})

总之，函数的参数可以是多种多样的，要根据实际情况设置不同形式的参数。

2.1.5　函数的种类

Excel 提供的函数有财务函数、逻辑函数、文本函数、日期和时间函数、查找与引用函数、数学与三角函数、统计函数、信息函数、工程函数、多维数据集函数 10 大类。

除了上述 10 大类函数外，Excel 函数还包含利用宏和 VBA 编写的自定义函数。

1. 财务函数

财务函数主要用来进行财务计算和处理。

例如，NPV 函数用于计算净现值；IRR 函数用于计算投资收益率；PMT 函数用于计算贷款的每月偿还额。

2. 逻辑函数

逻辑函数主要用来进行数据的逻辑判断和处理。

例如，IF 函数就是根据指定的条件进行判断，当条件满足时处理为结果 A，当条件不满足时处理为结果 B；IFERROR 函数用于捕获和处理单元格的错误，当存在错误时，判断并返回错误类型；AND 函数用于将几个条件组合成"与"条件，也就是判断这几个条件是否同时满足。

3. 文本函数

文本函数用于对文本字符串数据进行处理和计算。

例如，LEFT 函数是从文本字符串的左侧开始取指定个数的字符；CLEAN 函数是删除文本中不可打印的字符；TEXT 函数将数字转换为指定格式的文本。

4. 日期和时间函数

日期和时间函数用来对工作表中的日期和时间数据进行处理和计算。

例如，TODAY 函数可以获取系统当前的日期；EDTAE 函数可以计算一定月数之后或之前的日期。

5. 查找与引用函数

查找与引用函数用于查找数据清单或数据区域中的数据，或者引用某个区域等。

例如，VLOOKUP 函数用于从左侧一列匹配指定条件，从右侧一列取出满足条件的数据；MATCH 函数就是从一组数中把指定数据的位置找出来。

6. 数学与三角函数

数学与三角函数包含很多函数，主要用于进行数学和三角方面的计算。

例如，在管理工作中常用的求和函数有 SUM 函数、SUMIF 函数、SUMIFS 函数、SUMPRODUCT 函数，四舍五入函数如 ROUND 函数等，都属于这类函数。

7. 统计函数

统计函数用于对数据进行统计分析，例如，计算一组数据的最大值、最小值、平均值，计算一组数据的标准差，计算概率分布，进行预测分析等。

例如，常用的 COUNTIF 就是统计指定单元格区域内满足条件的单元格个数；COUNTA 函数是统计一个区域内不为空的单元格个数。

统计函数的数量非常多，有 100 多个。

8. 信息函数

信息函数可以帮助用户确定数据的类型。

例如，ISNUMBER 函数用来判断数据是否为数字；ISERROR 函数判断是否为错误值；ISEVEN 函数判断是否为偶数；CELL 函数可以获取单元格的很多有用信息；N 函数可以将一些无法计算的数据转换为纯数字以便进行计算。

9. 工程函数

工程函数在工程应用中非常有用，利用这类函数可以处理复杂的工程数据，并且在不同的单位之间进行转换。

10. 多维数据集函数

多维数据集函数用于操作 OLAP 多维数据集。

11. 自定义函数

自定义函数是用户利用宏和 VBA 编写的一类函数，其使用方法与 Excel 工作表函数相同。不同的是，这类函数要在"插入函数"对话框的"用户定义"类别中才能找到。

2.1.6 即将消失的老版本函数和替代的新版本函数

Excel 新版本层出不穷，功能也越来越强大。但在输入函数时，会发现在"插入函数"对话框里找不到这个函数，但是在输入等号再输入函数名时，又会出现这个函数；另外，当老版本升级到新版本后，会发现有相似的函数名后面跟着一个后缀，这些究竟是什么原因？

这是因为 Excel 每个新版本都会推出几个新函数，也会把旧函数进行完善，甚至扔掉旧的函数，但旧的函数仍作为老版本的兼容函数存在。

表 2-1 中列出了几个工作中常用的新老版本函数的对照（以 Excel 2016 为最新版本）。

表 2-1　工作中常用的新老版本函数对照表

老版本	新版本
CEILING	CEILING.MATH，CEILING.PRECISE，ISO.CEILING
FLOOR	FLOOR.MATH，FLOOR.PRECISE

老 版 本	新 版 本
FORECAST	FORECAST.ETS，FORECAST.ETS.CONFINT，FORECAST.ETS.SEASONALITY，FORECAST.ETS.STAT，FORECAST.LINEAR
MODE	MODE.MULT，MODE.SNGL
NETWORKDAYS	NETWORKDAYS.INTL
QUARTILE	QUARTILE.EXC，QUARTILE.INC
RANK	RANK.AVG，RANK.EQ

2.2 培养输入函数的好习惯

在设计公式时，有时候仅需使用一个函数，有时候需要使用多个函数。因此，要从日常点滴中养成输入函数的好习惯。

2.2.1 尽可能使用"函数参数"对话框输入函数

很多人在输入函数时，特别喜欢一个字符一个字符地输入，殊不知这样很容易出错。即使对函数的语法比较熟悉，也容易输错参数、输漏参数，或者加错了逗号或括号的位置等。

输入函数最好的方法是单击编辑栏中的"插入函数"按钮 f_x，打开"函数参数"对话框，在该对话框中快速准确地输入函数的参数。

SUMIF 函数的参数对话框如图 2-1 所示，将光标移到每个参数输入框中，就可以看出该参数的含义。如果不清楚函数使用方法，还可以单击对话框左下角的"有关该函数的帮助"选项，打开帮助信息进行查看。

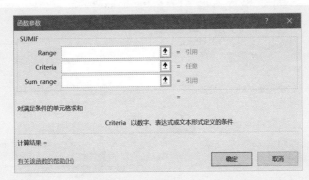

图 2-1 "函数参数"对话框

2.2.2　在单元格中快速输入函数

Excel 提供了非常快捷的函数输入方法：当在单元格中直接输入函数时，只要输入某个字母，就会自动列出以该字母开头的所有函数列表。

例如，输入字母 SUM 后，会自动列出所有以字母 SUM 开头的函数列表，从而方便选择函数，如图 2-2 所示。

如果在函数中输入另外一个函数，同样会显示以某字母开头的函数列表，如图 2-3 所示。

图 2-2　函数列表　　　　　图 2-3　在函数中输入另外一个函数

2.2.3　使用 Ctrl+A 组合键快速调出"函数参数"对话框

当在单元格中输入等号和某个函数名称前几个字母后，按 Tab 键，可以快速输入函数名称全部字母以及左括号，此时再按 Ctrl+A 组合键，就可以快速调出"函数参数"对话框。

2.2.4　使用 Tab 键快速切换参数输入框

在"函数参数"对话框中，按 Tab 键可以快速切换要设置的参数输入框，没必要使用鼠标单击该输入框。要提高效率，需养成使用 Tab 键的习惯。

第 3 章

使用名称简化公式, 灵活分析数据

Excel

　　很多人对于名称的认识还是比较模糊的, 因为基本上不涉及复杂的计算, 或者不需要制作复杂的分析报告。但是, 在实际工作中, 经常需要设计更加灵活或复杂的分析报表, 制作各种动态图。此时, 名称就是一个不可或缺的工具。

3.1 名称的基本概念

名称就是为工作表中某一区域的对象定义的一个名称。在公式或函数中，可以直接使用定义的名称进行计算，而不必去理会名称所代表的对象到底藏在哪里。

例如，下面的公式就是使用了两个名称"商品"和"销量"。

=SUMIF(商品 ," 彩电 ", 销量)

3.1.1 定义名称的好处

先看一个示例。各个地区的销售汇总表如图 3-1 所示，现在要查找指定地区、指定产品、指定季度的数据。

	A	B	C	D	E	F	G	H	I	J	K	L	M	N	O	P	Q	R	S	T
1	华北						华南						西南							
2	产品	一季度	二季度	三季度	四季度		产品	一季度	二季度	三季度	四季度		产品	一季度	二季度	三季度	四季度		指定地区	华中
3	产品1	343	396	748	857		产品1	148	272	255	495		产品1	208	884	631	945		指定产品	产品3
4	产品2	275	611	992	254		产品2	967	235	987	883		产品2	609	180	494	323			
5	产品3	621	584	1066	462		产品3	843	732	271	674		产品3	325	729	287	1077		一季度	
6	产品4	162	352	698	423		产品4	790	927	493	254		产品4	599	743	911	1159		二季度	
7	产品5	108	282	667	565		产品5	132	982	1200	993		产品5	1185	368	213	632		三季度	
8	产品6	330	1080	540	872		产品6	806	614	620	930		产品6	206	838	194	839		四季度	
9																				
10	华东						华中						西北							
11	产品	一季度	二季度	三季度	四季度		产品	一季度	二季度	三季度	四季度		产品	一季度	二季度	三季度	四季度			
12	产品1	812	873	911	970		产品1	1131	870	652	592		产品1	1045	412	955	344			
13	产品2	783	146	695	504		产品2	570	270	588	892		产品2	698	284	1020	999			
14	产品3	683	603	313	628		产品3	1155	774	818	1161		产品3	248	260	299	479			
15	产品4	521	726	234	1114		产品4	947	789	701	101		产品4	1036	1066	881	746			
16	产品5	933	969	950	630		产品5	1199	680	176	965		产品5	764	839	571	1070			
17	产品6	270	308	946	955		产品6	887	298	1182	408		产品6	949	354	412	467			
18																				

图 3-1 各个地区的销售汇总表

这三个条件的数据查找问题，可以设计出如下查找公式并在编辑栏中输入，如图 3-2 所示。

```
=VLOOKUP($T$3,
        IF($T$2=" 华北 ",$A$2:$E$8,
        IF($T$2=" 华南 ",$G$2:$K$8,
        IF($T$2=" 西南 ",$M$2:$Q$8,
        IF($T$2=" 华东 ",$A$11:$E$17,
        IF($T$2=" 华中 ",$G$11:$K$17,
        $M$11:$Q$17))))),
        MATCH(S5,$S$5:$S$8,0)+1,
        0)
```

T5　fx　=VLOOKUP($T$3,IF($T$2="华北",$A$2:$E$8,IF($T$2="华南",$G$2:$K$8,IF($T$2="西南",$M$2:$Q$8,IF($T$2="华东",$A$11:$E$17,IF($T$2="华中",$G$11:$K$17,$M$11:$Q$17)))),MATCH(S5,$S$5:$S$8,0)+1,0)

华北

产品	一季度	二季度	三季度	四季度
产品1	343	396	748	857
产品2	275	611	992	254
产品3	621	584	1066	462
产品4	162	352	698	423
产品5	108	282	667	565
产品6	330	1080	540	872

华南

产品	一季度	二季度	三季度	四季度
产品1	148	272	255	495
产品2	967	235	987	883
产品3	843	732	271	674
产品4	790	927	493	254
产品5	132	982	1200	993
产品6	806	614	620	930

西南

产品	一季度	二季度	三季度	四季度
产品1	208	884	631	945
产品2	609	180	494	323
产品3	325	729	287	1077
产品4	599	743	911	1159
产品5	1185	368	213	632
产品6	206	838	194	839

指定地区	华中
指定产品	产品3
一季度	1155
二季度	774
三季度	818
四季度	1161

华东

产品	一季度	二季度	三季度	四季度
产品1	812	873	911	970
产品2	783	146	695	504
产品3	683	603	313	628
产品4	521	726	234	1114
产品5	933	969	950	630
产品6	270	308	946	955

华中

产品	一季度	二季度	三季度	四季度
产品1	1131	870	652	592
产品2	570	270	588	892
产品3	1155	774	818	1161
产品4	947	789	701	101
产品5	1199	680	176	965
产品6	887	298	1182	408

西北

产品	一季度	二季度	三季度	四季度
产品1	1045	412	955	344
产品2	698	284	1020	999
产品3	248	260	299	479
产品4	1036	1066	881	746
产品5	764	839	571	1070
产品6	949	354	412	467

图 3-2　输入查找公式

这个公式很长，主要是因为 VLOOKUP 函数的第二个参数使用了 IF 函数判断从哪个地区的数据区域里查找数据。

如果把这个 IF 函数得到的数据区域定义为一个名称"地区"，那么就可以把公式简化为如下形式。

=VLOOKUP($T$3, 地区 ,MATCH(S5,$S$5:$S$8,0)+1,0)

这里，名称"地区"代表的单元格区域，就是 IF 嵌套判断得到的，如图 3-3 所示。

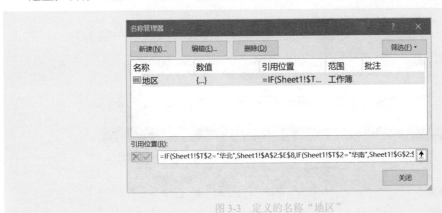

图 3-3　定义的名称"地区"

再看一个示例。要在客户销售表中查看指定前 *N* 名客户的销售额，现已制作好一个初态图表，在该工作表的 E2 单元格中输入 5，则图表显示销售额前 5 名的客户数据，如图 3-4 所示。在单元格 E2 中再次输入 10，则图表就会自动调整，显示销售额前 10 名的客户数据，如图 3-5 所示。

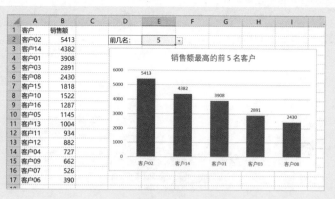

图 3-4　显示前 5 名客户数据

图 3-5　显示前 10 名客户数据

这样的动态图表是离不开动态名称的，也就是说，定义代表动态变化的单元格区域的名称，并利用动态名称来绘制图表，图表就可以动态显示了。

在这个动态图表中定义了两个名称："客户"和"销售额"，如图 3-6 所示。

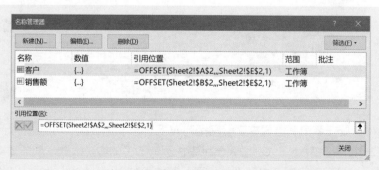

图 3-6　定义的动态名称

3.1.2 哪些对象可以定义名称

几乎所有的 Excel 对象，包括常量、单元格、公式、图形等，都可以定义名称。

1. 常量

例如，可以定义一个名称"增值税"，它代表 0.17。那么，公式"=D2* 增值税"中的"增值税"就是 0.17。

2. 一个单元格

例如，把单元格 A1 定义为名称"年份"，若在公式中使用"年份"两字，就是引用单元格 A1 中指定的年份。

3. 单元格区域

例如，把 B 列定义为名称"日期"，D 列定义为名称"销售量"，公式"=SUMIF(日期 ,"2020 年 ", 销售量)"中就使用了这两个名称，即对 B 列进行条件判断，对 D 列求和。

4. 公式

可以对创建的公式定义名称，以便更好地处理分析数据。例如，把公式"=OFFSET($A$1,,, COUNTA($A:$A),COUNTA($1:$1))"命名为 data，就可以利用这个动态的名称制作基于动态数据源的数据透视表，免去了更改数据源的麻烦。

3.1.3 定义名称的规则

定义名称时一定要遵循以下规则。

◎ 名称的长度不能超过 255 个字符。

◎ 名称中不能含有空格，也不能使用下划线和句点以外的其他符号。例如，名称不能是 Month Total，但可以是 Month_Total 或 Month.Total。

◎ 名称的第一个字符必须是字母或汉字，不能使用单元格地址和阿拉伯数字 (如果只能使用数字，那么就必须在数字前面加一个下划线)。

◎ 避免使用 Excel 本身预设的一些有特殊用途的名称，如 Extract、Criteria、Print_Area、Print_Titles、Database 等。

◎ 名称中的字母不区分大小写。例如，名称 ABC 和 abc 或 Abc 是相同的，在公式中使用哪个都是可以的。

3.2 定义名称的方法和技巧

定义名称主要有以下 4 种方法。

◎ 使用名称框。

◎ 使用"新建名称"对话框。

◎ 使用"名称管理器"对话框。

◎ 批量定义名称。

3.2.1 使用名称框快速定义名称

使用名称框定义名称是一种比较简单、适用性强的方法。其基本步骤如下。

步骤 1：选取要定义名称的单元格区域（可以是整行、整列、连续的单元格区域，也可以是不连续的单元格区域）。

步骤 2：在名称框中输入名称。

步骤 3：按 Enter 键。结果如图 3-7 所示。

图 3-7 使用名称框定义名称

3.2.2 使用"新建名称"对话框定义名称

图 3-8 所示为使用"新建名称"对话框定义名称。其基本步骤如下。

步骤 1：执行"公式"→"定义名称"命令。

步骤 2：打开"新建名称"对话框。

步骤 3：在"名称"文本框中输入要定义的名称。

步骤 4：在"引用位置"文本框中选择要定义名称的单元格区域。

步骤 5：单击"确定"按钮。

注意：名称的"范围"下拉列表框保持默认的"工作簿"时，定义的名称适用于本工作簿中的所有工作表。

图 3-8　使用"新建名称"对话框定义名称

3.2.3　使用"名称管理器"对话框定义多个不同名称

如果一次要定义多个不同的名称，可以执行"公式"→"名称管理器"命令，打开"名称管理器"对话框，单击"新建"按钮，如图 3-9 所示。在打开的"新建名称"对话框中定义好名称后，返回"名称管理器"对话框。所有名称都定义完毕再关闭"名称管理器"对话框。

图 3-9　使用"名称管理器"对话框定义多个不同名称

3.2.4　以单元格区域的行标题或列标题批量定义名称

当工作表的数据区域有行标题或列标题，又希望把这些标题文字作为名称使用时，就可以利用"根据所选内容创建"命令自动快速定义多个名称。其基本步骤如下。

步骤 1：首先选择要定义行名称和列名称的数据区域（要包含行标题或列标题）。

步骤 2：执行"公式"→"定义的名称"→"根据所选内容创建"命令。

步骤 3：打开"根据所选内容创建名称"对话框。

步骤 4：选中"首行"或者"最左列"等复选框。

步骤 5：单击"确定"按钮。

根据行标题或列标题批量定义名称的示例数据如图 3-10 所示。

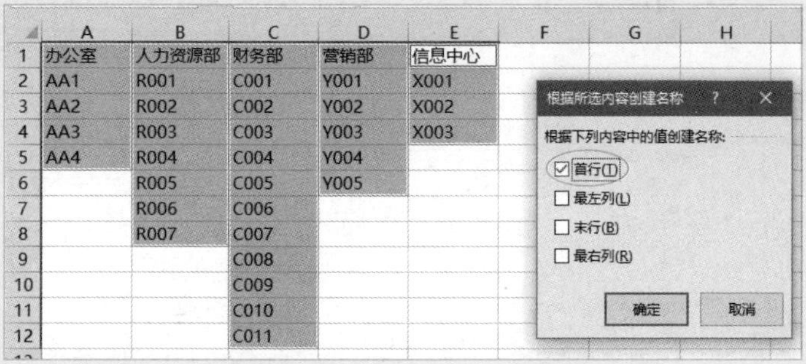

图 3-10　根据行标题或列标题定义名称

打开"名称管理器"对话框，就可以看到批量定义了 5 个名称，如图 3-11 所示。

图 3-11　批量定义的 5 个名称

3.2.5　名称的级别及适用范围

在默认情况下，定义的名称可以用于当前工作簿的所有工作表，这就是工作簿级别的名称。

如果希望定义的名称只能用于指定的工作表，可以在定义名称时在"范围"下拉列表中选择该工作表，如图 3-12 所示。

图 3-12 定义工作表级别的名称

3.3 | 名称的操作

对于已经定义好的名称可以进行编辑、删除和获取的操作。其中，编辑名称和删除名称都是在"名称管理器"对话框中进行的。

3.3.1 编辑名称

要编辑某个名称，就在"名称管理器"对话框的"名称"列表中选择该名称，单击"编辑"按钮，打开"编辑名称"对话框，即可修改名称及其引用位置，如图 3-13 所示。修改完毕后单击"确定"按钮。

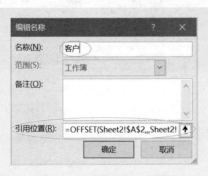

图 3-13 "编辑名称"对话框

　　如果只是修改某个名称的引用位置，可以先在"名称管理器"对话框的"名称"列表中选择该名称，然后在"名称管理器"底部的"引用位置"中修改公式，修改好后单击左侧的对号按钮，即可完成名称引用位置的修改，如图 3-14 所示。

图 3-14　修改名称的引用位置

3.3.2　删除已定义的名称

　　在"名称管理器"对话框的名称列表中选择不再需要的名称（可以是一个，也可以是多个），单击"删除"按钮，即可删除这些名称，如图 3-15 所示。

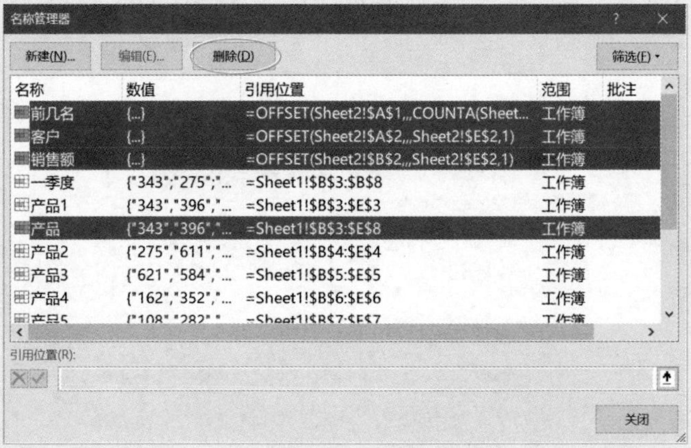

图 3-15　删除名称

3.3.3　获取全部名称列表

当定义了很多名称，并需要把这些名称及其引用位置单独保存到工作表中时，可以按照下面的步骤操作。

步骤 1：先单击要保存名称的工作表单元格。

步骤 2：执行"公式"→"用于公式"→"粘贴名称"命令，如图 3-16 所示。

步骤 3：打开"粘贴名称"对话框，单击"粘贴列表"按钮，如图 3-17 所示。

这样，就在指定工作表的指定单元格中保存了所有定义的名称，如图 3-18 所示。

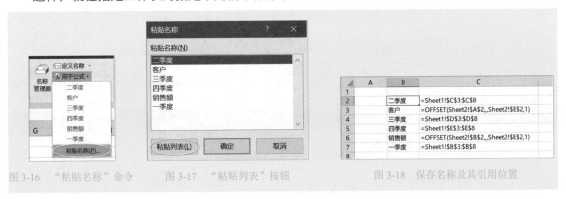

图 3-16　"粘贴名称"命令　　　图 3-17　"粘贴列表"按钮　　　图 3-18　保存名称及其引用位置

3.4 | 如何使用名称

定义好名称后，就可以在函数和公式中使用名称了。但使用名称时要注意以下几个问题。

3.4.1　将定义的名称应用到已有的公式中

如果已经设计好了公式，后来又定义了名称，希望把定义的名称代入到公式中，替换原来的引用，此时可以采用下面的两个方法。

（1）直接在公式中人工修改。

（2）先在编辑栏中选择公式中要应用名称的引用，再单击"用于公式"列表中的某个名称即可。

3.4.2　单独使用名称设计公式

如果公式就是一个名称，即单独使用一个名称设计公式，那么就必须在名称前面输入等号。

例如，定义了名称"客户"，当在单元格要直接引用这个名称时，就必须按照下面的格式输入。

= 客户

如果直接输入"客户"，而不在前面输入等号，那么输入到单元格里的仅是一个数据，并不是公式。

3.4.3　将名称作为引用输入到函数参数中

定义的名称可以用作函数的参数，此时就要直接输入名称，不能在名称前加等号，如图 **3-19** 所示。

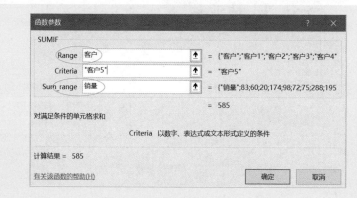

图 3-19　在函数参数中直接输入名称

🔊 思考：为什么不在名称前面加等号呢？因为如果加了等号，那么就不是名称，而是字符串了，如图 **3-20** 所示。

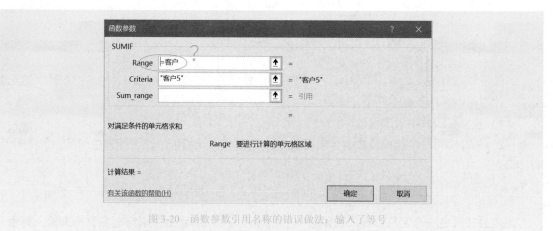

图 3-20　函数参数引用名称的错误做法：输入了等号

3.4.4　使用名称绘制图表

如果使用名称绘制图表，那么就需要先创建一个空白图表，然后打开"选择数据源"对话框，如图 3-21 所示。单击"添加"按钮，打开"编辑数据系列"对话框，在"系列值"输入框中输入下面的公式，如图 3-22 所示。

=Sheet1! 销量

📢 注意：不能直接输入公式"= 销量"，而是要在名称前面先输入工作表引用标识"Sheet1!"。也就是说，当使用名称绘制图表引用名称作为系列值和分类轴标签时，要按照下面的格式输入名称。

= 工作表名 ! 名称

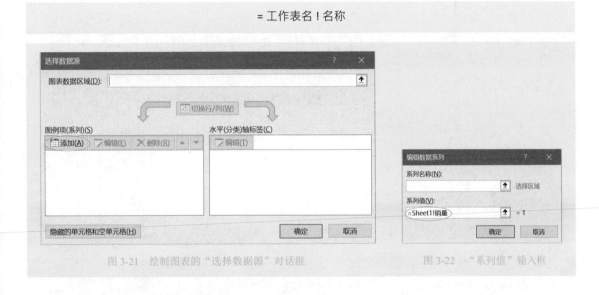

图 3-21　绘制图表的"选择数据源"对话框　　　图 3-22　"系列值"输入框

3.4.5　在表单控件中使用名称

当制作动态图表时，经常会使用到表单控件，如组合框和列表框等。这些控件的数据源可以是使用鼠标直接选择工作表中的固定单元格区域，也可以是定义的名称。

当使用名称作为控件数据源区域时，直接输入名称就可以了，如图 3-23 所示。此时的引用与在函数参数中使用的名称是一样的，不能在名称前加等号。

其实，使用鼠标直接选择工作表中的单元格区域的引用也是没有等号的，如图 3-24 所示。

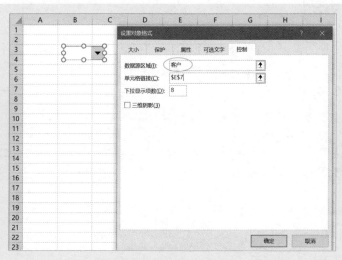

图 3-23 在"数据源区域"输入框中，直接输入定义的名称

图 3-24 使用鼠标直接选择数据源区域

3.5 名称应用案例

　　名称的应用非常广泛。特别在对数据进行灵活性分析时，更是离不开名称，尤其是动态名称。下面介绍几个名称的实际应用案例。

本节的几个案例中，会用到几个非常实用的函数，如 OFFSET 函数、INDIRECT 函数、COUNTA 函数等，这些函数将在后面的有关章节进行详细介绍。

3.5.1 应用案例 1：在单元格中制作基于动态数据源的下拉菜单

一般情况下，当在单元格中制作下拉菜单时，可以直接选择一个大小固定不变的数据源区域。虽然这种操作简单方便，但不能随数据的增减而自动调整。那么，如何让下拉菜单的数据项能够随数据源的变化而自动增减呢？

案例 3-1

在工作表"销售记录"的 B 列，设置数据验证，快速选择输入客户名称，客户名称保存在工作表"客户"中，如图 3-25 所示。

目前客户只有 7 个，因此数据验证的序列来源直接引用了一个固定数据区域。

= 客户 !$A$2:$A$8

但是，客户的数量在不断地增加。使用这种方式选择输入序列来源，当新增客户后，列表中客户数据是不会自动更新的。

图 3-25　数据验证：引用一个固定不变的区域

那么，如何使数据项能够随数据源的变化自动增减呢？一般有两种方法。

（1）最简单的解决方法是在设置数据验证时，一次选择充足的行数，如选择 100 行，够用就行。

（2）也可以定义一个名称"客户"，让数据源自动调整为实际大小的数据区域，如图 3-26 所示。名称"客户"的引用位置如下。

$$=OFFSET(\ 客户\ !\$A\$2,,,COUNTA(\ 客户\ !\$A:\$A)-1,1)$$

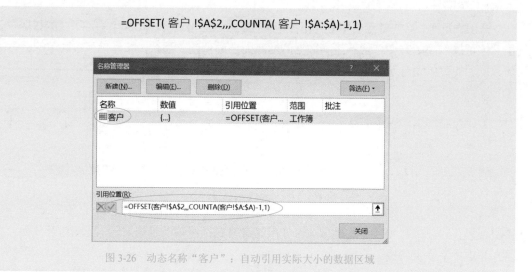

图 3-26 动态名称"客户"：自动引用实际大小的数据区域

这样，在"数据验证"对话框的"来源"中，只要输入公式"= 客户"（见图 3-27），那么，当客户增加后，就会自动添加到序列列表中，如图 3-28 所示。

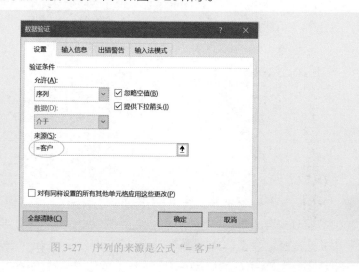

图 3-27 序列的来源是公式"= 客户"

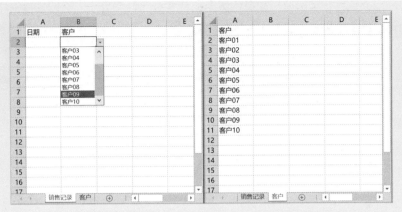

图 3-28 源数据增加，单元格下拉菜单的项目也增加

3.5.2 应用案例 2：在单元格中制作二级下拉菜单

在设计员工信息管理表等工作表时，经常遇到这样的问题：要输入各个部门名称及其下属的员工姓名，如果将所有部门的员工姓名放在一个列表中，并利用此列表数据设置数据验证，那么很难判断某个员工是属于哪个部门的，容易造成张冠李戴，如图 3-29 所示。

图 3-29 无法确定某个员工是哪个部门的

那么，能不能在 A 列输入部门名称后，在 B 列只能选择输入该部门下的员工姓名，别的部门员工姓名不会出现在序列列表中呢？

使用多种限制的数据验证来制作二级下拉菜单，就可以解决这样的问题。

案例 3-2

步骤 1：准备工作。

首先设计部门名称及其下属员工姓名列表，如图 3-30 所示。其中，第一行是部门名称，每个部门名称下面保存该部门的员工姓名。

	A	B	C	D	E	F	G	H	I
1	部门名称：	办公室	人力资源部	销售部	技术部	信息部	生产一组	生产二组	客服部
2	该部门员工：	AAA1	BBB1	CCC1	DDD1	EEE1	FFF1	GGG1	HHH1
3		AAA2	BBB2	CCC2	DDD2	EEE2	FFF2	GGG2	HHH2
4		AAA3	BBB3	CCC3	DDD3	EEE3	FFF3	GGG3	HHH3
5		AAA4	BBB4	CCC4	DDD4	EEE4	FFF4	GGG4	HHH4
6			BBB5	CCC5	DDD5	EEE5	FFF5	GGG5	
7			BBB6	CCC6	DDD6		FFF6	GGG6	
8				CCC7	DDD7		FFF7	GGG7	
9				CCC8			FFF8	GGG8	
10				CCC9			FFF9	GGG9	
11							FFF10	GGG10	
12							FFF11	GGG11	
13								GGG12	
14								GGG13	
15									

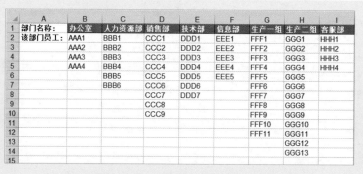

图 3-30　部门名称及其下属员工姓名列表

步骤 2：批量定义名称。

（1）选择 B 列至 I 列包含第一行部门名称及该部门下员工姓名在内的数据区域。

（2）执行“公式”→“定义的名称”→“根据所选内容创建”命令。

（3）打开“根据所选内容创建名称”对话框。

（4）选中“首行”复选框。

（5）单击“确定”按钮。

这样，就将 B 列至 I 列的第 2 行开始往下的各列员工姓名区域分别定义名称，如图 3-31 所示。

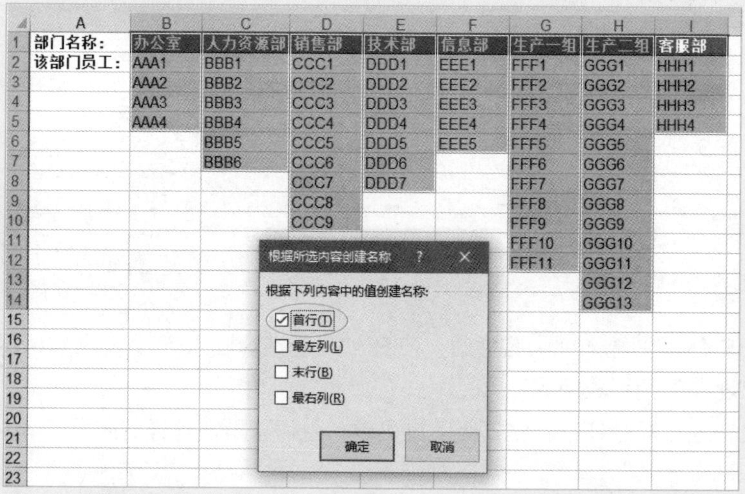

图 3-31　先选取区域，再批量定义名称

步骤 3：选择单元格区域 B1:I1，单击名称框，输入"部门名称"，然后按 Enter 键，将这个区域名称定义为"部门名称"，如图 3-32 所示。

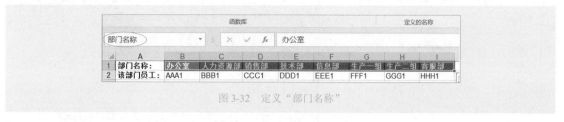

图 3-32　定义"部门名称"

打开"名称管理器"对话框，可以显示出定义的名称，如图 3-33 所示，其中各个部门员工姓名区域的名称就是第 1 行的部门名称。

步骤 4：选取单元格区域 A2:A100，打开"数据验证"对话框，如图 3-34 所示。在"允许"下拉列表中选择"序列"选项，在"来源"输入框中输入公式"= 部门名称"，单击"确定"按钮。

图 3-33　定义的名称　　　　　　　　　　图 3-34　为 A 列设置部门名称序列

步骤 5：选取单元格区域 B2:B100，打开"数据验证"对话框，如图 3-35 所示。在"允许"下拉列表中选择"序列"选项，在"来源"输入框中输入公式"=INDIRECT(A2)"，单击"确定"按钮。

这样，在 A 列的某个单元格选择输入部门名称，那么就在 B 列的该行单元格内只能选择输入该部门所属的员工姓名，如图 3-36 和图 3-37 所示。

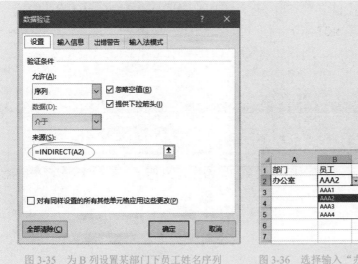

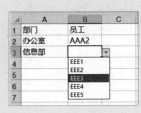

图 3-35　为 B 列设置某部门下员工姓名序列　　图 3-36　选择输入"办公室"的员工姓名　　图 3-37　选择输入"信息部"的员工姓名

3.5.3　应用案例 3：在单元格中制作多级下拉菜单

有这样一个表单，A 列输入地区名称，B 列输入省份，C 列输入城市名称，这三列数据必须符合一定的逻辑。例如，A 列输入了"华北"，那么 B 列只能输入属于华北的省份（如"河北"），而 C 列只能输入河北省下的城市名称。

这样的数据输入如何实现？利用名称设计多级限制下拉菜单就可以了。

案例 3-3

首先设计好基础表格，案例数据表如图 3-38 所示。

	A	B	C	D	E	F	G	H	I	J	K	L	M	N	O	P	Q	R	S	T	U	V
1																						
2	地区列表		省份列表						城市列表													
3	华北	华北	华东	华南	东北	西南			河北	山东	北京	上海	江苏	浙江	安徽	广东	深圳	黑龙江	吉林	辽宁	云南	贵州
4	华东	河北	上海	广东	黑龙江	云南			石家庄	济南	海淀	徐家汇	南京	杭州	合肥	广州	罗湖	哈尔滨	吉林	沈阳	昆明	贵阳
5	华南	山东	江苏	深圳	吉林	贵州			唐山	青岛	朝阳	浦东	苏州	宁波	蚌埠	惠州	南山	佳木斯	四平	大连	玉溪	遵义
6	东北	北京	浙江		辽宁				保定	烟台	丰台		无锡	温州	芜湖	中山		齐齐哈	通化	抚顺		毕节
7	西南		安徽						邯郸	曲阜			常州	台州		珠海			松原			
8									枣庄	徐州						佛山						
9																						

图 3-38　案例数据

步骤 1：将 A 列的地区名称区域定义为名称"地区"，其引用位置如下。

= 基础数据 !$A$3:$A$7

步骤 2：将 C 列至 G 列的各个地区下的省份名称区域定义多个名称，名称的名字是第 3 行的地区名字，名称的区域是第 3 行以下的省份名称区域，如图 3-39 所示。这些名称可以批量定义，方法与案例 3-2 相同。

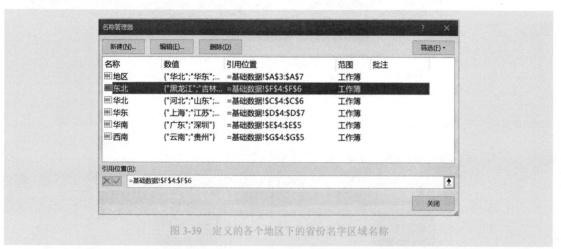

图 3-39 定义的各个地区下的省份名字区域名称

步骤 3：再将 I~V 列的各个省份下的城市名称区域定义多个名称，名称的名字是第 3 行的省份名字，名称的区域是第 3 行以下的城市名称区域，如图 3-40 所示。这些名称也可以批量定义。

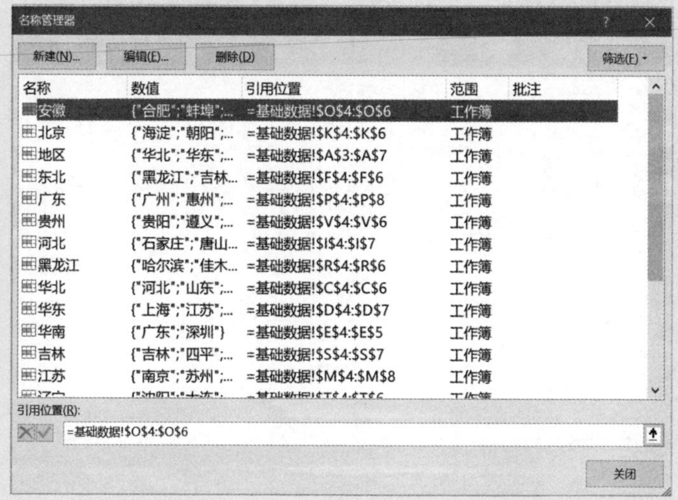

图 3-40 定义的各个省份下的城市名字区域名称

步骤 4：返回到要设置数据验证的工作表，选择 A 列要输入地区的单元格区域，打开"数据验证"对话框，在"来源"输入框中输入公式"= 地区"，如图 3-41 所示。

步骤 5：选择 B 列要输入省份的单元格区域，打开"数据验证"对话框，在"来源"输入框中输入公式"=INDIRECT(A2)"，如图 3-42 所示。

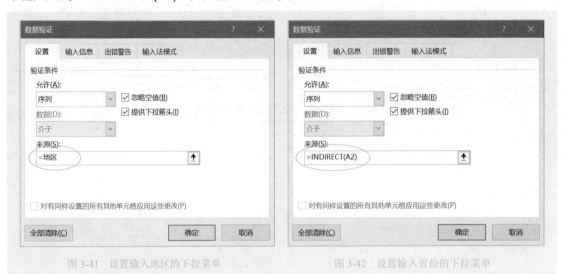

图 3-41　设置输入地区的下拉菜单　　　　图 3-42　设置输入省份的下拉菜单

步骤 6：选择 C 列要输入城市的单元格区域，打开"数据验证"对话框，在"来源"输入框中输入公式"=INDIRECT(B2)"，如图 3-43 所示。

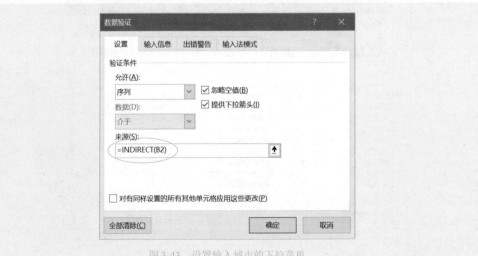

图 3-43　设置输入城市的下拉菜单

这样，就完成了多级下拉菜单的制作。在 A 列选择某个地区，在 B 列只能输入该地区下的省份；在 B 列输入某个省份，则在 C 列只能输入该省份下的城市，如图 3-44 和图 3-45 所示。

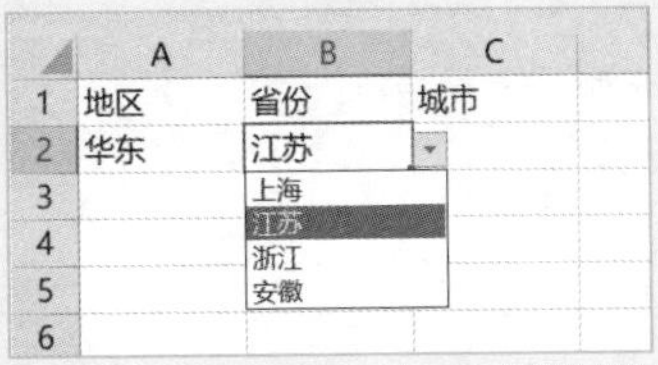

图 3-44　B 列只能输入 A 列选定地区下的省份

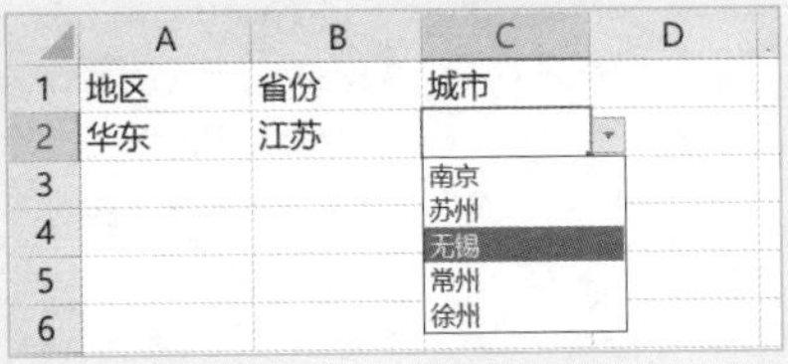

图 3-45　C 列只能输入 B 列选定省份下的城市

3.5.4　应用案例 4：制作动态数据源的数据透视表

一般情况下，数据透视表的数据源是一个选定的固定区域。如果数据源发生了变化（增加行或列），就需要执行"更改数据源"命令，重新设置数据区域，这样显然很不方便。

其实，可以利用 OFFSET 函数定义一个动态的名称，然后以这个名称制作动态数据源的数据透视表。

案例 3-4

以一个数据表制作每个月、每种产品的销量汇总，如图 3-46 所示。该工作表数据会不断更新。

图 3-46　会不断更新数据的工作表

步骤 1：首先使用 OFFSET 函数定义一个动态名称 data，其引用位置如下。

```
=OFFSET($A$1,,,COUNTA($A:$A),3)
```

步骤 2：执行"创建数据透视表"命令，打开"创建数据透视表"对话框，设置"表/区域"为 data，如图 3-47 所示。

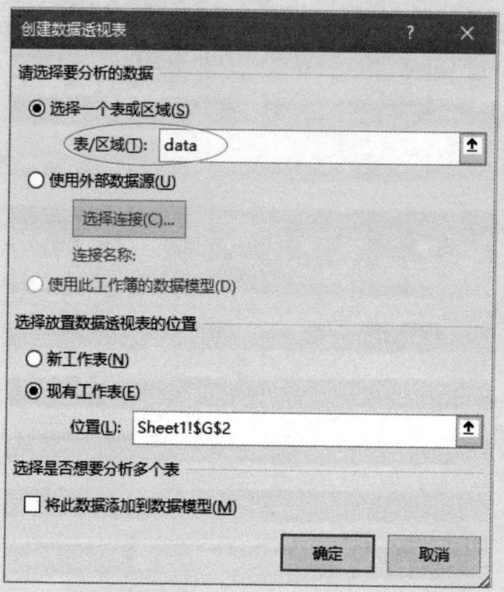

图 3-47　以动态名称创建数据透视表

步骤 3：布局数据透视表，并对日期进行组合，得到如图 3-48 所示的报表。

	A	B	C	D	E	F	G	H	I	J	K	L
1	日期	产品	销量									
2	2020-1-23	产品D	51				销量	产品				
3	2020-1-30	产品C	82				月	产品A	产品B	产品C	产品D	总计
4	2020-2-13	产品C	101				1月			82	51	133
5	2020-3-25	产品B	87				2月			101		101
6	2020-4-19	产品A	146				3月		87			87
7	2020-5-23	产品A	108				4月	146				146
8	2020-5-29	产品D	96				5月	108			96	204
9	2020-6-12	产品B	47				6月		205			205
10	2020-6-18	产品B	158				7月	120	73			193
11	2020-7-2	产品B	73				8月	113				113
12	2020-7-28	产品A	120				总计	487	365	183	147	1182
13	2020-8-28	产品A	113									
14												
15												

图 3-48　得到的报表

如果数据增加了，只要刷新数据透视表，即可得到更新后的报表，如图 3-49 所示。

日期	产品	销量					销量	产品				
							月	产品A	产品B	产品C	产品D	总计
2020-1-23	产品D	51					1月			82	51	133
2020-1-30	产品C	82					2月			101		101
2020-2-13	产品C	101					3月		87			87
2020-3-25	产品B	87					4月	146				146
2020-4-19	产品A	146					5月	108			96	204
2020-5-23	产品A	108					6月		205			205
2020-5-29	产品D	96					7月	120	73			193
2020-6-12	产品B	47					8月	113				113
2020-6-18	产品B	158					9月		767		24	791
2020-7-2	产品B	73					10月		233	34		267
2020-7-28	产品A	120					总计	487	1365	217	171	2240
2020-8-28	产品A	113										
2020-9-5	产品D	24										
2020-9-16	产品B	767										
2020-10-11	产品B	233										
2020-10-23	产品C	34										

图 3-49　更新报表

3.5.5　应用案例 5：制作动态图表

关于动态图表，在《Excel 函数和动态图表 让数据分析更加高效》一书中有详细介绍。本节只介绍如何使用名称绘制动态图表。

案例 3-5

现在要求制作指定地区下的产品销售情况图表，案例数据如图 3-50 所示。

	A	B	C
1	地区	产品	销售
2	华北	产品1	838
3		产品2	1017
4		产品3	1840
5		产品4	1321
6	华东	产品1	1692
7		产品2	661
8		产品3	1043
9		产品4	452
10		产品5	2028
11	华南	产品1	688
12		产品2	609
13		产品3	1280
14	西北	产品1	1295
15		产品2	348
16		产品4	1823
17			

图 3-50　案例数据

步骤 1: 在工作表的合适位置插入一个组合框，打开"设置对象格式"对话框，设置其控制属性，具体参数如图 3-51 所示。这里，已经设计了地区列表。

单元格 F2 是组合框的返回值链接单元格，当在组合框中选择某个地区后，单元格 F2 就是该地区的索引号，如图 3-52 所示。

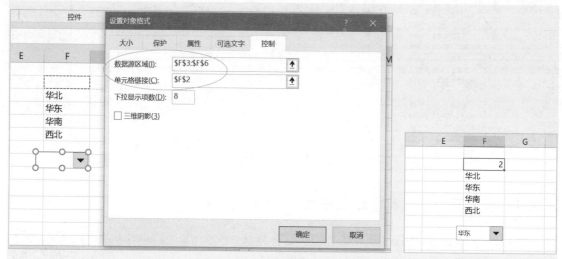

图 3-51 插入组合框，设置其控制属性

图 3-52 组合框选择某个地区，单元格 F2 得到该地区的索引号

步骤 2: 根据单元格 F2 的值，定义两个名称"产品"和"销售"，分别如下。

（1）名称"产品"的引用位置：

=CHOOSE($F$2,$B$2:$B$5,$B$6:$B$10,$B$11:$B$13,$B$14:$B$16)

（2）名称"销售"的引用位置：

=CHOOSE($F$2,$C$2:$C$5,$C$6:$C$10,$C$11:$C$13,$C$14:$C$16)

定义好的名称如图 3-53 所示。

步骤 3: 插入一个空白图表，右击图表，在打开的快捷菜单中执行"选择数据源"命令，打开"选择数据源"对话框，如图 3-54 所示。单击"添加"按钮，打开"编辑数据系列"对话框。在"系列值"输入框中输入公式"=Sheet1! 销售"，如图 3-55 所示。

步骤 4: 单击"确定"按钮，返回到"选择数据源"对话框，单击"选择数据源"对话框右侧的"编辑"按钮，如图 3-56 所示。

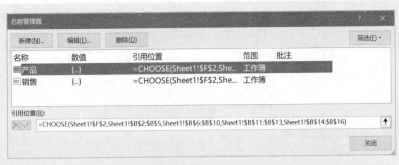

图 3-53 定义的两个名称"产品"和"销售"

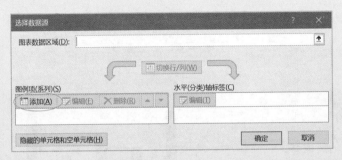

图 3-54 "选择数据源"对话框

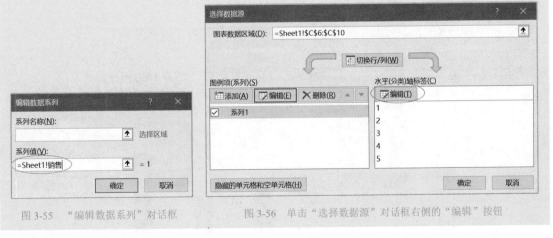

图 3-55 "编辑数据系列"对话框 图 3-56 单击"选择数据源"对话框右侧的"编辑"按钮

步骤 5：打开"轴标签"对话框，在"轴标签区域"框中输入公式"=Sheet1! 产品"，如图 3-57 所示。

步骤 6：单击"确定"按钮，返回到"选择数据源"对话框，完成对系列值和轴标签的添加工作，如图 3-58 所示。

步骤 7：单击"确定"按钮，得到如图 3-59 所示的动态图表，这里已经将控件和图表组合到了一起。

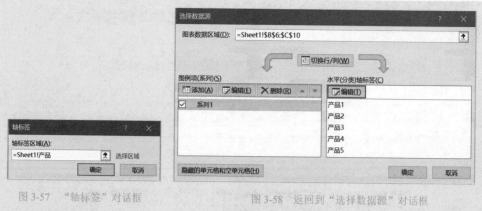

图 3-57 "轴标签"对话框   图 3-58 返回到"选择数据源"对话框

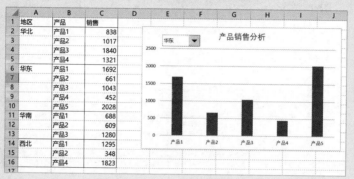

图 3-59 制作完成的动态图表

在组合框中选择某个地区，就得到该地区的产品销售图表，如图 **3-60** 所示。

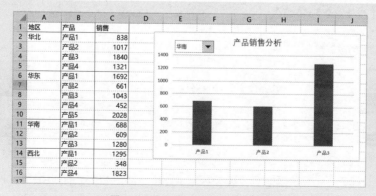

图 3-60 指定地区的产品销售图表

第（4）章

数组公式及其应用

Excel

数组公式是 Excel 中有趣而又功能强大的工具之一。数组公式用来处理数组，能够解决很多复杂的数据处理问题，使得数据处理的工作效率大大提高。

对大部分人来说，因为很少接触到数组公式，所以就谈不上使用数组公式了。但是，在实际工作中，经常会遇到普通公式难以解决的问题，此时，使用数组公式就很容易解决。

4.1 为什么要使用数组公式

在介绍数组公式基本知识和应用技能之前，先通过几个案例来理解为什么要使用数组公式。

4.1.1 一个简单的案例：对含有错误值的单元格区域求和

案例 4-1

现在要对一个单元格数据区域求和，但该区域中有些单元格含有错误值，如图 4-1 所示。这时直接使用 SUM 函数肯定不行，因为 SUM 函数不允许数据区域内有错误值，那么该如何求和呢？

图 4-1 对含有错误值的单元格区域求和

能否先把错误值剔除出去，再对剩下的没有错误值的单元格求和呢？此时，可以设计辅助列，并使用 IFERROR 函数来处理，如图 4-2 所示。

单元格 C2 公式如下。然后对这个辅助列使用 SUM 函数进行求和就可以了。

图 4-2 设计辅助列并使用 IFERROR 函数

```
=IFERROR(B2,"")
```

这个辅助列相当于对原始列进行了筛选处理，构建了一组没有错误值的单元格数据。

对于比较简单的表格而言，这种设计辅助列的方法是可行的，因为不复杂，也容易操作。但是，对于一些比较复杂的表格，就无法使用辅助列来解决。此时，可以考虑把这个辅助列放入公式中，这样既不占用工作表单元格，又能解决问题。这就是数组公式的由来。

以图 4-1 中的数据为例，此处不设计辅助列，直接在公式中进行错误值处理，生成一组没有错误值的数据，再进行 SUM 求和，此时就生成了一个数组公式 "=SUM(IFERROR(B2:B8,""))"。因为 SUM 函数计算的并不是工作表上存在的单元格区域，而是用户自己设计出的、工作表上并不存在的一组数，如图 4-3 所示。

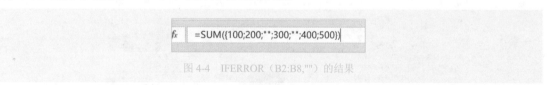

图 4-3 使用数组公式直接解决问题

在这个公式中，IFERROR(B2:B8,"") 的结果就是一组数 {100;200;"";300;"";400;500}，如图 4-4 所示。这组数其实就是 4.1.1 小节设计的辅助列数据。

fx =SUM({100;200;"";300;"";400;500})

图 4-4 IFERROR（B2:B8,""）的结果

4.1.2 一个较复杂的案例：获取每种材料的最近一次采购时间

案例 4-2

下面是一张各种材料的采购记录表，如图 4-5 所示。现在要求查找每种材料的最近一次采购时间。

最近一次采购时间即为某种材料采购时间的最大值，但是不能直接在这个表格的 A 列计算最大值，因为这列的最大值并不是某种指定材料的最新采购时间。

	A	B	C	D	E	F	G
1	日期	材料	数量			材料	最近一次采购时间
2	2020-1-2	材料1	177			材料1	
3	2020-1-10	材料3	126			材料2	
4	2020-1-21	材料5	222			材料3	
5	2020-1-27	材料4	262			材料4	
6	2020-2-7	材料3	287			材料5	
7	2020-2-21	材料1	220				
8	2020-3-4	材料4	276				
9	2020-3-13	材料2	223				
10	2020-3-20	材料2	190				
11	2020-4-8	材料4	230				
12	2020-4-16	材料4	146				
13	2020-4-22	材料5	34				
14	2020-5-1	材料1	224				
15	2020-5-8	材料4	49				
16	2020-5-12	材料1	296				
17	2020-5-20	材料4	107				

图 4-5　材料采购记录表

此时，可以先把某种材料的日期提取出来，再把其他材料的日期全部剔除，剩下的就是该材料的全部采购日期，最后对只含有该材料的日期数据计算最大值。

显然，不可能对每种材料都设计一个辅助列来筛选该材料的日期，因为如果有几十种材料，就需要设计几十个辅助列，这显然是不可能的。

此时，可以把每种材料的各个采购日期添加到公式里，设计数组公式，即可解决这样的问题了。单元格 G2 的公式如下，结果如图 4-6 所示。

```
=MAX(IF($B$2:$B$17=F2,$A$2:$A$17,""))
```

G2　{=MAX(IF($B$2:$B$17=F2,$A$2:$A$17,""))}

	A	B	C	D	E	F	G	H
1	日期	材料	数量			材料	最近一次采购时间	
2	2020-1-2	材料1	177			材料1	2020-5-12	
3	2020-1-10	材料3	126			材料2	2020-3-20	
4	2020-1-21	材料5	222			材料3	2020-2-7	
5	2020-1-27	材料4	262			材料4	2020-5-20	
6	2020-2-7	材料3	287			材料5	2020-4-22	
7	2020-2-21	材料1	220					
8	2020-3-4	材料4	276					
9	2020-3-13	材料2	223					
10	2020-3-20	材料2	190					
11	2020-4-8	材料4	230					
12	2020-4-16	材料4	146					
13	2020-4-22	材料5	34					
14	2020-5-1	材料1	224					
15	2020-5-8	材料4	49					
16	2020-5-12	材料1	296					
17	2020-5-20	材料4	107					
18								

图 4-6　各种材料的最近一次采购时间查找结果

在"材料 1"的公式中，IF 函数得到的结果是只包含"材料 1"日期的一组数组，其他材料的日期全部被替换成了空值，如图 4-7 所示。

图 4-7　材料 1 的采购日期数组

在"材料 2"的公式中，IF 函数得到的结果是只包含"材料 2"日期的一组数组，其他材料的日期全部被替换成了空值，如图 4-8 所示。

图 4-8　材料 2 的采购日期数组

如果使用的是 Excel 2016 以上版本，直接使用 MAXIFS 函数即可实现以上功能，公式如下

=MAXIFS(A:A,B:B,F2)

如果使用的是其他低版本的 Excel，那么只好求助于数组公式了。

4.2 数组

所谓数组，就是把数据组合起来以方便管理和操作的序列。

在 Excel 工作表中，数组有一维数组和二维数组两种（在 Excel VBA 中，还有三维数组甚至多维数组）。

不论是一维数组还是二维数组，数组中的各个数据（又称元素）需要用逗号或分号隔开。

数组中的各个元素，可以是同类数据，也可以是不同类型的数据。对于数字，直接使用即可；但对于文本和日期，则需要用双引号引起来。

4.2.1 一维数组

一维数组相当于数学中的一维向量，它用于存储管理一组连续的数据。一维数组又可分为一维水平数组和一维垂直数组。

在一维水平数组中，各个元素是以逗号分隔的，下面的数组就是一维水平数组。

{1,2,3,4,5}

这个数组就相当于下面的数学一维向量。

[1,2,3,4,5]

在一维垂直数组中，各个元素是以分号分隔的，下面数组的就是一维垂直数组。

{1;2;3;4;5}

这个数组就相当于下面的数学一维向量。

$$\begin{bmatrix} 1 \\ 2 \\ 3 \\ 4 \\ 5 \end{bmatrix}$$

4.2.2 二维数组

在二维数组中，用逗号分隔水平元素，用分号分隔垂直元素。二维数组相当于数学中的 $m \times n$ 矩阵。

例如，下面的数组就是一个二维数组，它有 3 行 5 列数据。

{1,2,3,4,5;6,7,8,9,10;11,12,13,14,15}

这个数组相当于下面的 3×5 矩阵。

$$\begin{bmatrix} 1 & 2 & 3 & 4 & 5 \\ 6 & 7 & 8 & 9 & 10 \\ 11 & 12 & 13 & 14 & 15 \end{bmatrix}$$

4.2.3 数组与工作表单元格区域的对应关系

了解了数组的基本概念后，下面阐述数组与工作表单元格区域之间的对应关系。

一维水平数组就是工作表的某行连续单元格数据，例如，将数组 {1,2,3,4,5} 输入到工作表中，那么数组 {1,2,3,4,5} 相当于单元格区域 B2:F2，如图 4-9 所示。

	A	B	C	D	E	F	G
1							
2		1	2	3	4	5	
3							

图 4-9　一维水平数组与工作表单元格区域的对应关系

一维垂直数组就是工作表的某列连续单元格数据，例如，将数组 {1;2;3;4;5} 输入到工作表中，那么数组 {1;2;3;4;5} 相当于单元格区域 B2:B6，如图 4-10 所示。

二维数组就是工作表中一个连续的矩形单元格区域。例如，将数组 {1,2,3,4,5;6,7,8,9,10;11,12,13,14,15} 输入到工作表中，那么数组 {1,2,3,4,5;6,7,8,9,10;11,12,13,14,15} 相当于单元格区域 B2:F4，如图 4-11 所示。

	A	B	C
1			
2		1	
3		2	
4		3	
5		4	
6		5	
7			

图 4-10　一维垂直数组与工作表单元格区域的对应关系

	A	B	C	D	E	F	G
1							
2		1	2	3	4	5	
3		6	7	8	9	10	
4		11	12	13	14	15	
5							

图 4-11　二维数组与工作表单元格区域的对应关系

4.3 数组公式

所谓数组公式，就是对数组进行计算的公式。

当需要对两组或两组以上的数据进行计算并返回一个或多个计算结果时，就需要使用数组公式了。使用数组公式能简化计算，减少工作量，从而提高效率。

在数组公式中，也可以将某一常量与数组进行加、减、乘、除，也可以对数组进行求幂、开方等运算。

注意：数组公式中的每个数组参数必须有相同数量的行和列。

4.3.1　数组公式的特征

数组公式有以下特征。

◎ 单击数组公式所在的任一单元格，就可以在公式编辑栏中看到公式前后出现的大括号"{ }"，如果在公式编辑栏中单击，大括号就会消失。这个大括号是自动显示出来的，表示这个是数组公式。在输入数组公式时切忌手动输入大括号。

◎ 如果是在几个单元格中输入数组公式，那么每个单元格中显示的公式是完全相同的。

◎ 必须同时按 Ctrl+Shift+Enter 组合键才能得到数组公式（此时可以在编辑栏中看到公式的前后有一对大括号）。如果只按 Enter 键，得到的就是普通公式。

◎ 公式中必定有单元格区域的引用，或者必定有数组常量。

◎ 不能单独对数组公式所涉及的单元格区域中的某一个单元格进行编辑、删除或移动等操作。

◎ 不能在合并单元格内输入数组公式。

4.3.2　输入数组公式

在工作表中输入数组公式必须遵循一定的方法和步骤。尽管数组公式的返回值可以是一个或多个，但输入数组公式的方法相同，在输入完成后都必须按 Ctrl+Shift+Enter 组合键，唯一的区别是选取的单元格区域不同。

（1）返回多个结果的数组公式要选择连续的单元格区域。

（2）返回一个结果的数组公式仅选择一个单元格。

数组公式的输入方法和基本步骤如下。

步骤 1：选择某个单元格或单元格区域。如果数组公式返回一个结果，单击需要输入数组公式的某个单元格；如果数组公式返回多个结果，则要选择需要输入数组公式的单元格区域。

步骤 2：输入数组公式。

步骤 3：按 Ctrl+Shift+Enter 组合键，Excel 自动在公式的两侧显示大括号。

4.3.3　编辑修改数组公式

当需要对数组公式进行编辑修改时，可以按照下面的方法来操作。

（1）如果是返回一个结果的数组公式，就选择该单元格编辑修改公式，然后按 Ctrl+Shift+Enter 组合键。

（2）如果是返回多个结果的数组公式，就要选择该数组公式对应的全部单元格，编辑修改公式，然后按 **Ctrl+Shift+Enter** 组合键。

当不知道数组公式单元格有多少个时，可以使用定位方法快速选择。即先单击数组公式某个单元格，然后按 **Ctrl+G** 组合键，打开"定位"对话框，再单击左下角的"定位条件"按钮，打开"定位条件"对话框，选中"当前数组"单选按钮，如图 **4-12** 所示，即可迅速选择该数组公式的所有单元格。

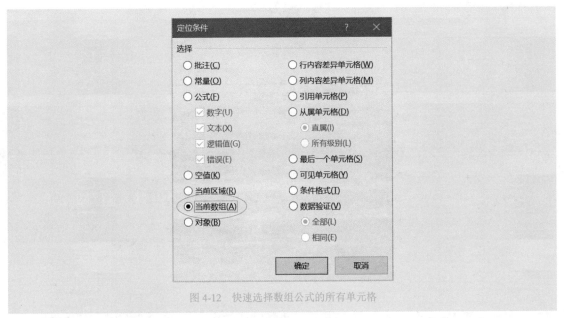

图 4-12 快速选择数组公式的所有单元格

4.3.4 删除数组公式

当需要删除数组公式时，可以按照下面的方法来操作。

（1）如果是返回一个结果的数组公式，就选择对应的单元格，按 Delete 键即可。

（2）如果是返回多个结果的数组公式，就要选择该数组公式对应的全部单元格，然后按 Delete 键即可。

4.4 数组公式应用案例

了解了数组公式的基本概念和一些简单操作后，下面结合几个具体案例来说明数组公式的实际应用。

4.4.1 应用案例 1：计算前 *N* 大客户销售额合计

若一个数据区域的数据没有经过排序，要对数据中最大或者最小的 *N* 个数值求和，可以联合使用 SUM 函数、LARGE 函数或 SMALL 函数实现。

基本原理：利用 LARGE 函数得到一个前 *N* 个最大数的数据序列，或利用 SMALL 函数得到一个前 *N* 个最小数的数据序列，然后用 SUM 函数对这个数据序列进行求和。

案例 4-3

客户销售额汇总表如图 4-13 所示。

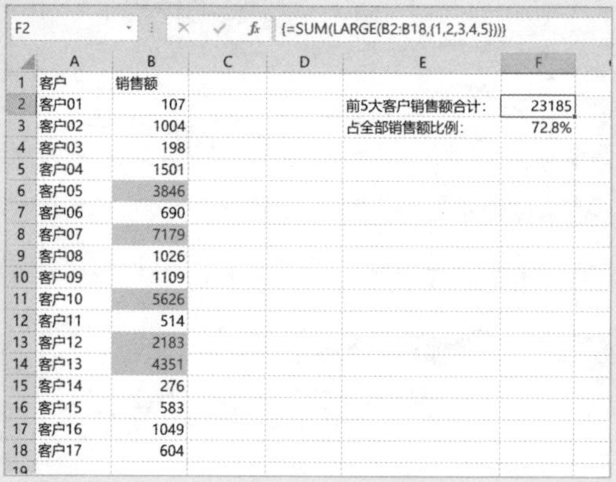

F2 {=SUM(LARGE(B2:B18,{1,2,3,4,5}))}

	A	B	C	D	E	F
1	客户	销售额				
2	客户01	107			前5大客户销售额合计:	23185
3	客户02	1004			占全部销售额比例:	72.8%
4	客户03	198				
5	客户04	1501				
6	客户05	3846				
7	客户06	690				
8	客户07	7179				
9	客户08	1026				
10	客户09	1109				
11	客户10	5626				
12	客户11	514				
13	客户12	2183				
14	客户13	4351				
15	客户14	276				
16	客户15	583				
17	客户16	1049				
18	客户17	604				
19						

图 4-13 客户销售额汇总表

现在要计算前 5 大客户的销售额合计数及占全部销售额的比例。单元格 F2 的公式如下（数组公式）。

```
=SUM(LARGE(B2:B18,{1,2,3,4,5}))
```

单元格 F3 的公式如下（普通公式）。

```
=F2/SUM(B2:B18)
```

为了更好地理解这个公式，在公式编辑栏中选择 LARGE(B2:B18,{1,2,3,4,5}) 部分，按 F9 键，可以看到 LARGE 函数的结果是一个数组：{7179,5626,4351,3846,2183}，这就是销售额排名前 5 的数据，并且按从大到小的顺序进行了排序，如图 4-14 所示。SUM 就是对这个数组的 5 个数据求和。

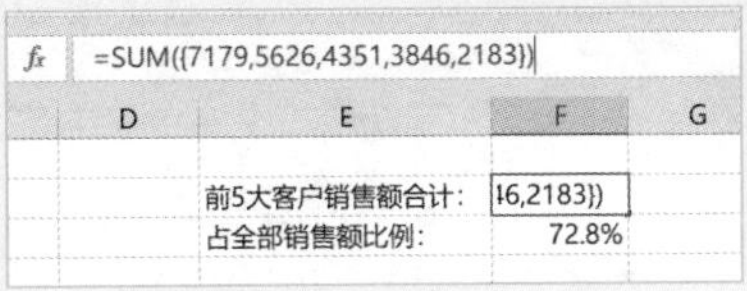

图 4-14　查看公式里的数组

4.4.2　应用案例 2：分列文本和数字

案例 4-4

在一个工作表中，如果单元格的数据中既有数字，又有汉字和字母，如图 4-15 所示，那么如何把保存在一个单元格内的数量和规格分开呢？

	A	B	C	D	E
1	日期	品名	批次	数量	规格
2	2020-5-26	aaaa	205瓶	205	瓶
3	2020-5-26	bbbb	200支	200	支
4	2020-5-27	cccc	496箱	496	箱
5	2020-5-27	eeee	20050瓶(50ml)	20050	瓶(50ml)
6	2020-5-28	dddd	1006箱(AT-250)	1006	箱(AT-250)
7	2020-6-3	ppppp	150瓶葡萄糖25%	150	瓶葡萄糖25%

图 4-15　数量和规格在一个单元格

在单元格数据中，既有数字，又有汉字和英文字母，但有一个明显的规律：一个汉字（比如瓶、支、箱）前面的数字是数量，该汉字开始后面的是规格。那么，只要能确定从左往右到哪个字符开始是汉字（也就是文本），就能够取出左边的数量数字了。

基本逻辑思路如下。

（1）首先利用 INDIRECT 函数和 ROW 函数得到一个从 1 开始到批次数据长度结束的自然数序列。

例如，“205 瓶”长度为 4 位，要生成一个数组 {1;2;3;4}，此时的序号数组表达式如下。

```
ROW(INDIRECT("1:"&LEN(C2)))
```

（2）使用 MID 函数在该字符串的中间从左往右依次取出各个字符，此时的数组表达式如下。

```
MID(C2,ROW(INDIRECT("1:"&LEN(C2))),1)
```

其计算结果就是数组 {"2";"0";"5";" 瓶 "}。

（3）将这个数组的各个元素乘以 1，即

```
1*MID(C2,ROW(INDIRECT("1:"&LEN(C2))),1)
```

就得到一个由纯数字和错误值组成的数组（文本型数字可以直接进行加减乘除操作，而文字则不允许）。

{2;0;5;#VALUE!}

（4）用 ISERROR 函数判断该数组的各个元素是否为错误值，如果是，结果就是 TRUE；如果不是，结果就是 FALSE。此判断表达式如下。

ISERROR(1*MID(C2,ROW(INDIRECT("1:"&LEN(C2))),1))

表达式的结果就是一个新的由 TRUE 和 FALSE 组成的数组，如下所示。

{FALSE;FALSE;FALSE;TRUE}

（5）使用 MATCH 函数从这个数组中查找第一个错误值（TRUE）的位置。

MATCH(TRUE,ISERROR(1*MID(C2,ROW(INDIRECT("1:"&LEN(C2))),1)),0)

这个函数的结果是 4，也就是从左数第 4 个字符是文字，那么实际的数量数字位数表达式如下。

MATCH(TRUE,ISERROR(1*MID(C2,ROW(INDIRECT("1:"&LEN(C2))),1)),0)-1

（6）使用 LEFT 函数从左侧取出数量数字，并转换为纯数字，公式如下。

=--LEFT(C2,
　　MATCH(TRUE,
　　　　ISERROR(1*MID(C2,ROW(INDIRECT("1:"&LEN(C2))),1)),0)-1)

（7）此时使用 MID 函数即可提取规格，公式如下。

=MID(C2,LEN(D2)+1,100)

4.5　数组公式的注意事项

除非迫不得已，否则尽量不要使用数组公式。因为数组公式意味着要进行大量的计算，当数据量很大时，会严重影响计算速度。

必须要使用数组公式时，也不要选择整列数据，而是选择一个大小合适的固定单元格区域。

要学会使用条件表达式构建判断结果数组。条件表达式将在第 5 章进行详细介绍。

第 5 章
在公式函数中使用条件表达式

Excel

　　在公式中合理使用条件表达式，可以克服嵌套 IF 函数、AND 函数和 OR 函数的缺点，使得公式的结构和逻辑更加清楚。条件表达式可以帮助用户解决很多复杂的实际问题。

对于各种条件下的数据判断处理分析问题，可以联合使用 IF 函数、AND 函数和 OR 函数来解决。不过，由于 Excel 对函数的嵌套层数的限制，以及问题的复杂性，在很多情况下，可能无法使用 IF 函数、AND 函数和 OR 函数进行判断处理，此时可以考虑使用条件表达式。

5.1 条件表达式基础知识

在使用条件表达式之前，需要先了解一下条件表达式的基础知识。包括条件表达式的概念和书写等。

5.1.1 什么是条件表达式

条件表达式根据指定的条件准则，对两个项目进行比较（逻辑运算），得到要么是 TRUE、要么是 FALSE 的逻辑值。

这里要注意两点。

（1）只能对两个项目进行比较，不能同时对三个或三个以上的项目进行比较。

例如，公式"=100>200"，就是判断 100 是否大于 200，结果是 FALSE。

例如，公式"=100<200"，就是判断 100 是否小于 200，结果是 TRUE。

（2）条件表达式的结果是两个逻辑值：TRUE 或 FALSE。

逻辑值 TRUE 和 FALSE 分别以 1 和 0 来代表，在 Excel 中也遵循这个规定，因此在公式中逻辑值 TRUE 和 FALSE 分别以 1 和 0 来参与运算。

例如，下面的两个公式会得到不同的结果。

```
= ISNUMBER(A1)
= ISNUMBER(A1)*100
```

第一个公式只能返回 TRUE 或 FALSE。当单元格 A1 的数据为数字时，该公式的结果是 TRUE。

第二个公式将根据实际情况返回 0 或 100。当单元格 A1 的数据为数字时，该公式的结果是 100（即 TRUE*100=1*100=100）。

在很多情况下，需要把逻辑值 TRUE 变为数字 1，把逻辑值 FALSE 变为数字 0，此时可以将条件表达式乘以 1 或者除以 1，但需要将条件表达式用括号括起来，如下所示。

```
=(A2:A10>100)*1
=(A2:A10>100)/1
```

5.1.2 了解比较运算符

条件表达式就是利用比较运算符对两个项目进行比较判断，比较运算符是条件表达式中判断逻辑关系的最基本元素。比较运算符有以下 6 个。

◎ 等于（=）

◎ 大于（>）

◎ 大于或者等于（>=）

◎ 小于（<）

◎ 小于或者等于（<=）

◎ 不等于（<>）

📢 注意：在公式中使用条件表达式进行逻辑判断时，比较运算符是所有运算符中运算顺序最低的。因此，为了得到正确结果，最好使用一对小括号将每个条件表达式括起来，公式如下。

=(A2>100)*(A2<1000)*(B2=" 饮料 ")

5.2 | 条件表达式的书写

不同情况下，条件表达式的书写要注意不同的问题，而是否正确地书写条件表达式，则关系到能否做出正确的判断。

5.2.1 简单的条件表达式

当只对两个项目进行比较时，利用简单的比较运算符就可以建立一个简单的条件表达式了。例如，下面的公式都是简单的条件表达式，它们对两个项目进行比较。

= A1>B1

= A1<>(C1-200)

= A1=" 华东 "

= SUM(A1:A10)>=2000

这些条件表达式的返回值是 TRUE 或 FALSE。

5.2.2 复杂的条件表达式

在实际工作中，经常需要将多个条件表达式进行组合，设计成更为复杂的逻辑判断条件，以完成更为复杂的任务。例如，以下公式就是复杂的条件表达式。

```
=(A1>100)*(A1<1000)
= (A1=" 彩电 ")+(A1=" 冰箱 ")
= ((A1=" 彩电 ")+(A1=" 冰箱 "))*(B1="A 级 ")
```

5.3 使用条件表达式解决复杂的问题

如果能够合理地使用条件表达式，就可以创建一个简单的、高效的计算公式。另外，有些实际问题也必须使用条件表达式才能解决。

5.3.1 使用条件表达式代替逻辑判断函数

可以使用乘号（*）和加号（+）分别替代 AND 函数和 OR 函数，组合多个条件，构建复杂的比较运算。

乘号与 AND 函数的功能相同，它们都是构建多个条件的"与"关系，即必须同时满足多个条件。

加号与 OR 函数的功能相同，它们都是构建多个条件的"或"关系，即在这些条件中只要有一个条件满足即可。

使用乘号和加号构造复杂的条件表达式，比使用 AND 函数和 OR 函数更加方便，构建的公式也更加容易理解。

下面的两个公式就是分别使用 AND 函数和乘号构造的条件表达式，它们的计算结果相同。

```
= AND(A2=" 彩电 ",B2="A 级 ")
= (A2=" 彩电 ")*(B2="A 级 ")
```

下面的两个公式分别使用 OR 函数和加号构建条件表达式，它们的计算结果相同。

```
= OR(A2=" 彩电 ",B2="A 级 ")
= (A2=" 彩电 ")+(B2="A 级 ")
```

案例 5-1

根据员工的工龄，计算每位员工的年休假天数，如图 5-1 所示。年休假天数计算规定：工龄不满 1 年的不休；满 1 年不满 10 年的休 5 天；满 10 年不满 20 年的休 10 天；满 20 年以上的休 15 天。

| C2 | : | × ✓ fx | =(B2<1)*0+(B2>=1)*(B2<10)*5+(B2>=10)*(B2<20)*10+(B2>=20)*15 |

▲	A	B	C	D	E	F	G	H	I	J
1	姓名	工龄	年休假天数							
2	A001	23	15							
3	A002	15	10							
4	A003	6	5							
5	A004	0	0							
6	A005	3	5							
7	A006	10	10							
8										

图 5-1   利用条件表达式计算年休假天数

解决这个问题最典型的方法是使用嵌套 IF 函数。公式如下。

=IF(C2<1,0,IF(C2<10,5,IF(C2<2,10,15)))

由于计算结果是数字，并且每个条件都具有排他性。也就是说，当某个条件成立后，其他条件就肯定不成立，结果就是 FALSE，即 0。这样可以直接使用条件表达式来构建更加容易理解的计算公式，如下所示。

=(B2<1)*0
+(B2>=1)*(B2<10)*5
+(B2>=10)*(B2<20)*10
+(B2>=20)*15

5.3.2   使用条件表达式构建公式数组

在公式中合理使用条件表达式构建公式数组，可以完成特定的复杂判断计算，如多条件计数、多条件求和、多条件查找数据等。

案例 5-2

在如图 5-2 所示的工作表中，要求计算彩电、冰箱和空调销售合计。可以使用条件表达式设计求和公式，如下所示。

=SUMPRODUCT(((B2:B17=" 彩电 ")+(B2:B17=" 冰箱 ")+(B2:B17=" 空调 "))*C2:C17)

如果不使用条件表达式组合计算，就需要使用 3 个 SUMIF 函数相加来解决，公式如下。

=SUMIF(B2:B17," 彩电 ",C2:C17)
+SUMIF(B2:B17," 冰箱 ",C2:C17)
+SUMIF(B2:B17," 空调 ",C2:C17)

G3 =SUMPRODUCT(((B2:B17="彩电")+(B2:B17="冰箱")+(B2:B17="空调"))*C2:C17)

	A	B	C	D	E	F	G	H	I	J
1	日期	商品	销量							
2	2020-5-15	彩电	16							
3	2020-1-7	冰箱	10			彩电、冰箱和空调销售合计	82			
4	2020-4-15	彩电	13							
5	2020-2-17	相机	5							
6	2020-3-8	空调	6							
7	2020-1-13	彩电	9							
8	2020-5-20	空调	7							
9	2020-4-1	冰箱	2							
10	2020-3-17	相机	16							
11	2020-2-10	电脑	8							
12	2020-5-26	空调	3							
13	2020-5-17	彩电	1							
14	2020-2-22	空调	4							
15	2020-3-11	相机	11							
16	2020-2-3	电脑	2							
17	2020-1-3	彩电	11							
18										

图 5-2　计算指定几个商品的销售合计数

案例 5-3

在如图 5-3 所示的工作表中计算各个部门本月的总加班时间。一个简单的实现方法是使用 SUMPRODUCT 函数，这里使用了条件表达式来判断部门，公式如下。

```
=SUMPRODUCT(($C$3:$C$52=I3)*(($D$3:$D$52)+($E$3:$E$52)+($F$3:$F$52)))
```

	A	B	C	D	E	F	G	H	I	J
1	工号	姓名	部门	平时加班	周末加班	节假日加班			部门	总加班时间
2	G001	A001	HR	23		16			HR	134
3	G002	A002	HR	5	22				财务部	383
4	G003	A003	HR	34		16			销售部	299
5	G004	A004	HR	12	6				质检部	67
6	G005	A005	财务部	26	17				生产部	220
7	G006	A006	财务部	65	21				信息中心	70
8	G007	A007	财务部	34	13				客服部	447
9	G008	A008	财务部	76	5					
10	G009	A009	财务部	3	8					
11	G010	A010	财务部	23						
12	G011	A011	财务部	52		24				
13	G012	A012	财务部		16					
14	G013	A013	销售部		13					
15	G014	A014	销售部	24	4					
16	G015	A015	销售部	33	8					

图 5-3　联合使用条件表达式和 SUMPRODUCT 函数求和

如果不使用 SUMPRODUCT 函数，那么可以使用 3 个 SUMIF 函数进行求和，公式如下。

=SUMIF($C$3:$C$52,I3,$D$3:$D$52)
+SUMIF($C$3:$C$52,I3,$E$3:$E$52)
+SUMIF($C$3:$C$52,I3,$F$3:$F$52)

案例 5-4

从 ERP 导出的原始数据如图 5-4 所示，现在要求直接从原始数据得到每个月的销售额总和。

	A	B	C	D	E	F	G	H	I	J
							G2 =SUMPRODUCT((TEXT(MID($A$2:$A$941,3,2),"0月")=F2)*$C$2:$C$941)			
1	日期	产品	销售额			月份	销售额			
2	190101	产品08	534			1月	26902			
3	190101	产品03	792			2月	7535			
4	190102	产品10	1119			3月	22286			
5	190103	产品02	381			4月	36014			
6	190103	产品09	645			5月	48706			
7	190104	产品05	525			6月	44663			
8	190105	产品08	871			7月	40729			
9	190105	产品10	672			8月	30806			
10	190106	产品07	1220			9月	47233			
11	190106	产品04	1327			10月	37815			
12	190106	产品10	1155			11月	43412			
13	190106	产品06	928			12月	42099			
14	190108	产品06	1155			合计	428200			
15	190109	产品01	1148							
16	190109	产品06	441							
17	190109	产品02	624							
18	190110	产品09	836							
19	190110	产品02	641							

图 5-4　原始数据

A 列的日期是 6 位数的文本，并不是真正的日期。如果要按月份汇总，一个方法是利用分列工具先把 A 列转换为日期，然后再利用透视表组合日期。但这种方式比较烦琐，也无法实时更新数据。

使用 SUMPRODUCT 函数，就可以直接利用原始数据进行汇总。单元格 G2 的计算公式如下。

=SUMPRODUCT((TEXT(MID($A$2:$A$941,3,2),"0 月 ")=F2)*$C$2:$C$941)

在这个公式中，需要注意以下几点。

（1）利用 MID 函数从 A 列的 6 位数中把中间的代表月份的两位数取出来。表达式如下。

MID($A$2:$A$941,3,2)

（2）利用 TEXT 函数把这个两位数转换为中文月份名称，从而得到了一个由中文月份名称组成的数组。表达式如下。

TEXT(MID($A$2:$A$941,3,2),"0 月 ")

（3）将这个数组中的每个月份名称与汇总表的标题进行比较判断，如果相同，结果就是 TRUE；如果不相同，结果就是 FALSE，得到了一个由逻辑值 TRUE 和 FALSE 组成的数组。表达式如下。

TEXT(MID($A$2:$A$941,3,2),"0 月 ")=F2

（4）将这个数组的实际求和区域数据相乘，就得到一个由数字 0 和实际数字组成的数组，数字 0 表示不满足条件，实际数字表示满足条件。表达式如下。

(TEXT(MID($A$2:$A$941,3,2),"0 月 ")=F2)*$C$2:$C$941

（5）用 SUMPRODUCT 函数将这个由数字 0 和实际数字组成的数组中的各个元素相加，即可得到满足条件的数据之和。

📢 思考：如果不计算销售额总和，而是要统计每个月的订单数，应该如何解决？此时的公式如下。

=SUMPRODUCT((TEXT(MID($A$2:$A$941,3,2),"0 月 ")=F2)*1)

这里，将条件表达式乘以数字 1，就是为了将逻辑值 TRUE 变为数字 1，逻辑值 FALSE 变为数字 0，将这些数字 1 和 0 加起来，就是各月的订单数了。

第6章

学习函数公式的核心是逻辑思路

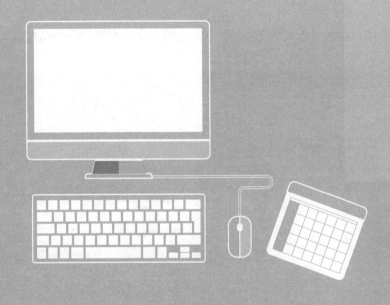

Excel

学习 Excel，其实就是学习逻辑思维方式，即学习解决问题的逻辑思路。应用 Excel，也是逻辑思维在各种业务数据分析中的具体应用。很多人认为函数很难学，原因是缺少逻辑思路；很多人认为数据分析很难，原因也是缺少逻辑思路。

逻辑思路永远是 Excel 的核心。训练解决问题的逻辑思维，提升解决问题的能力，才能达到熟练掌握和应用 Excel 的目标。

6.1 | 解决问题的第一步：阅读表格

当要对一个表格进行汇总分析时，首先要仔细阅读表格，分析数据之间的逻辑关系，然后确定问题的解决思路，最后才是选择相应的函数创建公式。当创建计算公式时，除了对函数必须熟练运用外，还要学会绘制逻辑流程图，以清晰地表达出解决问题的详细思路和步骤。实际上，当绘制出逻辑流程图后，问题就已经解决了一半甚至四分之三，剩下的就是输入函数创建公式，或者绘制分析图表。

案例 6-1

某公司的产品在各个地区的销售表如图 6-1 所示，现在要对各个地区的每种产品的销售进行汇总。这是一个综合测验案例，用来综合考察逻辑思维能力，以及对 VLOOKUP、IF、MATCH 函数的综合运用能力。至于这 3 个函数的单独运用，想必大部分人都是比较熟练的。但是具体到这个问题，该如何运用呢？

	A	B	C	D	E	F	G	H	I	J	K	L	M	N
1	地区	产品	1月	2月	3月	4月	5月	6月	7月	8月	9月	10月	11月	12月
2		产品1	277	453	313	556	359	323	411	395	271	207	241	352
3		产品2	299	364	271	239	382	600	524	366	235	585	225	553
4	北区	产品3	336	309	262	320	271	337	304	278	353	553	496	564
5		产品4	567	516	408	266	346	328	304	418	484	383	302	461
6		产品5	357	234	545	287	329	485	518	555	234	426	408	418
7		产品6	249	523	511	453	311	385	360	235	323	257	227	274
8		产品1	352	544	501	341	282	306	363	562	298	405	568	438
9		产品2	642	262	441	240	599	260	379	402	319	211	293	418
10	东区	产品3	302	338	206	220	342	652	557	644	496	692	268	670
11		产品4	528	384	366	611	651	263	547	223	375	424	624	579
12		产品5	260	440	540	521	283	551	552	309	236	413	439	627
13		产品6	444	490	505	241	349	446	540	324	434	328	355	351
14		产品1	678	429	712	806	575	898	908	506	529	765	674	865
15		产品2	903	786	945	636	547	873	560	556	482	444	417	582
16	南区	产品3	921	527	640	541	689	966	534	564	955	964	645	825
17		产品4	819	974	540	902	857	429	827	655	989	472	930	534
18		产品5	793	483	681	952	539	655	940	508	430	806	543	525
19		产品6	488	935	733	621	873	656	408	673	760	766	894	743
20		产品1	395	684	250	481	274	691	239	289	467	444	142	339
21		产品2	349	192	240	309	260	385	101	497	334	101	277	183
22	西区	产品3	689	414	631	606	359	191	589	455	146	309	324	411
23		产品4	533	269	657	662	338	590	576	638	213	209	565	556
24		产品5	517	520	387	420	523	587	328	599	589	607	326	119
25		产品6	225	356	143	663	581	163	584	499	319	152	426	205

图 6-1 各个地区各种产品的销售表

6.1.1 阅读表格，确定任务

首先阅读表格，明确通过这个表格完成的任务是什么？通过该表格，可以实现的任务如下。

◎ 任务 1：分析指定地区、指定产品在各个月的销售波动及趋势。

◎ 任务 2：分析指定月份下，各种产品的累计销售对比。

◎ 任务 3：分析指定月份下，各个地区的累计销售对比。

◎ 任务 4：分析指定月份、指定产品在各个地区的累计销售占比。

6.1.2　根据任务寻找思路

本节主要针对任务 1 进行分析，即分析指定地区、指定产品在各个月的销售波动及趋势。在该任务中，地区和产品是两个可选变量，可以使用控件或者数据验证来选择要分析的对象（这里使用数据验证），而月份是第 3 个变量。因此，这个问题实质上就是查找同时满足这 3 个条件的数据。

新建一个工作表，设计需要的分析报告，如图 6-2 所示。其中单元格 C2 用于选择地区，单元格 C3 用于选择产品，下面就要在单元格 C6 中创建数据查找公式了。

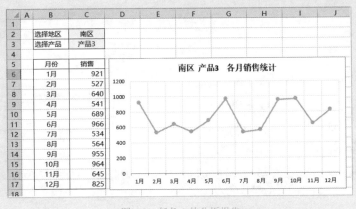

图 6-2　任务 1 的分析报告

解决这个问题的思路有很多，其中最简单也最容易理解的一个思路如下。

（1）要从 4 个"地区"中，根据"产品"名称分别取出右侧各列（各月）的销售数据，此时首选的函数是 VLOOKUP。

（2）从 4 个区域查找数据，可以使用嵌套 IF 函数来解决。

（3）各月取数的位置可以使用 MATCH 函数来确定。

这样，在单元格 C6 中创建如下公式。

```
=VLOOKUP($C$3,
         IF($C$2=" 北区 ", 源数据 !$B$2:$N$7,
         IF($C$2=" 东区 ", 源数据 !$B$8:$N$13,
```

```
IF($C$2=" 南区 ", 源数据 !$B$14:$N$19,
源数据 !$B$20:$N$25))),
MATCH(B6, 源数据 !$B$1:$N$1,0),
0)
```

查找出数据后，可以绘制如图 6-3 所示的逻辑流程图，查看指定地区和产品的各月销售数据。

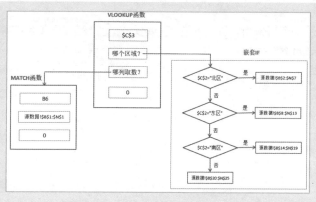

图 6-3　逻辑流程图：核心函数 VLOOKUP

另一个更简单的思路是利用 OFFSET 函数直接取数，但仍需要使用 MATCH 函数来定位地区和月份的位置，以确定需要偏移的行数和列数。其逻辑流程图如图 6-4 所示，公式如下。

```
=OFFSET( 源数据 !$B$1,
        MATCH($C$2, 源数据 !$A$2:$A$25,0)+MATCH($C$3, 源数据 !$B$2:$B$7,0)-1,
        MATCH(B6, 源数据 !$C$1:$N$1,0)
        )
```

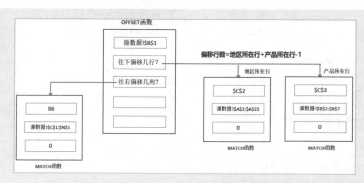

图 6-4　逻辑流程图：核心函数 OFFSET

单纯地看上面的两个公式，都很长、很复杂，但是，通过对表格的仔细阅读，分析数据的逻辑关系，寻找解决问题的思路，再根据这个思路绘制出逻辑流程图，是不是就简单多了？

一句话：学习 Excel，并不仅仅是学习函数公式，最重要的是学习逻辑思路！

6.1.3 转换思路，另辟蹊径

在 6.1.2 小节的案例中，通过阅读表格，绘制逻辑流程图，来寻找解决方案。当表格的逻辑清晰了后，最终的解决方案其实是很简单的。

但在某些情况下，直接求解不见得是一个好思路。

例如，要完成"任务 2：分析指定月份下，各种产品的累计销售对比"的话，仅靠一个公式是不能解决的。

所谓分析指定月份下的累计销售对比，实际上是要计算指定个数的单元格区域的合计，这样就需要使用 OFFSET 函数来获取动态单元格区域。

对各个产品进行求和，而每个地区都有该产品，这样要加的区域就是 4 个单元格了（因为现在的表格是 4 个地区）。当然，有人会说，使用 4 个 OFFSET 函数相加就可以解决了。但如果有 20 个地区，甚至 100 个地区呢？

如果对数学中的矩阵计算比较熟悉，就可以使用一个公式来解决，不过这里需要使用 INDIRECT 函数来构建动态区域。创建好的公式如下。该公式是数组公式，此处使用矩阵函数 MMULT，因此需要清楚矩阵乘法计算的规则。

=SUMPRODUCT(MMULT(TRANSPOSE((源数据 !$B$2:$B$25=B6)*1),
INDIRECT(" 源数据 !R2C3:R25C"&MATCH($C$3, 源数据 !$A$1:$N$1,0),FALSE)))

复杂公式的汇总表结构如图 6-5 所示。

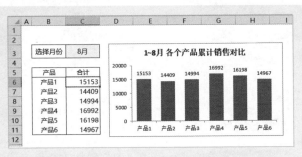

图 6-5 制作复杂公式的汇总表结构

如果没有扎实的函数基础和数学基础，是无法理解这样的公式的。

如果这种方法太难了，不妨换一个角度来考虑：直接计算所有地区的每种产品的总计不方便，那么可以先计算每个地区的每种产品的合计数，然后对所有地区的数据进行求和。

计算每个地区每种产品的合计数：首先用 MATCH 函数定位地区位置、产品位置和月份位置，然后用 OFFSET 函数偏移获取每个地区每种产品的求和区域，最后用 SUM 函数求和，效果如图 6-6 所示。

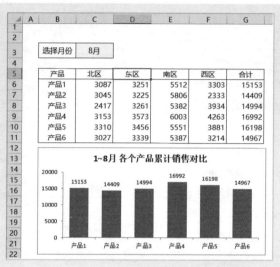

图 6-6　合理设计报告结构，简化计算过程

其中，单元格 C6 的公式如下。

=SUM(OFFSET(源数据 !$C$1,MATCH(C5, 源数据 !$A$2:$A$25,0)+MATCH
($B6, 源数据 !$B$2:$B$7,0)-1,,,MATCH($C$3, 源数据 !$C$1:$N$1,0)))

单元格 G6 的公式如下。

=SUM(C6:F6)

6.2　不要死记硬背，要重点训练逻辑思维

很多人学习函数公式，往往觉得学会了，结果也仅仅是在这个表格"会了"，换一个表格，换一个场景，就又不知所措了。究其原因，是没有真正掌握函数的基本原理，没有培养自己阅读表格的能力，学会从表格中寻找思路。

6.2.1　逻辑思路是 Excel 的核心

在 Excel 的学习和应用中，重点是培养自己的数据管理和数据分析的逻辑思维能力。而一些 Excel 使用小技巧和函数的语法是次要的。

任何一个技巧的应用，都必须结合具体的表格来实施。同一个技巧，在这个表格中可以使用，但在另外一个表格中可能不能用。这就需要弄明白这个技巧的原理：如何用？用在什么地方？解决什么问题？为什么要这样做？例如，一个简单的分列工具，可以快速把非法日期修改为合法的日期，但是表格里的非法日期也必须满足日期规则的基本要求才行，不是所有的非法日期都可以用这种方法来解决。

任何一个函数的应用，都离不开具体的表格，而同一个问题，可以用不同的函数组合来解决。例如，甲喜欢使用 VLOOKUP 函数，乙喜欢使用 MATCH 和 INDEX 函数，丙喜欢使用 OFFSET 函数，丁喜欢使用 INDIRECT 函数。为什么会出现这样的多样化？原因就是每个人思考问题的出发点不同，大脑里储备的知识和技能不同，解决问题的方式不同，而这些，最终归结为思路的不同。

公式是逻辑思路的结晶，离开了具体表格讲解函数公式没有任何意义。学习函数公式就要认真阅读表格，弄清楚表格的结构，搞明白数据的逻辑关系。其中，逻辑思路尤为重要，只有找出思路来，才能创建公式。因此，学习过程中一定要记住：阅读表格，逻辑思路。

思路产生于表格中，公式存在于表格中。

6.2.2　练好基本功，学会绘制逻辑流程图

通过案例 6-1 可以明白，只要绘制出逻辑流程图，就很容易创建计算公式了。

在详细阅读表格后，理清数据之间的逻辑关系，确定解决问题的思路，得出解决问题的详细步骤，最后通过图形表达出来。这个图形就是逻辑流程图。

经过了系统的学习和训练，就可以把逻辑流程图画在脑子里，直接在单元格里创建公式了。如果对函数的使用不熟练，也没有基本的逻辑训练，那么，还是老老实实地先学会如何画逻辑流程图吧！

逻辑流程图有以下两种。

（1）计算机式的逻辑流程图。

（2）函数对话框式的逻辑流程图。

下面结合几个案例，说明逻辑流程图的形式及其重要性。

1. IF 函数嵌套（串联嵌套）

案例 6-2

某公司年休假规定如下：工作满 1 年不到 10 年，有 5 天假期；满 10 年不满 20 年，有 10 天假期；

满 20 年以上，有 15 天假期。案例数据如图 6-7 所示。

	A	B	C	D
1	今天是：	2020年5月18日		
2				
3	姓名	参加工作时间	工龄	年休假天数
4	A001	1995-5-22	24	15
5	A002	1997-6-18	22	15
6	A003	2003-12-1	16	10
7	A004	2008-5-31	11	10
8	A005	2012-8-12	7	5
9	A006	2015-9-15	4	5
10	A007	2019-6-18	0	0
11				

图 6-7　年休假计算案例

这个问题实际上要处理 4 个结果：0，5，10，15。最简单的方法是使用 3 个 IF 函数嵌套解决。根据判断的方向，可以绘制如图 6-8 所示的计算机式的逻辑流程图，以及如图 6-9 所示的函数对话框式的逻辑流程图。

按照以上两种逻辑流程图创建公式，非常方便。公式如下。

（1）从小到大判断的公式。

$$=IF(C4<1,0,IF(C4<10,5,IF(C4<20,10,15)))$$

（2）从大到小判断的公式。

$$=IF(C4>=20,15,IF(C4>=10,10,IF(C4>=1,5,0)))$$

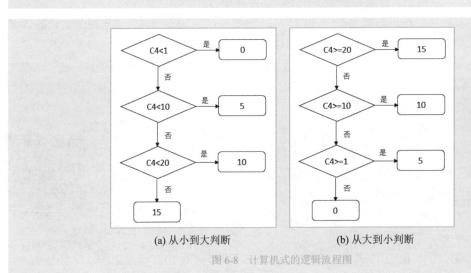

(a) 从小到大判断　　　　　(b) 从大到小判断

图 6-8　计算机式的逻辑流程图

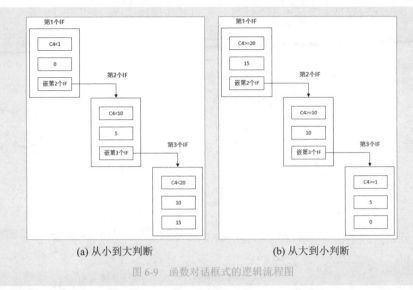

(a) 从小到大判断 (b) 从大到小判断

图 6-9　函数对话框式的逻辑流程图

对于逻辑关系比较复杂的问题，绘制逻辑流程图尤为重要，因为绘制的过程就是梳理思路的过程。

2. IF 函数嵌套（串联 + 并联嵌套）

案例 6-3

图 6-10 所示为某单位的工资信息工作表。每个人分别填报了银行账号，但是，有的人给了两个账号，有的人没有银行账号，现在需要对这些银行账号进行分类。

◎ 如果只填工行账号，就在 F 列输入"工行"。

◎ 如果只填农行账号，就在 F 列输入"农行"。

◎ 如果两个账号都有，就在 F 列输入"重复"。

◎ 如果两个账号都没有，就在 F 列输入"现金"。

	A	B	C	D	E	F
1	姓名	部门	实发工资	工行账号	农行账号	分类结果
2	A001	HR&D	7542.54	439403204320	54843294329	重复
3	A002	HR&D	8389.45		43294392321	农行
4	A003	财务部	7622.91			现金
5	A004	财务部	11485.23	432959454323		工行
6	A005	财务部	5952.59	543543219393		工行
7	A006	销售部	9833.28	543493943939		工行
8	A007	销售部	3064.65		43995439543	农行
9	A008	销售部	7365.91			现金
10	A009	销售部	5690.45	432995439594	58432949329	重复
11						

图 6-10　工资信息工作表

这个问题看似比较复杂，实际很简单，其计算机式的逻辑流程图如图 6-11 所示。

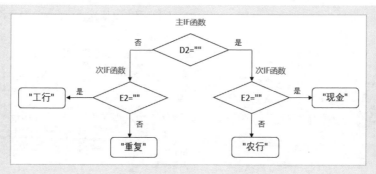

图 6-11　IF 函数嵌套的计算机式的逻辑流程图

其函数对话框式的逻辑流程图如图 6-12 所示。

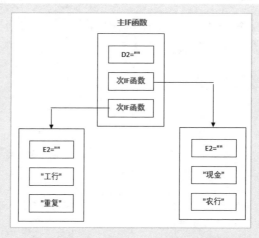

图 6-12　IF 函数嵌套的对话框式的逻辑流程图

然后，利用将要介绍的快速输入嵌套函数的方法就可以快速准确地创建公式。

=IF(D2="",IF(E2=""," 现金 "," 农行 "),IF(E2=""," 工行 "," 重复 "))

3. 不同函数之间的嵌套

案例 6-4

图 6-13 所示是一个 "工资清单" 工作表，现在要求制作如图 6-14 所示的 "灵活查找" 工作表，用于查找指定员工的各个工资大项的金额，该如何设计查找公式？

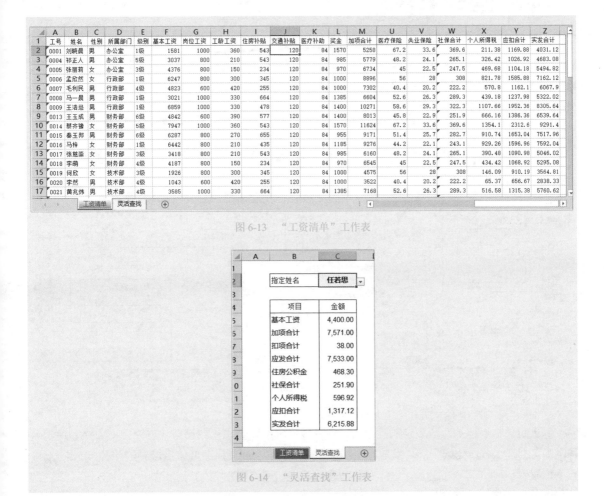

图 6-13 "工资清单"工作表

图 6-14 "灵活查找"工作表

在这个工作表中，姓名（C2 单元格）是条件，要从"工资清单"工作表的 B 列数据中进行匹配，各个工资项目要从"姓名"列的右侧取数的列位置。因此，可以使用 VLOOKUP 函数查找姓名以确定行位置，使用 MATCH 函数确定各个项目取数的列。此时，函数对话框式的逻辑流程图如图 6-15 所示。根据此逻辑流程图创建的查找公式如下。

```
=VLOOKUP(
        $C$2,
        工资清单 !$B:$Z,MATCH(B5, 工资清单 !$B$1:$Z$1,0),
        0
        )
```

📢 思考：如果以项目名称为查询条件，姓名作为取数的行位置，该选用哪个函数创建公式？

由于项目在第一行，每位员工的数据在下面的各行，因此可以联合使用 HLOOKUP 函数和 MATCH 函数来解决。即以第一行的项目作为匹配条件，用 MATCH 函数定位行位置。此时可以绘制如图 6-16 所示的逻辑流程图。查找公式如下。

=HLOOKUP(B5, 工资清单 !B:Z,MATCH($C$2, 工资清单 !B:B,0),0)

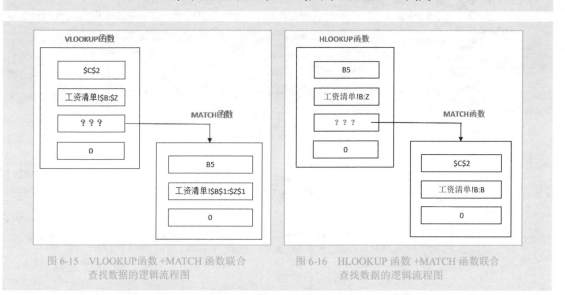

图 6-15　VLOOKUP函数 +MATCH 函数联合查找数据的逻辑流程图

图 6-16　HLOOKUP 函数 +MATCH 函数联合查找数据的逻辑流程图

综上所述，当遇到比较复杂的问题时，首先要仔细阅读表格，找出解决思路，然后绘制逻辑流程图即可创建公式。化繁为简，解决方案图形化是每个 Excel 使用者要重点培养的核心技能之一。

如果看到别人设计的表格公式，能够理解别人的逻辑思路并将其进行图形化，这样就是达到了真正地灵活运用，而不是机械地照搬套用。

6.3 实用技能：快速准确地输入嵌套函数

绘制逻辑流程图是创建公式的第一步。要完成单元格的公式，还需要掌握公式的输入方法和技巧。对于简单的公式直接输入就可以了；而对于比较复杂的嵌套函数公式就需要掌握一定的输入方法。

输入嵌套函数公式的实用方法如下。

(1) 分解综合法。

(2) "函数参数"对话框 + 名称框法。

6.3.1 分解综合法：先分解，再综合

当创建的公式计算过程比较复杂，并使用了不同的函数时，可以使用"分解综合法"来快速、准确地创建公式。基本步骤如下。

步骤 1：将一个问题分解成几步，分别用不同的函数计算。

步骤 2：将上述几步的公式综合成一个公式。

步骤 3：完善公式（例如处理公式的错误值）。

案例 6-5

图 6-17 所示是某公司各个分公司、各种产品、各个月的销售情况数据汇总表。现在要制作一个动态的分析图表，如图 6-18 所示，可以查看指定分公司、指定产品的各个月的销售情况。

	A	B	C	D	E	F	G	H	I	J	K	L	M	N
1	分公司	产品	1月	2月	3月	4月	5月	6月	7月	8月	9月	10月	11月	12月
2	分公司A	产品A	952.06	967.64	1030.04	1089.22	876.33	973.82	744.53	480.39	669.68	864.86	869.59	892.64
3		产品B	40.38	57.42	61.80	70.04	68.84	68.35	69.62	57.77	36.79	60.14	60.14	62.06
4		产品C	1248.81	1282.82	1455.70	1162.85	1330.94	1311.36	1111.64	1045.48	1268.01	1246.40	1265.31	1269.56
5		产品D	258545.00	268472.00	271434.00	268392.00	276706.00	279346.00	273547.00	269776.00	275237.00	271272.78	272766.14	273704.97
6		产品E	194.36	139.47	76.99	90.78	151.30	91.16	131.43	46.18	43.63	107.26	91.36	98.94
7	分公司B	产品A	952.06	875.77	952.09	1245.38	1387.58	1341.90	1435.19	1241.27	1159.16	1176.71	1171.88	1242.57
8		产品B	40.38	47.04	39.15	20.35	40.94	44.26	26.41	45.77	46.71	39.00	40.60	36.69
9		产品C	1248.81	1187.57	1076.82	1217.77	969.14	1047.46	1197.61	1241.21	1049.40	1137.31	1112.77	1099.36
10		产品D	258545.00	262737.00	268451.00	259891.00	268968.00	266058.00	260798.00	264793.00	261261.00	263500.22	264594.14	264132.46
11		产品E	194.36	263.72	268.10	272.74	330.61	285.23	359.58	426.34	438.61	315.48	326.48	324.34
12	分公司C	产品A	952.06	944.47	790.09	763.39	489.85	269.42	283.76	560.45	681.44	637.21	642.73	559.31
13		产品B	40.38	42.26	41.37	57.33	85.62	101.36	81.73	102.64	111.11	73.76	77.38	78.90
14		产品C	1248.81	958.51	661.03	792.98	1073.52	1019.26	921.01	654.19	365.99	855.03	789.35	812.69
15		产品D	258545.00	265406.00	260379.00	268823.00	259149.00	268956.00	263614.00	273201.00	275809.00	265986.89	267389.00	266102.41
16		产品E	194.36	210.70	293.32	391.12	428.22	502.19	601.22	590.04	546.00	417.46	423.08	454.22
17	分公司D	产品A	952.06	1218.70	1456.63	1654.84	1508.74	1697.74	1733.65	1861.99	1793.37	1541.97	1598.86	1626.71
18		产品B	40.38	13.72	30.26	34.50	36.49	35.40	10.58	5.77	7.28	23.82	23.35	25.48
19		产品C	1248.81	1521.38	1711.87	1862.68	2059.04	2160.56	2078.48	1881.48	2179.25	1855.95	1910.89	1986.83
20		产品D	258545.00	260129.00	259559.00	262487.00	254186.00	245682.00	255405.00	250358.00	252077.00	255380.89	254925.43	254968.13

图 6-17　数据汇总表

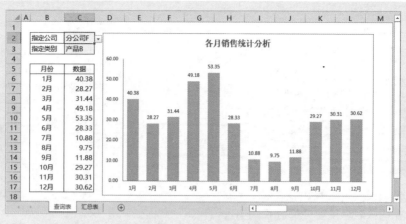

图 6-18　分析指定分公司、指定产品的各个月的销售情况

这个问题可以联合使用 MATCH 函数和 INDEX 函数来解决，即先用 MATCH 函数定位，再用 INDEX 函数取数。分解过程如下。

步骤 1：明确取数的位置。取数的区域是汇总表的单元格区域 C2:N81。接下来，就是要从这个区域的指定行、指定列取出数据。

步骤 2：确定分公司位置。在单元格 G6 中输入如下公式，得到指定分公司的位置（第几行）。

=MATCH($C$2, 汇总表 !$A$2:$A$81,0)

步骤 3：确定产品位置。由于每个分公司下的产品个数和位置是一样的，因此在单元格 G7 中输入公式，得到每个分公司下的指定产品的位置。

=MATCH($C$3, 汇总表 !$B$2:$B$6,0)

步骤 4：确定指定分公司、指定产品的实际位置。在单元格 G8 中输入公式，就得到实际位置。

=G6+G7-1

步骤 5：下面把这个行位置公式综合起来。

（1）把公式"=G6+G7-1"中的 G6 替换为

MATCH($C$2, 汇总表 !$A$2:$A$81,0),

（2）把公式"=G6+G7-1"中的 G7 替换为

MATCH($C$3, 汇总表 !$B$2:$B$6,0),

（3）那么数据行位置（单元格 G10）公式综合为

```
= MATCH($C$2, 汇总表 !$A$2:$A$81,0)+ MATCH($C$3, 汇总表 !$B$2:$B$6,0)-1
```

步骤 6：确定月份位置。在单元格 G11 中输入如下公式，得到 1 月的列位置。

```
=MATCH(B6, 汇总表 !$C$1:$N$1,0)
```

步骤 7：在实际表格的单元格 C6 中输入如下公式，得到指定分公司、指定产品在 1 月的数据。

```
=INDEX( 汇总表 !$C$2:$N$81,G10,G11)
```

步骤 8：这个公式使用了单元格 G10 和 G11，下面综合公式。

（1）把以上公式中的 G10 替换为

```
MATCH($C$2, 汇总表 !$A$2:$A$81,0)+ MATCH($C$3, 汇总表 !$B$2:$B$6,0)-1
```

（2）把以上公式中的 G11 替换为

```
MATCH(B6, 汇总表 !$C$1:$N$1,0)
```

（3）得到最终的查找数据公式如下。

```
=INDEX( 汇总表 !$C$2:$N$81,
    MATCH($C$2, 汇总表 !$A$2:$A$81,0)+MATCH($C$3, 汇总表 !$B$2:$B$6,0)-1,
    MATCH(B6, 汇总表 !$C$1:$N$1,0))
```

最终结果如图 6-19 所示。

	A	B	C	D	E	F	G
1							
2		指定公司	分公司F				
3		指定类别	产品B				
4						分解公式：	
5		月份	数据				
6		1月	40.38			分公司位置：	26
7		2月	28.27			产品位置：	2
8		3月	31.44			实际行位置	27
9		4月	49.18				
10		5月	53.35			实际行位置（综合公式）	27
11		6月	28.33			实际列位置：	1
12		7月	10.88				
13		8月	9.75				
14		9月	11.88				
15		10月	29.27				
16		11月	30.31				
17		12月	30.62				
18							

图 6-19　分解综合公式的计算结果

6.3.2　"函数参数"对话框 + 名称框法：单流程 IF 嵌套

当问题逻辑比较清晰，使用的函数比较简单时，就可以使用"函数参数"对话框 + 名称框法来快速准确地输入嵌套函数。

单流程 IF 嵌套公式是一个自始至终向着一个方向进行的判断公式。这种判断的流程比较简单，输入公式时也比较容易。

以案例 6-2 中的年休假数据为例，输入单流程 IF 嵌套的主要步骤如下。

步骤 1：插入第 1 个 IF 函数，在打开的"函数参数"对话框中输入条件表达式和条件成立的结果，如图 6-20 所示。

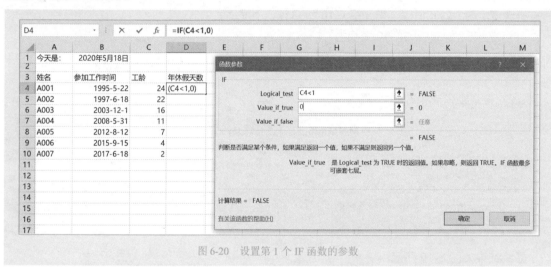

图 6-20　设置第 1 个 IF 函数的参数

步骤 2：将光标移到 IF 函数的第 3 个参数输入框中，单击名称框中出现的 IF 函数（见图 6-21），打开第 2 个 IF 函数的"函数参数"对话框，再设置该函数的条件表达式和条件成立的结果，如图 6-22 所示。

图 6-21　编辑栏左侧的名称框出现了 IF 函数

步骤 3：将光标移到 IF 函数的第 3 个参数输入框中，单击名称框中的 IF 函数，打开第 3 个 IF 函数的"函数参数"对话框，再设置该函数的条件表达式和条件成立的结果，如图 6-23 所示。

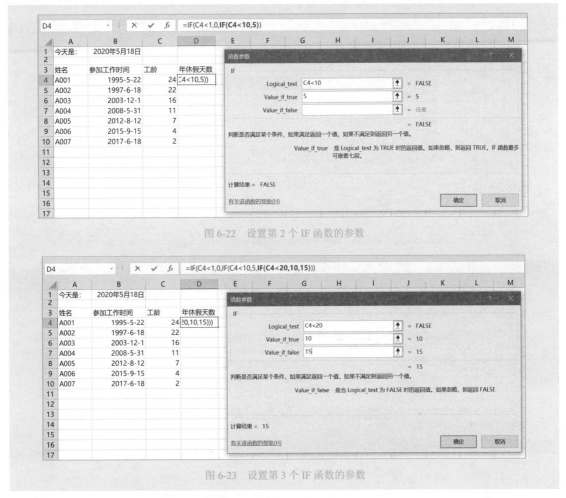

图 6-22 设置第 2 个 IF 函数的参数

图 6-23 设置第 3 个 IF 函数的参数

步骤 4：单击"确定"按钮，完成公式输入。

6.3.3 "函数参数"对话框 + 名称框法：多流程 IF 嵌套

多流程 IF 嵌套公式，就是在进行判断时，使用多个分支，向着两个或多个方向进行判断。这种判断的流程是比较复杂的，如果手动输入函数很容易出错。

下面以案例 6-3 的数据为例，介绍这种复杂 IF 嵌套公式的输入方法。

步骤 1：插入第 1 个 IF 函数，在打开的"函数参数"对话框中输入条件表达式"D2=""""，判断 D2 是否为空，如图 6-24 所示。

图 6-24　第 1 个 IF 函数的"函数参数"对话框

步骤 2：将光标移到该 IF 函数的第 2 个参数输入框中，单击名称框中的 IF 函数，打开第 1 个分支 IF 函数的"函数参数"对话框，输入条件表达式和相对应的结果，如图 6-25 所示。

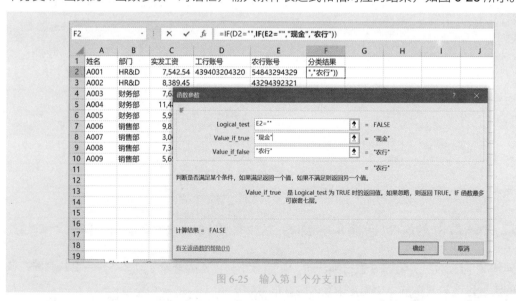

图 6-25　输入第 1 个分支 IF

步骤 3：在编辑栏中单击上一级的 IF 函数名称，重新打开该级 IF 函数的"函数参数"对话框，可以看到第 1 个分支 IF 已经输入到上一级的 IF 对话框中，如图 6-26 所示。

步骤 4：将光标移到该级 IF 函数的第 3 个参数输入框中，单击名称框的 IF 函数，打开另外一个分支 IF 函数的"函数参数"对话框，输入条件表达式和相对应的结果，如图 6-27 所示。

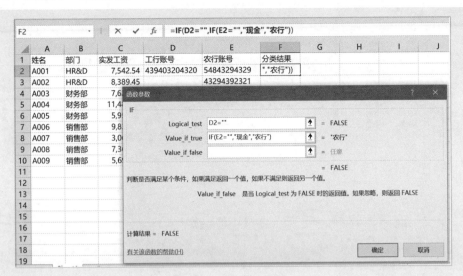

图 6-26 第 1 个分支 IF 已经输入完毕

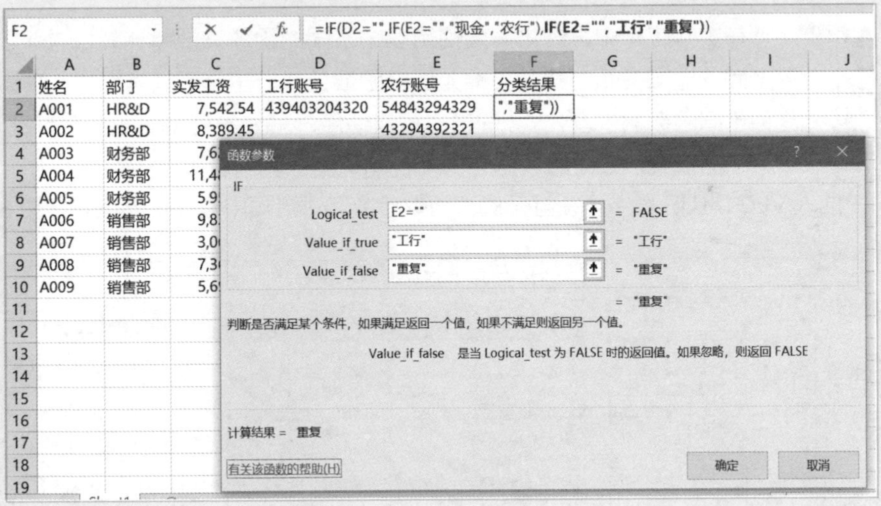

图 6-27 输入另外一个分支 IF

步骤 5：在编辑栏中单击上一级的 IF 函数名称，重新打开该级 IF 函数的"函数参数"对话框，可以看到两个分支 IF 函数都已经输入完毕，如图 6-28 所示。

步骤 6：单击"确定"按钮，即可完成公式的输入，得到最终的计算公式。

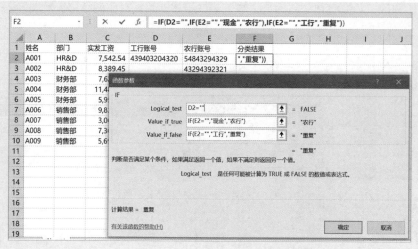

图 6-28　两个分支 IF 输入完毕

6.3.4 "函数参数"对话框 + 名称框法：不同函数嵌套

在实际应用中，经常需要使用多个不同的函数来创建计算公式，了解这些函数之间的逻辑关系以及如何输入嵌套函数公式，也是必须掌握的一项重要技能。这种不同函数的嵌套公式，同样也可以使用"函数参数"对话框 + 名称框法来完成。

下面以案例 6-4 的数据为例，说明这类嵌套函数公式的输入方法。

步骤 1：插入 VLOOKUP 函数，在打开的"函数参数"对话框中设置好参数，如图 6-29 所示。

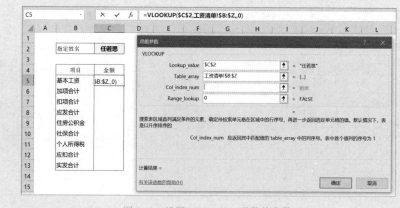

图 6-29　设置 VLOOKUP 函数的参数

步骤 2：将光标移到第 3 个参数中，单击名称框右侧的下拉箭头，从展开的函数列表中选择 MATCH 函数（如果没有该函数，就单击"其他函数"选项，然后从"插入函数"对话框中选择 MATCH 函数），如图 6-30 所示。

步骤 3：打开 MATCH 函数的"函数参数"对话框，设置 MATCH 函数的参数，如图 6-31 所示。

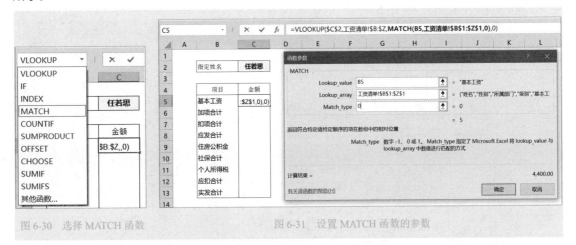

图 6-30　选择 MATCH 函数　　　　　　　图 6-31　设置 MATCH 函数的参数

步骤 4：单击编辑栏中的 VLOOKUP 函数，返回到 VLOOKUP 函数的"函数参数"对话框，检查所有的参数是否都已经设置好，如图 6-32 所示。

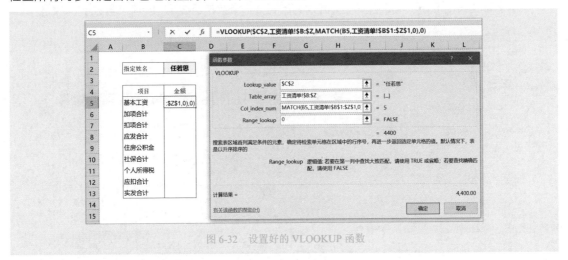

图 6-32　设置好的 VLOOKUP 函数

步骤 5：单击"确定"按钮，完成公式输入。

6.3.5 快速检查哪层函数出错了

对于嵌套函数公式，如果发现计算结果是错误的，那么如何快速确定是哪层函数出错了呢？最好的方法就是使用"函数参数"对话框进行检查。

例如，目测如图 6-33 所示的公式计算结果是错的，因为工作表最后 3 行的工龄都在 1 年以上（不到 10 年），年休假天数应该是 5，而不是 0。

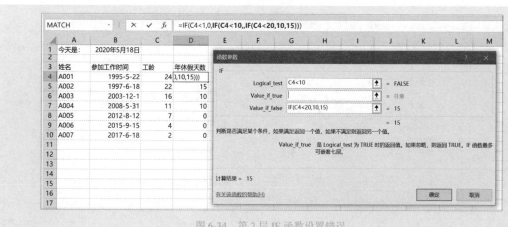

图 6-33　公式计算结果错误

那么，如何快速找出是哪层函数嵌套出错了呢？

单击公式单元格，再单击编辑栏中的"插入函数"按钮，打开"函数参数"对话框，在输入栏里分别单击各个函数名称，打开各个函数的"函数参数"对话框，就可以很快找到出错函数了。

本案例中错误出现在了第 2 层 IF 上，因为它的第 2 个参数被遗漏了，应该填写数字 5，如图 6-34 所示。

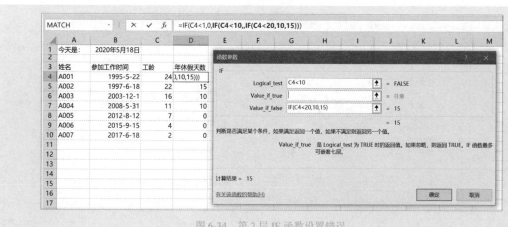

图 6-34　第 2 层 IF 函数设置错误

第 7 章

数据处理与分析，从逻辑判断开始

Excel

不论是处理日常数据，还是制作数据分析报告，数据逻辑判断无处不在。进行数据逻辑判断处理，除了要掌握根据各种情况构建条件表达式外，还要了解和掌握几个逻辑判断函数。

实际工作中，常用的逻辑判断函数如下。

◎ IF 函数和 IFS 函数

◎ AND 函数和 OR 函数

◎ IFERROR 函数

在某些情况下，还需要对单元格或数据的属性进行判断，此时可以使用 IS 类函数。常用的函数如下。

◎ ISERROR 函数

◎ ISNUMBER 函数

◎ ISTEXT 函数

◎ ISBLANK 函数

◎ ISEVEN 函数

◎ ISODD 函数

7.1 | IF 函数及其嵌套应用

与 IF 函数相比，嵌套 IF 函数比较复杂，尤其是应用于更加复杂的表格处理时难度直线升级。

在前面几章或多或少地介绍了 IF 函数及其嵌套应用，通过对逻辑思路的训练，无论是单个 IF 函数还是嵌套 IF 函数，都比较容易理解。本节将结合实际案例，全面详细地介绍 IF 函数及其嵌套应用。

7.1.1 IF 函数基本用法及注意事项

IF 函数的功能是判断指定的条件是否成立，如果条件成立，就得到结果 A；如果条件不成立，就得到结果 B。其用法和逻辑关系如下。

> = IF(判断条件 , 条件成立的结果 A, 条件不成立的结果 B)

相应的 IF 函数的"函数参数"对话框如图 7-1 所示。

在使用 IF 函数时，要注意以下几点。

◎ IF 函数的基本逻辑：如果满足条件，那么结果就是 A，否则就是 B。

◎ 第 1 个参数是指定的条件判断，这个条件判断的结果必须是逻辑值 TRUE 或 FALSE，或者是数字 1 或 0，也可以是表达式或信息函数。

◎ 第 1 个参数可以是一个条件，也可以是多个条件的组合；可以使用 AND 函数和 OR 函数进行组合，也可以使用由乘号和加号组合成的条件表达式。

◎ 第 2 个参数和第 3 个参数分别是条件满足时的结果和条件不满足时的结果，这两个结果可以是具体的值，也可以是另外一个函数的值。

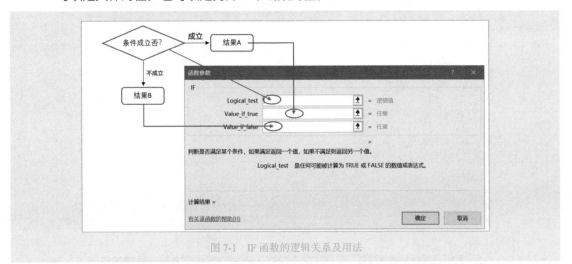

图 7-1　IF 函数的逻辑关系及用法

案例 7-1

判断图 7-2 中的合同是否过期了？如果过期了，就计算过期天数。

	A	B	C	D
1	合同	到期日	是否过期？	过期几天了？
2	A001	2020-5-18		
3	A002	2020-2-25		
4	A003	2020-11-2		
5	A004	2020-10-11		
6	A005	2020-3-8		
7	A006	2020-12-2		
8	A007	2021-3-12		
9	A008	2020-6-29		
10	A009	2021-11-7		
11	A010	2022-1-5		
12	A011	2020-12-23		
13	A012	2020-1-17		
14				

图 7-2　简单案例

判断合同是否过期，是要把 B 列的日期与当天日期（TODAY）进行比较，如果 B 列的日期小于 TODAY，就是过期了，否则就没有过期。因此可以创建如下公式。

（1）单元格 C2 公式：=IF(B2<TODAY()," 过期 ","")。

（2）单元格 D2 公式：=IF(B2<TODAY(),TODAY()-B2,"")。

这两个公式的"函数参数"对话框输入情况分别如图 7-3 和图 7-4 所示。

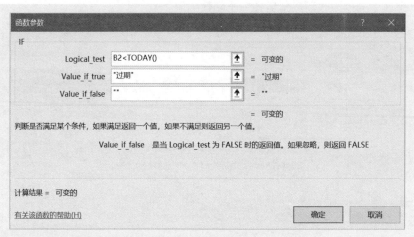

图 7-3　判断合同是否过期

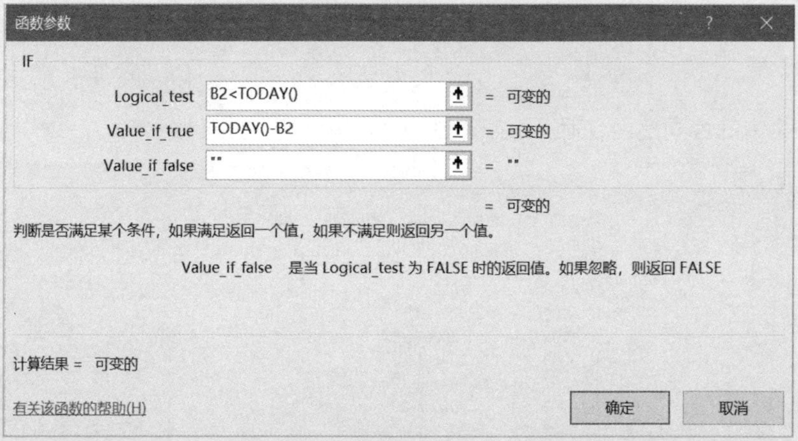

图 7-4　计算过期合同的过期天数

假如今天是 2020 年 5 月 8 日，就可以得到如图 7-5 所示的结果。

C2　=IF(B2<TODAY(),"过期","")

	A	B	C	D	E	F
1	合同	到期日	是否过期?	过期几天了?		
2	A001	2020-5-18				
3	A002	2020-2-25	过期	83		
4	A003	2020-11-2				
5	A004	2020-10-11				
6	A005	2020-3-8	过期	71		
7	A006	2020-12-2				
8	A007	2021-3-12				
9	A008	2020-6-29				
10	A009	2021-11-7				
11	A010	2022-1-5				
12	A011	2020-12-23				
13	A012	2020-1-17	过期	122		
14						

图 7-5　合同判断处理结果

在 IF 函数的第 1 个参数中，可以使用乘号或加号组合几个条件进行联合判断，下面是一个案例。

案例 7-2

图 7-6 所示是一个考勤数据表，现在要把那些每天正常出勤的员工筛选出来。公司正常出勤时间是 8:30—17:30。

G2　=IF((E2<=8.5/24)*(F2>=17.5/24),"正常","")

	A	B	C	D	E	F	G	H
1	登记号码	姓名	部门	日期	签到时间	签退时间	正常出勤	
2	3	李四	总公司	2020-2-2	8:19	17:30	正常	
3	3	李四	总公司	2020-2-3	9:01	17:36		
4	3	李四	总公司	2020-2-4	8:16	17:02		
5	3	李四	总公司	2020-2-9	8:21	17:27		
6	3	李四	总公司	2020-2-10	8:33	17:36		
7	3	李四	总公司	2020-2-12	8:23	17:13		
8	3	李四	总公司	2020-2-14	8:18	17:29		
9	3	李四	总公司	2020-2-15	8:21	17:28		
10	3	李四	总公司	2020-2-19	8:18	17:27		
11	3	李四	总公司	2020-2-20	8:19	17:29		
12	3	李四	总公司	2020-2-21	8:26	17:28		
13	3	李四	总公司	2020-2-25	8:31	17:30		
14	13	刘备	总公司	2020-2-3	8:28	17:38	正常	
15	13	刘备	总公司	2020-2-4	8:23	17:31	正常	
16	13	刘备	总公司	2020-2-5	8:09	17:43	正常	

图 7-6　考勤数据及正常出勤判断结果

所谓正常出勤，就是既不迟到也不早退，即 E 列的签到时间小于 8:30，同时 F 列的签退时间大于 17:30。这两个条件的组合判断，除了可以使用 7.3 节将介绍的 AND 函数外，还可以使用乘号进行组合。单元格 G2 的公式如下。

```
=IF((E2<=8.5/24)*(F2>=17.5/24)," 正常 ","")
```

IF 函数的“函数参数”对话框的参数设置如图 7-7 所示。

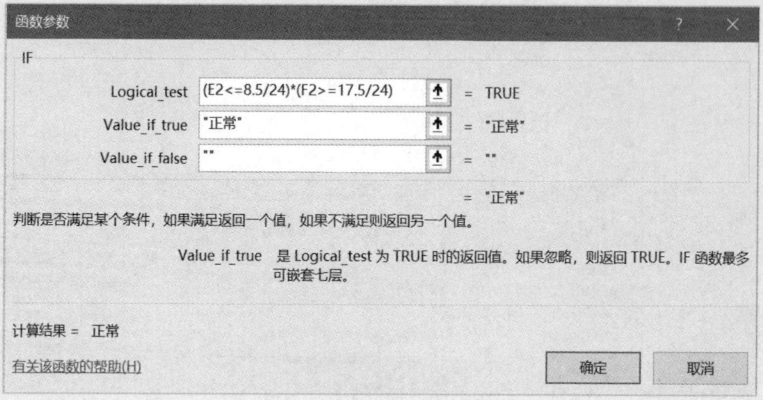

图 7-7 IF 函数的参数设置情况

7.1.2 IF 函数嵌套应用：单流程逻辑判断

在实际工作中，经常会遇到多个 IF 函数嵌套使用的情况，可能是单流程逻辑判断嵌套，也可能是多流程逻辑判断嵌套。

不论是何种嵌套关系，都需要先梳理清楚逻辑关系，绘制逻辑流程图，然后采用“函数参数”对话框 + 名称框法，快速准确地输入 IF 函数，创建正确的计算公式。

下面再练习几个实际应用案例。

案例 7-3

图 7-8 所示是各个业务员的业绩表，现在要计算每个人的业绩提成比例。具体提成标准分为 5 种情况，因此需要使用 4 个 IF 函数嵌套。

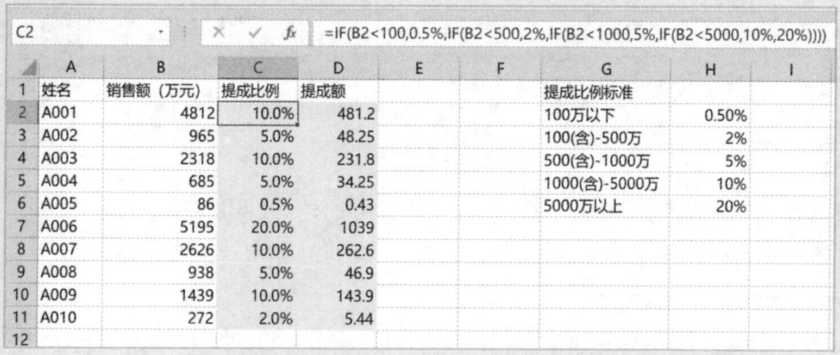

C2 =IF(B2<100,0.5%,IF(B2<500,2%,IF(B2<1000,5%,IF(B2<5000,10%,20%))))

	A	B	C	D	E	F	G	H	I
1	姓名	销售额（万元）	提成比例	提成额			提成比例标准		
2	A001	4812	10.0%	481.2			100万以下	0.50%	
3	A002	965	5.0%	48.25			100(含)-500万	2%	
4	A003	2318	10.0%	231.8			500(含)-1000万	5%	
5	A004	685	5.0%	34.25			1000(含)-5000万	10%	
6	A005	86	0.5%	0.43			5000万以上	20%	
7	A006	5195	20.0%	1039					
8	A007	2626	10.0%	262.6					
9	A008	938	5.0%	46.9					
10	A009	1439	10.0%	143.9					
11	A010	272	2.0%	5.44					
12									

图 7-8 计算业务员的业绩提成比例

绘制逻辑流程图如图 7-9 所示,使用"函数参数"对话框 + 名称框法。创建的判断计算公式如下。

=IF(B2<100,0.5%,IF(B2<500,2%,IF(B2<1000,5%,IF(B2<5000,10%,20%))))

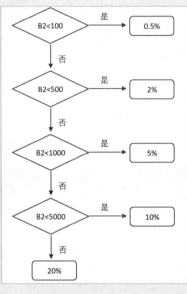

图 7-9 逻辑流程图

7.1.3 IF函数嵌套应用:多流程逻辑判断

如果按照一个方向逐级进行逻辑判断,那还是比较简单的。但也会出现多个分支判断的情况,这就是多流程逻辑判断问题。

案例 7-4

图 7-10 所示是某公司员工的工资数据,现在需要计算不同职位、不同工龄下的工龄工资。这是一个经典的多流程逻辑判断的 IF 嵌套应用。

这个案例需要在两列里分别做不同的判断:先在 D 列里判断职位,再在 F 列里判断工龄。每个职位判断是嵌套关系,每个职位下的工龄判断也是嵌套关系,但各个职位下的各自的工龄判断却并不相关。

这种逻辑关系看起来非常复杂,但只要把数据逻辑流程梳理清楚,绘制出逻辑流程图,问题就迎刃而解了。

逻辑流程图如图 7-11 所示。采用“函数参数”对话框 + 名称框法输入函数，得到的计算如下公式。

```
= IF(D2=" 经理 ",IF(F2>=10,500,IF(F2>=6,400,IF(F2>=2,250,0))),
  IF(D2=" 科长 ",IF(F2>=10,350,IF(F2>=2,200,0)),
  IF(F2>=10,100,IF(F2>=2,50,0))))
```

	A	B	C	D	E	F	G
1	工号	姓名	性别	职位	入职时间	工龄(年)	工龄工资
2	0001	AAA1	男	经理	2000-07-01	12	500
3	0002	AAA2	女	职员	2006-08-03	6	50
4	0003	AAA3	男	科长	2004-07-26	8	200
5	0004	AAA4	男	经理	2006-08-01	6	400
6	0005	AAA5	男	经理	2011-06-04	1	0
7	0006	AAA6	男	经理	1998-04-21	14	500
8	0007	AAA7	男	职员	2002-05-22	10	100
9	0008	AAA8	女	科长	2005-08-15	7	200
10	0009	AAA9	女	经理	2012-01-20	0	0
11	0010	AAA10	女	经理	2009-08-28	3	250
12	0011	AAA12	女	职员	2010-09-25	2	50
13	0012	AAA13	女	科长	2005-07-16	7	200

1. 职位=经理
   （1）工龄>=10年 500元
   （2）工龄6~9年 400元
   （3）工龄2~5年 250元
   （4）工龄<2年 0元
2. 职位=科长
   （1）工龄>=10年 350元
   （2）工龄2~9年 200元
   （3）工龄<2年 0元
3. 职位=职员
   （1）工龄>=10年 100元
   （2）工龄2~9年 50元

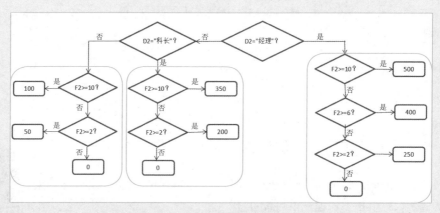

图 7-10 计算不同职位、不同工龄下的工龄工资

图 7-11 逻辑流程图

7.2 使用 IFS 函数快速处理嵌套判断

Excel 2016 新增了一个 IFS 函数，用于处理串联的多层 IF 嵌套判断，即替代串联嵌套 IF 公式。IFS 函数的语法如下。

```
=IFS( 条件判断 1, 结果 1, 条件判断 2, 结果 2, 条件判断 3, 结果 3,...)
```

使用 IFS 函数要注意，条件判断与其判断成立的结果成对出现。

对于案例 7-4，使用 IFS 函数创建的公式如下。

```
=IFS(C2>=110,B2+200,C2>=105,B2+100,C2>=100,B2,C2>=95,B2*80%,C2>=90,B2*60%,C2<90,B2*40%)
```

而对于 6.3.5 小节的年休假计算案例，使用 IFS 函数实现时的公式如下。

```
=IFS(C4>=20,15,C4>=10,10,C4>=1,5,C4<1,0)
```

7.3 使用 AND 函数和 OR 函数组合条件

在实际应用中，有些数据的判断处理要复杂得多，需要联合使用 IF 函数、AND 函数、OR 函数来解决，即把复杂的条件组合起来进行综合判断。

7.3.1 AND 函数组合条件

AND 函数用来组合多个“与”条件，即这几个条件必须同时满足。其使用语法如下。

```
=AND( 条件 1, 条件 2, 条件 3,...)
```

案例 7-5

图 7-12 所示是一个合同工作表，现在要求把在 7~15 天内到期的合同筛选出来。

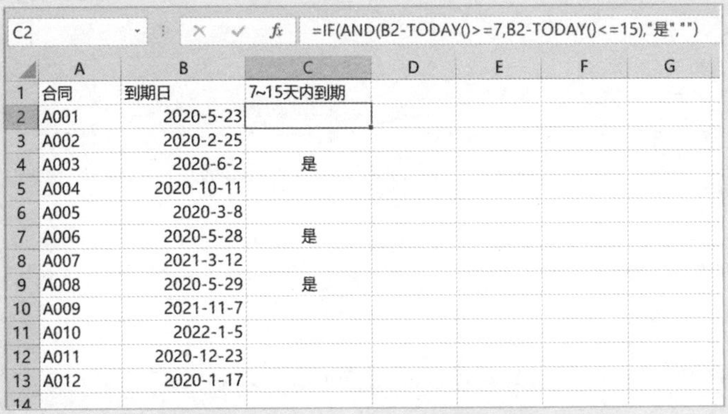

C2 =IF(AND(B2-TODAY()>=7,B2-TODAY()<=15),"是","")

	A	B	C	D	E	F	G
1	合同	到期日	7~15天内到期				
2	A001	2020-5-23					
3	A002	2020-2-25					
4	A003	2020-6-2	是				
5	A004	2020-10-11					
6	A005	2020-3-8					
7	A006	2020-5-28	是				
8	A007	2021-3-12					
9	A008	2020-5-29	是				
10	A009	2021-11-7					
11	A010	2022-1-5					
12	A011	2020-12-23					
13	A012	2020-1-17					
14							

图 7-12 筛选 7~15 天内到期的合同

这个问题的核心是计算"到期日"与今天日期之间的天数，判断这个天数是否在 7~15 之间，因此需要使用 AND 函数组合两个条件。单元格 C2 公式如下。

=IF(AND(B2-TODAY()>=7,B2-TODAY()<=15)," 是 ","")

IF 函数和 AND 函数的"函数参数"对话框设置分别如图 7-13 和图 7-14 所示。逻辑流程图如图 7-15 所示。

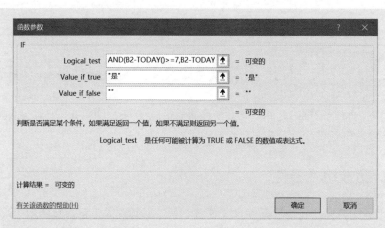

图 7-13　在 IF 函数中使用 AND 函数组合多个条件进行判断

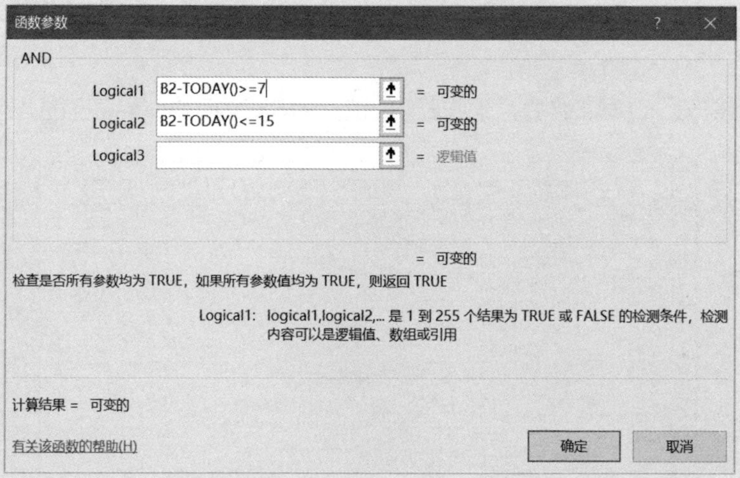

图 7-14　AND 函数组合多个条件

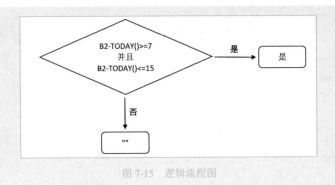

图 7-15　逻辑流程图

7.3.2　OR 函数组合条件

OR 函数用来组合多个"或"条件,也就是说几个条件中,只要有一个条件满足即可。其使用语法如下。

=OR(条件 1, 条件 2, 条件 3,...)

案例 7-6

以案例 7-2 的考勤数据为例,现在要分别筛选出正常出勤员工和非正常出勤员工,如图 7-16 所示。

	A	B	C	D	E	F	G	H	I
							fx	=IF(OR(E2>8.5/24,F2<17.5/24),"非正常","")	
1	登记号码	姓名	部门	日期	签到时间	签退时间	正常出勤	非正常出勤	
2	3	李四	总公司	2020-2-2	8:19	17:30	正常		
3	3	李四	总公司	2020-2-3	9:01	17:36		非正常	
4	3	李四	总公司	2020-2-4	8:16	17:02		非正常	
5	3	李四	总公司	2020-2-9	8:21	17:27		非正常	
6	3	李四	总公司	2020-2-10	8:33	17:36		非正常	
7	3	李四	总公司	2020-2-12	8:23	17:13		非正常	
8	3	李四	总公司	2020-2-14	8:18	17:29		非正常	
9	3	李四	总公司	2020-2-16	8:21	17:27		非正常	
10	3	李四	总公司	2020-2-19	8:18	17:27		非正常	
11	3	李四	总公司	2020-2-20	8:19	17:29		非正常	
12	3	李四	总公司	2020-2-21	8:26	17:28		非正常	
13	3	李四	总公司	2020-2-25	8:31	17:30		非正常	
14	13	刘备	总公司	2020-2-3	8:28	17:38	正常		
15	13	刘备	总公司	2020-2-4	8:23	17:31	正常		
16	13	刘备	总公司	2020-2-5	8:09	17:43	正常		
17	13	刘备	总公司	2020-2-6	8:05	17:51	正常		
18	13	刘备	总公司	2020-2-9	7:56	17:46	正常		
19	13	刘备	总公司	2020-2-10	8:04	17:49	正常		

图 7-16　筛选出正常出勤员工和非正常出勤员工

所谓正常出勤，就是既不迟到也不早退的人，即"签到时间"小于 8:30，同时"签退时间"大于 17:30，这两个条件需要使用 AND 函数进行连接。

所谓非正常出勤，就是迟到或者早退的人，即"签到时间"大于 8:30，或者"签退时间"小于 17:30，这两个条件需要使用 OR 函数进行连接。

单元格 G2 公式如下。

$$=IF(AND(E2<=8.5/24,F2>=17.5/24)," 正常 ","")$$

单元格 H2 公式如下。

$$=IF(OR(E2>8.5/24,F2<17.5/24)," 非正常 ","")$$

7.3.3 使用数组简化 OR 函数

当要使用 OR 函数进行多个等于的判断时，一般的写法如下。

$$=IF(OR(A2="A",A2="B",A2="C"),500,100)$$

这种写法比较烦琐。在进行多判断运算时，可以使用数组来简化公式，如下所示。

$$=IF(OR(A2=\{"A","B","C"\}),500,100)$$

📢注意：这种简化写法必须是同一方向判断的逻辑判断运算，如下面的公式。

$$=IF(OR(B2>\{10,20,30\}),500,100)$$

7.3.4 应用案例 1：限制只能输入 18 位不重复的身份证号码

案例 7-7

在建立员工名册时，需要正确输入员工的身份证号码，这就有两个限制条件：身份证号码必须是 18 位；不允许重复。此时，可以使用 AND 函数组合这两个条件，并设置自定义数据验证，如图 7-17 所示。自定义公式如下。

$$=AND(LEN(B2)=18,COUNTIF(\$B\$2:B2,"*"\&B2)=1)$$

这样，只能输入 18 位不重复的身份证号码，否则就会弹出警告框，禁止输入，如图 7-18 和图 7-19 所示。

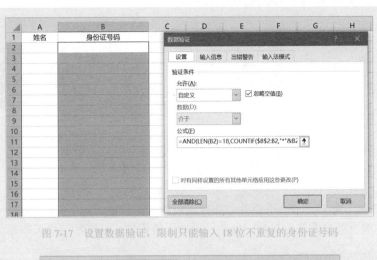

图 7-17　设置数据验证，限制只能输入 18 位不重复的身份证号码

图 7-18　身份证号码重复输入

图 7-19　身份证号码不是 18 位

7.3.5　应用案例 2：建立合同提前提醒模型

案例 7-8

图 7-20 所示是一个模拟合同表格，现在要把 7~30 天内要到期的合同标示为黄色，把 1~6 天内要到期的合同标示为蓝色，把当天到期的合同标示为红色。

这个问题可以使用条件格式来解决。所谓条件格式，就是指定条件后，如果条件满足就设置格式。

	A	B	C	D
1				
2	今天是：	2020-5-18		
3				
4	合同	签订日期	到期日	
5	A001	2019-6-12	2020-7-4	
6	A002	2018-12-26	2020-6-10	
7	A003	2019-11-23	2020-5-23	
8	A004	2020-12-21	2021-11-20	
9	A005	2019-9-19	2020-11-18	
10	A006	2018-7-15	2020-7-31	
11	A007	2018-8-4	2020-6-22	
12	A008	2019-6-11	2020-5-18	
13	A009	2020-10-16	2022-8-3	
14	A010	2019-8-11	2020-6-5	

图 7-20　合同示例数据

这里的 3 种情况都是要先计算合同到期日到今天的天数，并判断这个天数是否在指定的时间段。判断公式分别如下。

（1）7~30 天内到期：=AND(天数 >=7, 天数 <=30)。

（2）1~6 天到期：=AND(天数 >=1, 天数 <=6)。

（3）当天到期：= 天数 =0。

选择单元格区域 A5:C14，设置各自的条件格式。

1. 标示 7~30 天内到期的合同

条件格式设置如图 7-21 所示，条件公式如下。

$$=AND(\$C5-TODAY()>=7, \$C5-TODAY()<=30)$$

图 7-21　标示 7~30 天内到期的合同

2. 标示 1~6 天内到期的合同

条件格式设置如图 7-22 所示，条件公式如下。

=AND($C5-TODAY()>=1, $C5-TODAY()<=6)

3. 标示当天到期的合同

条件格式设置如图 7-23 所示，条件公式如下。

=$C5-TODAY()=0

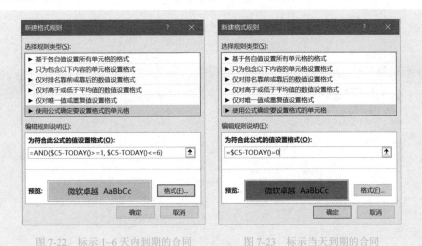

图 7-22 标示 1~6 天内到期的合同   图 7-23 标示当天到期的合同

这样，就得到了如图 7-24 所示的效果。

	A	B	C	D
1				
2	今天是：	2020-5-18		
3				
4	合同	签订日期	到期日	
5	A001	2019-6-12	2020-7-4	
6	A002	2018-12-26	2020-6-10	
7	A003	2019-11-23	2020-5-23	
8	A004	2020-12-21	2021-11-20	
9	A005	2019-9-19	2020-11-18	
10	A006	2018-7-15	2020-7-31	
11	A007	2018-8-4	2020-6-22	
12	A008	2019-6-11	2020-5-18	
13	A009	2020-10-16	2022-8-3	
14	A010	2019-8-11	2020-6-5	
15				

图 7-24 合同标识效果

7.4 处理错误值

在制作数据分析模板时，常常会遇到由于源数据的问题导致公式出现了计算错误的情况，此时可以使用 IFERROR 函数或者 ISERROR 函数来处理错误值。

7.4.1 使用 IFERROR 函数处理错误值

IFERROR 函数的功能就是把一个错误值处理为要求的结果，用法如下。

=IFERROR(表达式 , 错误值要处理的结果)

也就是说，如果表达式的结果是错误值，就把错误值处理为想要的结果；如果不是错误值，就不用进行任何处理。

图 7-25 所示是一个销售统计表，要计算每个月的销售均价，如果将 B4 单元格公式直接往右填充到最后一列，当某月没有数据时，就会出现错误 #DIV/0!。

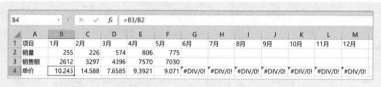

B4					fx	=B3/B2						
	A	B	C	D	E	F	G	H	I	J	K	L	M
1	项目	1月	2月	3月	4月	5月	6月	7月	8月	9月	10月	11月	12月
2	销量	255	226	574	806	775							
3	销售额	2612	3297	4396	7570	7030							
4	单价	10.243	14.588	7.6585	9.3921	9.071	#DIV/0!	#DIV/0!	#DIV/0!	#DIV/0!	#DIV/0!	#DIV/0!	#DIV/0!

图 7-25　没有数据时公式出现错误

此时，可以采用下面的两种方法来处理错误值。

（1）使用 IF 函数判断，公式如下。

=IF(B2="","",B3/B2)

（2）使用 IFERROR 函数处理，公式如下。

=IFERROR(B3/B2,"")

处理结果如图 7-26 所示。

B4					fx	=IFERROR(B3/B2,"")						
	A	B	C	D	E	F	G	H	I	J	K	L	M
1	项目	1月	2月	3月	4月	5月	6月	7月	8月	9月	10月	11月	12月
2	销量	255	226	574	806	775							
3	销售额	2612	3297	4396	7570	7030							
4	单价	10.243	14.588	7.6585	9.3921	9.071							

图 7-26　使用 IFERROR 函数处理错误值的结果

案例 7-9

在如图 7-27 所示的工作表中，要根据商品名称，从"编码"表里把每个商品对应的编码查找出来。由于某些商品名称不存在，查找公式就会出现错误。此时，使用 IFERROR 函数处理这个错误值，也就是说，如果查不到数据，就把错误值处理为空值。公式如下。

=IFERROR(INDEX(编码 !A:A,MATCH(B2, 编码 !B:B,0)),"")

	A	B	C	D	E
1	科目编码	商品名称	实盘表	单价	期初库存金额
2	1405.13.01	一级盒装红茶			
3	1405.13.88	一级听装红茶			
4		二级袋装红茶			
5		二级礼盒红茶			
6	1405.07.015	袋装开心果			
7		罐装开口松子			
8	1405.07.017	袋装开口松子			
9	1405.09.016	篓装野笋			
10	1405.07.014	袋装小银杏			
11	1405.09.016	篓装野笋			
12		吊瓜子礼盒			
13		玉叶金柯罐装			
14	1405.18.005	玉叶金柯礼盒			
15					
16					

	A	B	C	D
1	科目代码	科目名称		
2	1405.01	山核桃原子系列		
3	1405.02.12	品尝手剥核桃		
4	1405.03.012	合作社山核桃仁		
5	1405.03.020	品尝仁		
6	1405.03.021	散黑仁		
7	1405.07.014	袋装小银杏		
8	1405.07.015	袋装开心果		
9	1405.07.017	袋装开口松子		
10	1405.09.016	篓装野笋		
11	1405.18.005	玉叶金柯礼盒		
12	1405.18.006	金玉满堂礼盒		
13	1405.22.013	江南绕烧鸡		
14	1405.22.014	江南绕鸭脚包礼合		
15	1405.22.015	江南绕鸭翅膀礼合		
16	1405.24.46	壳壳果散荼瓜子		

图 7-27 根据商品名称查找对应编码

7.4.2 使用 ISERROR 函数处理错误值

在老版本的 Excel 中（如 Excel 2003）是没有 IFERROR 函数的，如果要处理错误值，需要联合使用 IF 函数和 ISERROR 函数进行处理。

ISERROR 函数用于判断是否是错误值，如果是，函数的返回值是 TRUE；否则返回 FALSE。其用法如下。

=ISERROR(单元格引用或表达式)

一般情况下，处理错误值使用最简单的 IFERROR 函数就可以了。但是，对于某些特殊问题，则需要使用最原始的 ISERROR 函数来处理。例如，当没有错误时，执行一个计算；当出现错误值时，执行另外一个计算。

案例 7-10

图 7-28 所示是一个调薪表，G 列是调薪名单，调薪比例是涨 20%，不在这个名单里的员工工资不动。单元格 C2 可以使用下面的公式进行计算。

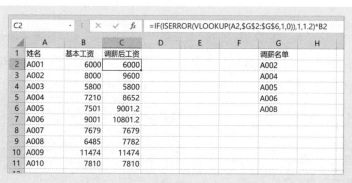

图 7-28　调薪表

=IF(ISERROR(VLOOKUP(A2,$G$2:$G$6,1,0)),1,1.2)*B2

这个公式中，使用 VLOOKUP 函数从 G 列中匹配名称，如果存在，VLOOKUP 不是错误值，那么乘数就是 1.2；如果不存在，VLOOKUP 就是错误值，那么乘数就是 1。

7.5　常用 IS 类函数

Excel 还给出了一些常用的 IS 类函数，它们的名称都是以 IS 开头的，用于判断数据或单元格的属性，返回值是 TRUE 或者 FALSE。尽管这些函数的使用频率不高，但非常有用。

本节主要介绍常见的几个 IS 类函数的基本用法，有关它们更多的应用，将在后面的学习中结合其他函数进行详细介绍。

7.5.1　ISNUMBER 函数判断单元格是否为数字

ISNUMBER 函数判断单元格是否为数字，用法如下。

=ISNUMBER(单元格引用或表达式)

例如，下面的两个公式结果是不同的。

◎ 公式 1：=ISNUMBER(100)，结果为 TRUE。
◎ 公式 2：=ISNUMBER("100")，结果为 FALSE。

案例 7-11

现通过一个简单的案例说明 ISNUMBER 函数的基本用法。在图 7-29 所示的数据表中，A 列数据很乱，既有数值，又有汉字，现在要求把 A 列数据整理成右侧的“数字”和“单位”两列。

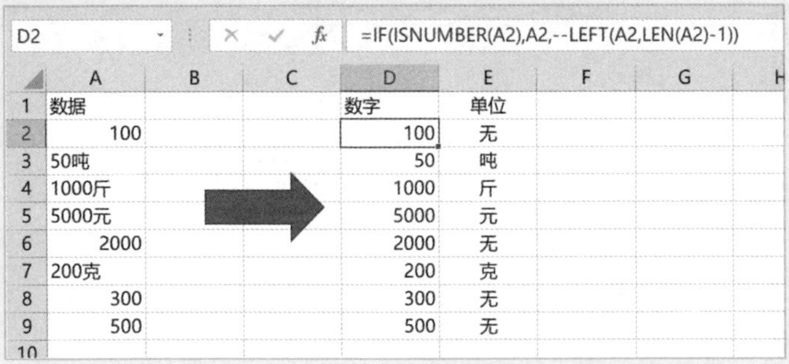

D2 =IF(ISNUMBER(A2),A2,--LEFT(A2,LEN(A2)-1))

	A	B	C	D	E	F	G
1	数据			数字	单位		
2	100			100	无		
3	50吨			50	吨		
4	1000斤			1000	斤		
5	5000元			5000	元		
6	2000			2000	无		
7	200克			200	克		
8	300			300	无		
9	500			500	无		
10							

图 7-29　用 ISNUMBER 函数判断是否为数字

只要用 ISNUMBER 函数判断 A 列是否为数字即可完成整理。

单元格 D2 公式如下。

```
=IF(ISNUMBER(A2),A2,--LEFT(A2,LEN(A2)-1))
```

单元格 E2 公式如下。

```
=IF(ISNUMBER(A2)," 无 ",RIGHT(A2,1))
```

在 D2 单元格的公式中，考虑到 LEFT 函数取出的数字以后可能要用于计算，而 LEFT 函数的结果是文本，因此使用两个负号（- -）将文本型数字转换为纯数字。当然也可以乘以 1 进行转换。公式如下。

```
=IF(ISNUMBER(A2),A2,1*LEFT(A2,LEN(A2)-1))
```

7.5.2　ISTEXT 函数判断单元格是否为文本

ISTEXT 函数判断单元格是否为文本，用法如下。

```
=ISTEXT( 单元格引用或表达式 )
```

例如，下面的两个公式结果是不同的。

◎ 公式 1：=ISTEXT(100)，结果为 FALSE。

◎ 公式 2：=ISTEXT("100")，结果为 TRUE。

以案例 7-11 为例，此时使用 ISTEXT 函数来处理。

单元格 D2 公式如下。

=IF(ISTEXT(A2),1*LEFT(A2,LEN(A2)-1),A2)

单元格 E2 公式如下。

=IF(ISTEXT(A2),RIGHT(A2,1)," 无 ")

7.5.3　ISBLANK 函数判断单元格是否为空值

ISBLANK 函数用于判断单元格是否为空值。空值是指单元格里完全空白，没有任何数据。其用法如下。

= ISBLANK(单元格引用)

在大多数情况下，下面两个公式的结果是一样的。

◎ 公式 1：= ISBLANK(A1)。
◎ 公式 2：=A1=""。

但是，如果单元格是公式处理后的空值，例如，在单元格 A1 有下面的公式。

=IFERROR(VLOOKUP(" 合计 ",K:N,4,0),"")

那么，这个公式得到的空值"""就不是真正的没有任何数据的空值，而是一个零长度的字符，这样两个公式的结果就截然不同了。公式"=ISBLANK(A1)"的结果是 FALSE，公式"=A1="""的结果是 TRUE。

7.5.4　ISEVEN、ISODD 函数判断数字是否为偶数或奇数

ISEVEN 函数用来判断一个数字是否为偶数；ISODD 函数用来判断一个数字是否为奇数，判断结果是逻辑值 TRUE 或 FALSE。它们的用法如下。

=ISEVEN(数字、表达式或单元格引用)
=ISODD(数字、表达式或单元格引用)

例如，下面是函数的简单用法。

◎ 公式 1：=ISEVEN(8)，结果为 TRUE。
◎ 公式 2：=ISODD(8)，结果为 FALSE。

图 7-30 所示为一个身份证号码表，现从身份证号码里提取性别，其原理是先用 MID 函数取出第 17 位数字，再用 ISEVEN 函数或者 ISODD 函数判断是否为偶数或奇数，最后用 IF 函数处理判断结果。

图 7-30　从身份证号码里提取性别

判断是否为偶数的公式如下。

=IF(ISEVEN(MID(B2,17,1))," 女 "," 男 ")

判断是否为奇数的公式如下。

=IF(ISODD(MID(B2,17,1))," 男 "," 女 ")

7.6 | 神奇的 IF({1,0})

有些人可能知道，通过使用 IF({1,0})，可以使用 VLOOKUP 函数做反向查找。这里面主要就是 {1,0} 的功劳。

{1,0} 是一个数组，只有两个元素：1 和 0，分别表示 TRUE 和 FALSE。在 IF 函数中使用数组 {1,0} 时，IF({1,0}) 的含义就是根据这两个条件分别返回 IF 函数的两个值，同时把两个结果组成一个数组，以供其他函数使用。

例如，在如图 7-31 所示的数据表中，如果想把 F 列的"数据 5"和 C 列的"数据 2"复制到 I 列和 J 列中，该如何实现呢？

▲	A	B	C	D	E	F	G	H	I	J
1		数据1	数据2	数据3	数据4	数据5			数据5	数据2
2	项目1	1	2	3	4	5			5	2
3	项目2	6	7	8	9	10			10	7
4	项目3	11	12	13	14	15			15	12
5	项目4	16	17	18	19	20			20	17
6	项目5	21	22	23	24	25			25	22
7	项目6	26	27	28	29	30			30	27
8	项目7	31	32	33	34	35			35	32

图 7-31　任选两列数据复制到 I 列和 J 列

　　最直接的方法是进行复制粘贴。但是如果使用下面的数组公式，就可以一键搞定任选数据的乾坤大挪移，如图 7-32 所示。

=IF({1,0},F1:F8,C1:C8)

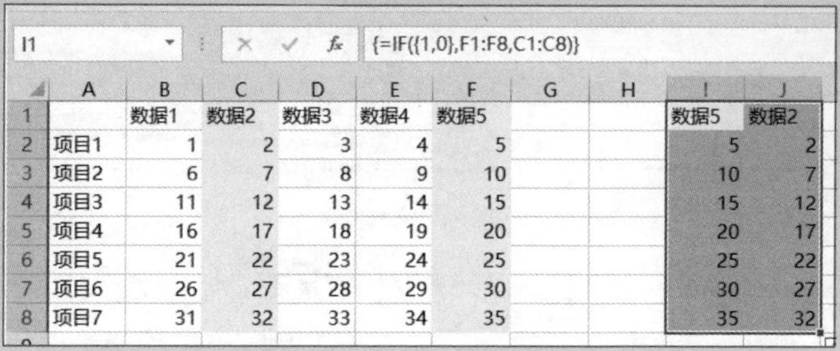

图 7-32　使用数组公式复制数据

　　IF({1,0}) 典型的应用是在 VLOOKUP 函数的反向查找中，在第 13 章中将对这种应用进行详细的介绍。

第 8 章

处理文本数据

Excel

　　文本函数主要用于处理文本数据，例如，从文本字符中截取某段字符、将数字转换为文本、替换字符、连接字符串、清理空格等。

文本函数大约有 40 个。在实际工作中，常用的文本函数主要有以下几个。

◎ 计算字符串长度函数：LEN。

◎ 截取一段字符函数：LEFT、RIGHT、MID。

◎ 查找字符位置函数：FIND、SEARCH。

◎ 连接字符串函数：CONCATENATE、CONCAT、TEXTJOIN、PHONETIC。

◎ 清除前后空格函数：TRIM。

◎ 清除非打印字符函数：CLEAN。

◎ 替换字符函数：SUBSTITUTE、REPLACE。

◎ 将数字转换为文本函数：TEXT。

◎ 将文本转换为数字函数：VALUE。

◎ 获取键盘 ASC 码函数：CHAR。

有些函数还有孪生的字节处理函数，例如 LENB、LEFTB、RIGHTB、MIDB、FINDB、SEARCHB 等，这些函数以字节为单位进行处理。

8.1 计算字符串长度

在实际应用中，经常需要计算字符串长度。例如，设置数据验证时，只能输入 18 位身份证号码、6 位邮政编码、16 位银行账号或筛选指定位数的数据等。

计算文本字符串长度有两个函数：LEN 函数和 LENB 函数。

8.1.1 LEN 函数和 LENB 函数

计算字符串长度（位数）可以使用 LEN 函数。其用法如下。

=LEN(字符串)

计算字符串字节数，可以使用 LENB 函数。其用法如下。

=LENB(字符串)

例如，字符串"中国 1949 年"共有 7 个字符，用 LEN 函数计算的结果为 7。其公式如下。

=LEN(" 中国 1949 年 ")

而用 LENB 函数计算的结果为 10，因为 3 个汉字是 6 个字节（每个汉字是 2 个字节），4 个数字是 4 个字节，合计 10 个字节。其公式如下。

=LENB(" 中国 1949 年 ")

8.1.2 应用案例 1：设置数据验证，只能输入规定长度的数据

可以使用 LEN 函数自定义数据验证，以控制输入固定长度的数据。

案例 8-1

在如图 8-1 所示的工作表中设置数据验证，要求只能输入 16 位银行账号。注意输入数据的条件。

（1）只能是数字。

（2）数字位数只能是 16 位。

此时，自定义数据验证条件公式如下。

=AND(LEN(A2)=16,ISNUMBER(1*A2))

📢 注意：由于 Excel 最大只能处理 15 位数字的数值型数据，而文本数据不受长度影响，因此需要把 A 列设置为文本格式才能保存 16 位编码。但是这样的话，输入的就不是数字而是文本了，因此在进行判断时，需要先将输入的文本型数据乘以 1 转换为数字，再使用 ISNUMBER 函数进行判断。

设置完成后，当输入的数据不是 16 位数字，或者输入的数据含有数字之外的字符时，就会报错，禁止输入，如图 8-2 所示。

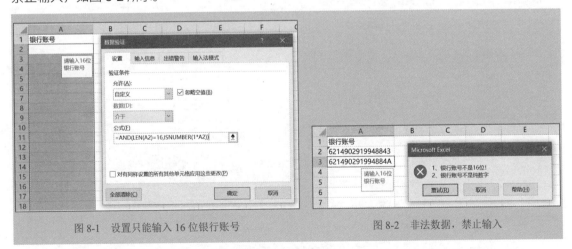

图 8-1 设置只能输入 16 位银行账号   图 8-2 非法数据，禁止输入

8.1.3 应用案例 2：设置数据验证，只能输入汉字字符（全角字符）

如果限制只能输入汉字字符（全角字符），那么可以联合使用 LEN 函数和 LENB 函数进行计

算判断。其逻辑是如果计算的字节数正好是字符数的 2 倍，那么输入的就是汉字。

案例 8-2

在如图 8-3 所示的工作表的 A 列中设置自定义数据验证，使其只能输入汉字。自定义公式如下。

$$=2*LEN(A2)=LENB(A2)$$

如果输入了英文姓名，就被判定为非法输入，禁止输入，如图 8-4 所示。

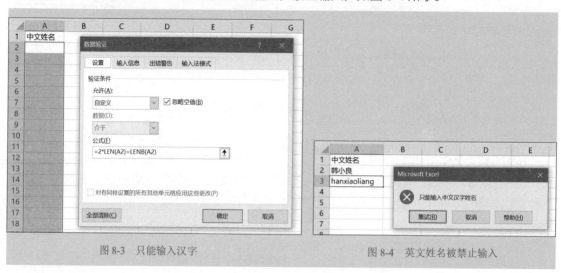

图 8-3　只能输入汉字　　　　　　　　图 8-4　英文姓名被禁止输入

即使输入了汉字，如果在姓名文字之间添加了空格，也会被判定为非法的，如图 8-5 所示。这又是为什么？请读者自己思考。

图 8-5　姓名文字之间有空格，被禁止输入

8.1.4　应用案例 3：设置数据验证，只能输入英文字符（半角字符）

如果限制只能输入英文字符（包括空格）呢？此时也可以联合使用 LEN 函数和 LENB 函数进

行计算判断。其逻辑是如果计算的字节数等于字符数，那么输入的就是英文字符（半角字符）。

案例 8-3

在如图 8-6 所示的工作表的 B 列设置自定义数据验证，使其只能输入英文字符。自定义公式如下。

$$=LEN(B2)=LENB(B2)$$

此时，如果在 B 列输入了汉字，就被判定为非法输入，禁止输入，如图 8-7 所示。

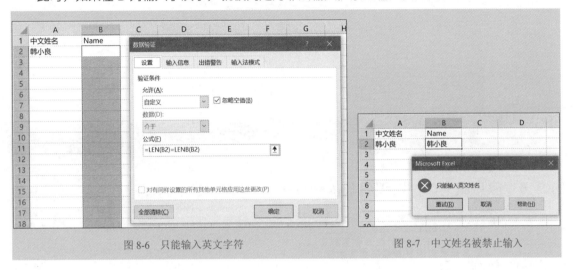

图 8-6　只能输入英文字符　　　　图 8-7　中文姓名被禁止输入

8.1.5　应用案例 4：筛选指定位数的数据

在处理表格数据时，可以使用 LEN 函数对数据进行计算，并进行进一步处理，得到需要的报表。

案例 8-4

图 8-8 所示是一个既有总账科目数据又有明细科目数据的表格，现在要将总账科目的数据筛选出来。

考虑到总账科目是 4 位数字，因此可以将 D 列设置为辅助列，标题为"编码长度"。在单元格 D2 输入公式"=LEN(A2)"，然后向下复制，最后在 D 列筛选"编码长度"为数字 4 即可，如图 8-9 所示。

	A	B	C	D
1	科目编码	科目名称	金额	
2	5101	主营业务收入	407,158.64	
3	510101	产品销售收入	407,158.64	
4	510102	销售退回	-	
5	5102	其他业务收入	4,000.00	
6	5201	投资收益	-	
7	5203	补贴收入	-	
8	5301	营业外收入	968.49	
9	5401	主营业务成本	-157,202.96	
10	540101	主营业务成本	-145,243.44	
11	540102	产品价格差异	-	
12	540103	产品质检差旅费	-9,954.86	
13	54010301	机票	-3,045.43	
14	54010302	火车票及其他	-1,506.43	
15	54010303	住宿费	-2,058.00	
16	54010304	当地出差交通费	-296.00	
17	54010305	出差补贴及其他	-3,049.00	
18	540104	其他成本	-2,004.66	
19	5402	主营业务税金及附加	-1,236.79	
20	5405	其他业务支出	-200.00	

源数据

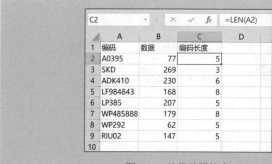

图 8-8　总账科目数据和明细科目数据

	A	B	C	D
1	科目编[	科目名称	金额	编码长[
2	5101	主营业务收入	407,158.64	4
5	5102	其他业务收入	4,000.00	4
6	5201	投资收益	-	4
7	5203	补贴收入	-	4
8	5301	营业外收入	968.49	4
9	5401	主营业务成本	-157,202.96	4
19	5402	主营业务税金及附加	-1,236.79	4
20	5405	其他业务支出	-200.00	4
21	5501	营业费用	-327,361.14	4
67	5502	管理费用	-120.15	4
107	5503	财务费用	-3,011.86	4
113	5601	营业外支出	-6,567.49	4
114	5701	所得税	-	4
115	5801	以前年度损益调整	-	4

图 8-9　通过“编码长度”列筛选出总账科目

8.1.6　应用案例 5：按编码长度排序

在实际应用中，会遇到编码长短不一、数据混乱的情况，这时希望能按照编码长度对数据进行排序，此时可以使用 LEN 函数先计算出编码长度，然后进行排序即可。

案例 8-5

图 8-10 所示的工作表在 C 列计算编码长度，在单元格 C2 中输入公式“=LEN(A2)”，接着向下复制，然后按照编码长度进行升序或降序排序即可，结果如图 8-11 所示。

C2　=LEN(A2)

	A	B	C	D
1	编码	数据	编码长度	
2	A0395	77	5	
3	SKD	269	3	
4	ADK410	230	6	
5	LF984843	168	8	
6	LP385	207	5	
7	WP485888	179	8	
8	WP292	62	5	
9	RIU02	147	5	
10				

图 8-10　计算编码长度

	A	B	C	D
1	编码	数据	编码长度	
2	SKD	269	3	
3	A0395	77	5	
4	LP385	207	5	
5	WP292	62	5	
6	RIU02	147	5	
7	ADK410	230	6	
8	LF984843	168	8	
9	WP485888	179	8	

图 8-11　按编码长度排序

8.2 从字符串中截取字符

当需要从字符串中截取一段字符时，可以使用 LEFT 函数、RIGHT 函数和 MID 函数。根据具体的实际问题，可以单独使用这 3 个函数，也可以与其他函数联合使用。

8.2.1 LEFT 函数：从字符串左侧截取字符

如果要从字符串左侧第一个字符开始截取一段字符，可以使用 LEFT 函数。其用法如下。

=LEFT(字符串 , 要截取的字符个数)

例如，要截取字符串"北京海淀 100083"左侧的 4 个字符"北京海淀"。其公式如下。

=LEFT(" 北京海淀 100083",4)

案例 8-6

从如图 8-12 所示的工作表的 A 列（地址）的左侧把邮政编码截取出来，保存到 B 列。

邮政编码都是 6 位数，并且都在左侧，可以使用 LEFT 函数从左侧把邮政编码截取出来。其公式如下。

=LEFT(A2,6)

图 8-12 LEFT 函数截取左侧字符

8.2.2 RIGHT 函数：从字符串右侧截取字符

如果要把字符串右侧的一段字符截取出来，可以使用 RIGHT 函数。其用法如下。

=RIGHT(字符串 , 要截取的字符个数)

例如，要截字符串“北京海淀 100083”右侧的 6 个字符“100083”。其公式如下。

=RIGHT(" 北京海淀 100083",6)

案例 8-7

从如图 8-13 所示的工作表的 A 列（地址）的右侧截取地址，保存到 C 列。

地址的字符串长度不确定，但可以计算出来。用 LEN 函数计算出整个字符长度，然后减去 6，就是右侧地址字符的个数。地址提取公式如下。

=RIGHT(A2,LEN(A2)-6)

C2 =RIGHT(A2,LEN(A2)-6)

	A	B	C
1	地址	邮编	地址
2	100083北京市海淀区清华东路110号	100083	北京市海淀区清华东路110号
3	100711北京市东城区东西十条1940号	100711	北京市东城区东西十条1940号
4	200070上海是闸北区恒丰路10弄2950号	200070	上海是闸北区恒丰路10弄2950号
5			

图 8-13　RIGHT 函数截取右侧字符

8.2.3　MID 函数：从字符串指定位置截取字符

如果要把字符串指定位置的一段字符截取出来，可以使用 MID 函数。其用法如下。

=MID(字符串 , 开始截取的位置 , 截取的字符个数)

例如，要把字符串“北京海淀 100083”的从第 3 个字符开始的两个字符“海淀”截取出来，其公式如下。

=MID(" 北京海淀 100083",3,2)

案例 8-7 中提取右侧的地址也可以使用 MID 函数实现，即从第 7 位开始提取右侧所有的字符，其公式如下。

=MID(A2,7,100)

这里，MID 函数的第 3 个参数设置为 100，是因为在一般情况下，地址名称不会超过 100 字符。当然，也可以不使用 100，而使用一个更大的数字，如 10000。

案例 8-8

在如图 8-14 所示的工作表中，“合同编号”列中间的两个字母是合同类别，现在要求把这个合同类别字母提取出来，保存到 B 列。

合同类别是两个字母，而且是从第 6 个字符开始的，截取公式如下。

```
=MID(A2,6,2)
```

B2 =MID(A2,6,2)

	A	B	C
1	合同编号	合同类别	
2	HYQP-YA-20201030	YA	
3	HYQP-TY-20201031	TY	
4	HYQP-BT-20201032	BT	
5	HYQP-QT-20201033	QT	
6	HYQP-PS-20201034	PS	
7	HYQP-CR-20201035	CR	
8			

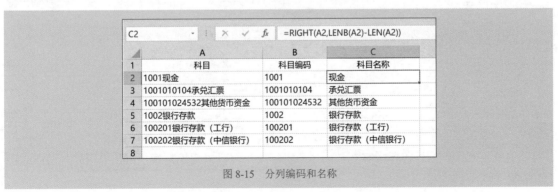

图 8-14　MID 函数提取中间的字符

8.2.4　应用案例 1：分列编码和名称

案例 8-9

在如图 8-15 所示的工作表中，科目编码和科目名称都保存在“科目”列中，科目编码是数字，科目名称是汉字。现在要把它们分成两列，分别保存到 B 列和 C 列。

C2 =RIGHT(A2,LENB(A2)-LEN(A2))

	A	B	C
1	科目	科目编码	科目名称
2	1001现金	1001	现金
3	1001010104承兑汇票	1001010104	承兑汇票
4	100101024532其他货币资金	100101024532	其他货币资金
5	1002银行存款	1002	银行存款
6	100201银行存款（工行）	100201	银行存款（工行）
7	100202银行存款（中信银行）	100202	银行存款（中信银行）
8			

图 8-15　分列编码和名称

这个问题看起来很复杂，实际上并不难，基本逻辑如下。

（1）科目编码是数字，是半角字符，在左侧；科目名称是汉字，是全角字符，在右侧。

（2）每个半角字符占一个字节，每个全角字符占两个字节。

（3）一个全角字符比一个半角字符多了一个字节，多出的字节数就是汉字的个数。

（4）汉字个数 = 字节数 − 字符数。

因此使用 LENB 函数和 LEN 函数分别计算字节数和字符数，两者的差就是汉字的个数。本例中使用 RIGHT 函数提取科目名称，LEFT 函数提取科目编码。

单元格 C2 公式如下。

=RIGHT(A2,LENB(A2)-LEN(A2))

单元格 B2 公式如下。

=LEFT(A2,LEN(A2)-LEN(C2))

本例中，先取科目名称比较简单，因此先用 RIGHT 函数提取科目名称，然后计算出左边的数字个数，再用 LEFT 函数提取科目编码。直接提取科目编码需要进行计算，有点复杂。

8.2.5　应用案例 2：分列姓名和电话号码

案例 8-10

如图 8-16 所示是一个姓名和电话号码合在一起的数据工作表，现要求把姓名和电话号码分成两列，分别保存在 B 列和 C 列。

图 8-16　分列姓名和电话号码

姓名是汉字，电话号码是数字（包括半角短划线），可以采用与案例 8-9 相同的方法提取姓名和电话号码。

本例中，先提取姓名比较简单，因为姓名是汉字，可以直接计算出汉字个数。

单元格 B2 公式如下。

```
=LEFT(A2,LENB(A2)-LEN(A2))
```

单元格 C2 公式如下。

```
=RIGHT(A2,LEN(A2)-LEN(B2))
```

8.2.6 应用案例 3：提取支票号

案例 8-11

图 8-17 所示是一个付款记录表，付款单位与支票号保存在一起，现在要求把支票号提取出来，单独保存在 E 列。

	A	B	C	D	E
E2				=LEFT(RIGHT(D2,5),4)	
1	项目部	金额	用途	付款单位	支票号
2	承包部	30,753.25	工程款	北京市海淀区上地(1863)	1863
3	承包部	20,272.29	工程款	北京燃气能源发展有限公司(7508)	7508
4	承包部	1,760.84	工程款	北京海升集团公司(0322)	0322
5	承包部	17,541.27	工程款	北京大陆科技股份有限公司(4698)	4698
6	承包部	19,904.09	工程款	北京大陆科技股份有限公司(4713)	4713
7	承包部	2,401.67	工程款	北京大陆科技股份有限公司(4712)	4712

图 8-17　提取支票号

观察 D 列数据特征，支票号是 4 位数字，并且在一对括号里，保存在最右边，这样可以先用 RIGHT 函数把右侧的 5 个字符取出来，再用 LEFT 函数从取出来的 5 个字符中提取 4 个，就是需要提取的支票号了。

以单元格 D2 的数据为例，用 RIGHT 函数提取右侧的 5 个字符的公式为 "RIGHT(D2,5)"，结果是 "1863)"；再用 LEFT 函数从这个计算结果 "1863)" 中提取左边的 4 个字符，公式为 "LEFT("1863)",4)"，结果是 1863。

这样，单元格 E2 的公式如下。

```
=LEFT(RIGHT(D2,5),4)
```

8.2.7　应用案例 4：从非法日期中提取月份名称

案例 8-12

图 8-18 所示的工作表的 A 列是从系统导出的非法日期，现要求在不改变数据格式的情况下提取出月份名称。

月份是 A 列这个 6 位数字的中间 2 位数字，因此可以使用 MID 函数直接取出。如果要生成 2 位数字的月份名称，直接连接一个字符"月"即可；如果要生成 1 位数字的月份名称，可以把用 MID 函数提取出来的数字乘以 1，变成 1 位数字，然后连接一个字符"月"。

单元格 B2 公式如下。

=MID(A2,3,2)&" 月 "

单元格 C2 公式如下。

=1*MID(A2,3,2)&" 月 "

图 8-18　从非法日期中提取月份名称

如何提取年份名称呢？年份是左侧的两位数字，但少了前面 2 位数字 20（假设这个日期是 2020 年日期），此时可以使用下面的公式得到完整的年份名称。

=20&LEFT(A2,2)&" 年 "

如何提取英文月份名称呢？这时就需要使用 8.7 节介绍的 TEXT 函数。其公式如下。

=TEXT(1*TEXT(A2,"00-00-00"),"mmm")

8.2.8　综合训练案例 1：分列数字编码和英文名称

前面介绍的案例比较简单，目的是了解并能正确使用这些基本的文本函数。下面介绍几个综合训练案例。

案例 8-13

在如图 8-19 所示的工作表的"科目名称"列中，编码与英文科目名连在一起了，现在需要分别提取出并保存在"编码"和"名称"列。

	A	B	C	D
B2		=TEXT(-LOOKUP(0,-LEFT(A2,ROW($1:$100))),"0")		
1	科目名称	编码	名称	
2	111cash and cash equivalents	111	cash and cash equivalents	
3	1111cash on hand	1111	cash on hand	
4	1112petty cash/revolving funds	1112	petty cash/revolving funds	
5	1113cash in banks	1113	cash in banks	
6	1116cash in transit	1116	cash in transit	
7	112short-term investment	112	short-term investment	
8	1121short-term investments-stock	1121	short-term investments-stock	

图 8-19　分列数字编码和英文名称

由于数字和英文单词都是半角字符，因此无法使用 LEN 函数和 LENB 函数进行计算。

换个思路：能否从左侧依次取出 1 个、2 个、3 个、4 个……这样的字符，得到一个数组，再对这个数组进行处理呢？

以单元格 A2 数据为例，从左侧依次取出 1 个、2 个、3 个、4 个……这样的字符后，得到一个数组如下。

{"1";"11";"111";"111c";"111ca";"111cas";"111cash";"111cash"; …}

再把这个数组的各个元素乘以 -1，结果如下。

{-1;-11;-111;#VALUE!;#VALUE!;#VALUE!;#VALUE!;#VALUE!; …}

利用 LOOKUP 函数，从这个数组中从右往左倒序寻找第一次出现且小于 0 的那个数字的元素，得到如下结果。

-111

把这个 -111 再变为正数，并利用 TEXT 函数转换为文本，就是需要提取的编码了。

根据以上逻辑思路，创建相应的单元格公式。

单元格 B2 公式如下。

```
=TEXT(-LOOKUP(0,-LEFT(A2,ROW($1:$100))),"0")
```

单元格 C2 公式如下。

```
=RIGHT(A2,LEN(A2)-LEN(B2))
```

在 B2 单元格的公式中，ROW($1:$100) 是设计一个自然数序列 {1,2,3,4,5,...}，用于给 LEFT 函数指定每次取数的个数。

8.2.9　综合训练案例 2：分列地址和电话号码

案例 8-14

图 8-20 所示的工作表的 A 列是地址和电话号码合在一起的数据，电话号码是右侧的一串数字，这些数字有的是手机号，有的是含区号和横杠的座机号，有的是不包含横杠的座机号。

	A	B	C
1	地址电话	地址	电话
2	深圳市南山区马家龙工业区20栋内主厂房综合楼0755-86161072	深圳市南山区马家龙工业区20栋内主厂房综合楼	0755-86161072
3	东莞市虎门镇北栅村仁和工业区人兴二路0769-85727601	东莞市虎门镇北栅村仁和工业区人兴二路	0769-85727601
4	常州市新北去薛家镇庆阳路20号13537771899	常州市新北去薛家镇庆阳路20号	13537771899
5	北京市海淀区上地西街108号010-56771993	北京市海淀区上地西街108号	010-56771993
6	北京市朝阳区海鑫大厦3层01087630125	北京市朝阳区海鑫大厦3层	01087630125
7			

图 8-20　分列地址和电话号码

现在的任务是如何把地址和电话号码分成两列保存？

这个问题的难点是右侧的电话号码有数字和横杠，而左侧的地址里也有数字。

但是也有一个明显的规律：右侧电话号码的左侧紧挨着的字符都是汉字，是全角字符。解决该问题的基本逻辑如下。

（1）从右侧往左倒序依次取出每个字符，并生成一个数组。

（2）然后对这个数组的每个元素分别用 LEN 函数和 LENB 函数计算字符数和字节数。

（3）如果字符数和字节数相等，表示是数字或者横杠；如果不相等，表示这个位置就是和电话号码紧挨着的汉字。

（4）通过该汉字的位置确定电话号码的位数，也就能取出电话号码了。

单元格 C2 公式如下。

```
=RIGHT(A2,
       MATCH(FALSE,
       LEN(LEFT(MID(A2,LEN(A2)-ROW($1:$100)+1,1),ROW($1:$100)))
       =LENB(LEFT(MID(A2,LEN(A2)-ROW($1:$100)+1,1),ROW($1:$100)))
       ,0)
       -1)
```

单元格 B2 公式如下。

```
=LEFT(A2,LEN(A2)-LEN(C2))
```

单元格 C2 公式中，各个部分的解释如下。

（1）LEFT(MID(A2,LEN(A2)-ROW($1:$100)+1,1),ROW($1:$100))，是从左往右依次倒序提取字符，得到一个数组。

（2）LEN(LEFT(MID(A2,LEN(A2)-ROW($1:$100)+1,1),ROW($1:$100)))，是计算这个数组中每个元素的字符数。不论是数字、横杠，还是汉字，每个元素的计算结果都是 1。

（3）LENB(LEFT(MID(A2,LEN(A2)-ROW($1:$100)+1,1),ROW($1:$100)))，是计算这个数组中每个元素的字节数，如果是数字和横杠，就是 1；如果是汉字，就是 2。

（4）LEN()=LENB() 这个表达式，是比较这个数组中每个元素的字符数和字节数是否相等，如果相等的话就是 TRUE，不相等的话就是 FALSE，从而构成了一个由 TRUE 和 FALSE 构成的数组。

（5）利用 MATCH 函数从这个新数组中查找 FALSE 第一次出现的位置，这个位置就是紧挨着电话号码的汉字的位置。

（6）这个位置减去 1，就是右侧电话号码的位数。

（7）使用 RIGHT 函数取出电话号码。

8.3 查找字符位置

字符串"BANEaD12"中，大写字母 A 是第几个字符？小写字母 a 是第几个字符？当遇到这样的问题时就是查找指定字符在字符串中的位置的问题。Excel 提供了两个函数来解决这样的问题：FIND 函数和 SEARCH 函数。

8.3.1　FIND 函数和 SEARCH 函数：查找字符位置

查找字符位置可以使用 FIND 函数或者 SEARCH 函数，前者区分英文字母大小写，后者不区分英文字母大小写。其用法如下。

> =FIND(要查找的字符 , 字符串 , 起始位置)
> =SEARCH(要查找的字符 , 字符串 , 起始位置)

例如，使用 FIND 函数从左侧查找字母 E 在字符串"财务人员 Excel 应用技能"中的位置是 5；而字母 e 的位置是 8。公式分别如下。

> =FIND("E"," 财务人员 Excel 应用技能 ")
> =FIND("e"," 财务人员 Excel 应用技能 ")

联合使用 FIND 函数和 LEFT、RIGHT、MID 函数，可以从字符串中某个特定的位置提取需要的信息。

8.3.2　应用案例 1：提取产品类别和产品名称

案例 8-15

在如图 8-21 所示的工作表中，产品类别和产品名称保存在同一列，它们之间用横杠"-"隔开，现在要求提取产品类别和产品名称并分别保存到 B 列和 C 列中。

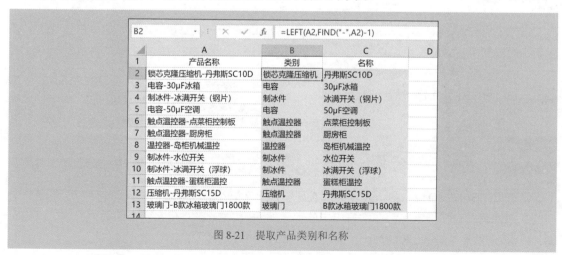

图 8-21　提取产品类别和名称

这个问题的解决思路是用 FIND 函数找出横杠的位置，这个位置前面的就是产品类别，后面的就是产品名称，因此可以联合使用 FIND 函数、LEFT 函数和 MID 函数解决。

单元格 B2 公式如下。

```
=LEFT(A2,FIND("-",A2)-1)
```

单元格 C2 公式如下。

```
=MID(A2,FIND("-",A2)+1,100)
```

8.3.3 应用案例 2：提取城市名称和国家名称

案例 8-16

在如图 8-22 所示的工作表中，A 列保存的是城市、省份和国家名称，它们之间用分号隔开，但有的单元格只有城市和国家，而有的单元格是城市、省份和国家都有。现在的任务是从 A 列中提取城市名称和国家名称，分别保存在 B 列和 C 列。

	A	B	C
1	Name	City	Country
2	Shenzhen;Guangdong;China	Shenzhen	China
3	Shanghai;China	Shanghai	China
4	Hangzhou;Zhejiang;China	Hangzhou	China
5	Yantai;Shandong;China	Yantai	China
6	Pune;India	Pune	India
7	Beijing;China	Beijing	China
8	Xi,an;Shaanxi;China	Xi,an	China
9	Wuhan;Hubei;China	Wuhan	China
10	Gwadar;Pakistan	Gwadar	Pakistan
11	Suzhou;Jiangsu;China	Suzhou	China
12	Suzhou;Jiangsu;China	Suzhou	China
13	Beijing;China	Beijing	China
14	London;United Kingdom	London	United Kingdom
15			

图 8-22　提取城市名称和国家名称

提取城市名称很简单，只要找出第一个分号的位置，那么分号前面的就是城市名称了。单元格 B2 公式如下。

```
=LEFT(A2,FIND(";",A2)-1)
```

但是，提取国家名称时比较复杂，因为有的单元格只有城市和国家，而有的单元格是城市、省份和国家都有。

解决该问题的逻辑思路是找出第一个分号位置后,再往右继续寻找第二个分号,如果找到了(也就是 FIND 函数结果是一个数字)，那么就可以提取第二个分号后面的国家名称；如果没有找到第二个分号（也就是 FIND 函数结果是错误值），说明这个单元格只有城市和国家，那么只需要将第一个分号后面的字符串取出来，就是国家名称了。

单元格 C2 的公式如下。

```
=IF(ISERROR(FIND(";",A2,LEN(B2)+2)),
    MID(A2,FIND(";",A2)+1,100),
    MID(A2,FIND(";",A2,LEN(B2)+2)+1,100)
    )
```

8.3.4　应用案例 3：匹配材料价格

案例 8-17

图 8-23 所示的工作表的左侧是材料配送表，右侧是材料的基本价格，B 列中的汉字（有的还包括英文字母，如 P5 加胶）是对该材料的说明。

任务：在 C 列里列出每种材料的基本价格。例如，材料"C20 强化"的基本价格是 350 元。

		C2		× ✓ fx	=SUMPRODUCT(ISNUMBER(FIND($G$2:$G$9,B2))*H$2:H$9)					
	A	B	C	D	E	F		G	H	
1	日期	材料标号	基本价格(元)					材料标号	基本价格(元)	
2	2020-5-7	C20强化	350					C20	350	
3	2020-5-11	C4525防冻强化	512					C251	389	
4	2020-5-13	C400耐高温	488					C302	421	
5	2020-5-18	C35P5耐高温强化	455					C35	455	
6	2020-5-22	C302	421					C400	488	
7	2020-5-22	C50	536					C4525	512	
8	2020-5-25	C251P5加胶	389					C50	536	
9								C555	577	
10										

图 8-23　匹配材料价格

如果 B 列中的材料标号能够精确匹配 G 列所示的标号名称，那么直接使用 VLOOKUP 函数查找并提取价格即可。但现在的问题是 B 列中的内容是 G 列基本名称 + 文字说明（文字说明里也有英文字母），并且材料标号的字符个数也不统一，因此无法使用 LEN、LENB 及 LEFT 函数提取材料标号。

以 B2 单元格数据为例介绍解决此问题的逻辑流程。

（1）使用 FIND 函数函数查找 G2 到 G9 单元格的任一种材料标号是否在 B2 单元格字符串中。

（2）如果存在，FIND 函数的结果为数字；如果不存在，FIND 函数的结果为错误值。

（3）用 ISNUMBER 函数对 FIND 函数的结果进行判断，得到一个由逻辑值 TRUE 和 FALSE 组成的数组。

（4）使用 SUMPRODUCT 函数将该数组元素与 H 列价格数组相乘再求和，即是该材料的价格。单元格 C2 的公式如下。

```
=SUMPRODUCT(ISNUMBER(FIND($G$2:$G$9,B2))*$H$2:$H$9
```

检验公式如下。

（1）FIND($G$2:$G$9,B2) 函数结果如下。

```
{1;#VALUE!;#VALUE!;#VALUE!;#VALUE!;#VALUE!;#VALUE!;#VALUE!}
```

（2）ISNUMBER(FIND($G$2:$G$9,B2)) 结果如下。

```
{TRUE;FALSE;FALSE;FALSE;FALSE;FALSE;FALSE;FALSE}
```

（3）{TRUE;FALSE;FALSE;FALSE;FALSE;FALSE;FALSE;FALSE}*$H$2:$H$9 结果如下。

```
{350;0;0;0;0;0;0;0}
```

（4）把这个数组的具体数字相加，即可得到该材料的价格。

8.4 连接字符串

在对字符数据进行处理中，经常会把固定的字符或者几个单元格的字符按照要求连接成一个字符串。例如，可以直接连接，也可以在每个字符之间用逗号、分号隔开连接。一般情况下，对于比较简单的字符串连接可以使用 & 符号来完成，但对比较复杂的字符串连接，可以使用字符串连接函数。本节介绍几个常用的字符串函数。

8.4.1 CONCATENATE 函数：即将消失的字符串连接函数

目前的 Excel 版本中，CONCATENATE 函数是最常用的字符串连接函数。其用法如下。

```
=CONCATENATE( 数据 1, 数据 2, 数据 3,...)
```

该函数操作简单，但对连接的字符数据需要一个一个地引用，如果要连接 10 个或更多个单元格，就非常不方便了。

图 8-24 所示是一个 CONCATENATE 函数连接字符的简单示例。连接公式如下。

=CONCATENATE(A2,B2,C2,D2,E2)

	A	B	C	D	E	F
1	国家	省份	城市	区县	乡镇街道	地址
2	中国	河北省	石家庄市	裕华区	十八里街	中国河北省石家庄市裕华区十八里街
3	中国	江苏省	苏州市	工业园区	苏秀路	中国江苏省苏州市工业园区苏秀路
4	中国	江苏省	南京市	江宁区	前进路	中国江苏省南京市江宁区前进路
5						

F2 单元格 =CONCATENATE(A2,B2,C2,D2,E2)

图 8-24　CONCATENATE 连接字符

8.4.2　CONCAT 函数和 TEXTJOIN 函数：新增的功能强大的字符串连接函数

Excel 2016 新增了两个文本字符串连接函数 CONCAT 和 TEXTJOIN，可以非常方便地进行连接，而且 CONCAT 函数将替代 CONCATENATE 函数。这两个函数的使用方法如下。

=CONCAT(数据 1，数据 2，数据 3,...)
=TEXTJOIN(数据之间是否插入符号,是否忽略空值, 数据 1, 数据 2, 数据 3,...)

图 8-25 所示是字符串连接示例。

	A	B	C	D	E
1	邮编	城市	地址	连接后	公式
2	100083	北京市	海淀区成府路32号	100083北京市海淀区成府路32号	=CONCATENATE(A2,B2,C2)
3				100083北京市海淀区成府路32号	=CONCAT(A2:C2)
4				100083北京市海淀区成府路32号	=TEXTJOIN(,,A2:C2)
5					

图 8-25　连接字符串

（1）使用 CONCAT 函数不仅可以一个一个地选择单元格，还可以选取单元格区域，甚至可以直接选取整列或整行。

（2）使用 TEXTJOIN 函数更方便，可以选取个别单元格，也可以选择整列或整行，还可以在每个数据之间插入分隔符。

图 8-26 所示是 3 个字符串连接函数的用法比较。可以看出，TEXTJOIN 函数是最方便的。

	A	B	C	D	E
1	刘晓晨				结果
2	石破天		CONCATENATE函数：	直接连接	刘晓晨石破天蔡晓宇祁正人张丽莉孟欣然毛利民马一晨王浩忌王嘉木丛赫敏白留洋
3	蔡晓宇			插逗号	刘晓晨，石破天，蔡晓宇，祁正人，张丽莉，孟欣然，毛利民，马一晨，王浩忌，王嘉木，丛赫敏，白留洋
4	祁正人				
5	张丽莉		CONCAT函数：	直接连接	刘晓晨石破天蔡晓宇祁正人张丽莉孟欣然毛利民马一晨王浩忌王嘉木丛赫敏白留洋
6	孟欣然			插逗号	刘晓晨，石破天，蔡晓宇，祁正人，张丽莉，孟欣然，毛利民，马一晨，王浩忌，王嘉木，丛赫敏，白留洋
7	毛利民				
8	马一晨		TEXTJOIN函数：	直接连接	刘晓晨石破天蔡晓宇祁正人张丽莉孟欣然毛利民马一晨王浩忌王嘉木丛赫敏白留洋
9	王浩忌			插逗号	刘晓晨，石破天，蔡晓宇，祁正人，张丽莉，孟欣然，毛利民，马一晨，王浩忌，王嘉木，丛赫敏，白留洋
10	王嘉木				
11	丛赫敏				公式
12	白留洋		CONCATENATE函数：	直接连接	=CONCATENATE(A1,A2,A3,A4,A5,A6,A7,A8,A9,A10,A11,A12)
13				插逗号	=CONCATENATE(A1,"，",A2,"，",A3,"，",A4,"，",A5,"，",A6,"，",A7,"，",A8,"，",A9,"，",A10,"，",A11,"，",A12)
14					
15			CONCAT函数：	直接连接	=CONCAT(A1:A12)
16				插逗号	=CONCAT(A1,"，",A2,"，",A3,"，",A4,"，",A5,"，",A6,"，",A7,"，",A8,"，",A9,"，",A10,"，",A11,"，",A12)
17					
18			TEXTJOIN函数：	直接连接	=TEXTJOIN(,,A1:A12)
19				插逗号	=TEXTJOIN("，",,A1:A12)

图 8-26　3 个连接字符串函数的用法比较

8.4.3　PHONETIC 函数：快速将单元格区域中的字符连接成新字符串

Excel 还有一个 PHONETIC 函数，可以连接选中单元格区域中每个单元格的文本字符。其用法如下。

= PHONETIC(单元格区域)

🔊注意：单元格内的数据必须是文本，否则会被忽略掉。而且，这种连接方式无法添加分隔符。

图 8-27 所示是 PHONETIC 函数连接单元格字符的示例。

F2		▼	:	×	✓	fx	=PHONETIC(A2:E2)

	A	B	C	D	E	F
1	国家	省份	城市	区县	乡镇街道	地址
2	中国	河北省	石家庄市	裕华区	十八里街	中国河北省石家庄市裕华区十八里街
3	中国	江苏省	苏州市	工业园区	苏秀路	中国江苏省苏州市工业园区苏秀路
4	中国	江苏省	南京市	江宁区	前进路	中国江苏省南京市江宁区前进路
5						

图 8-27　PHONETIC 函数连接单元格字符

在如图 8-28 所示的工作表中，由于 A2 和 A3 单元格中的数字是纯数字，因此在连接时被忽略了。

图 8-28　PHONETIC 忽略掉了纯数字单元格

8.5 清除字符串中的符号

从系统导出的数据中往往会夹杂着一些肉眼并不容易发现的"杂质"，例如空格、特殊字符、换行符等。如果要清除这些"杂质"，既可以通过查找替换进行处理，也可以使用函数进行处理。常用的清除字符函数有 TRIM 函数和 CLEAN 函数。

8.5.1　TRIM 函数：清除空格

如果要清除字符串和中间的空格前后，可以使用 TRIM 函数。其用法如下。

=TRIM(字符串或单元格引用)

📢注意：这个函数可以完全清除字符串前后的空格，但中间的空格会保留一个，这遵循了英语语法的要求。

例如，对于字符串"I am　　an Excel　Trainer　"，清除多余的空格，规范英语语法的公式如下。

=TRIM("I am　　an Excel　Trainer　")

结果是 I am an Excel Trainer。

8.5.2　CLEAN 函数：清除换行符

有时候，单元格的数据是分行输入保存的，现在要把这些数据恢复成一行保存，可以使用 CLEAN 函数，示例如图 8-29 所示。

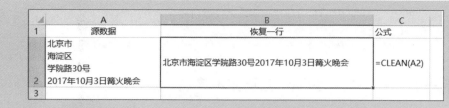

图 8-29　CLEAN 函数使用示例

CLEAN 函数用法如下。

= CLEAN(字符串或单元格引用)

8.6 | 替换字符串中指定的字符

　　替换字符串中指定的字符，也是工作中经常遇到的问题。例如，数据中有很多无用字符需要被删除，此时既可以使用"查找和替换"对话框，也可以使用相关的函数。

8.6.1　SUBSTITUTE 函数：替换固定位数的字符

　　SUBSTITUTE 函数用于把一个字符串中指定的字符替换为新的字符。其用法如下。

= SUBSTITUTE(字符串 , 旧字符 , 新字符 , 替换第几个出现的字符)

这个函数更多的是用在数据分析模板中，用于直接处理数据。
例如，要把字符串"北京市北京西路"中的第 1 个"北京"替换为"上海"。其公式如下。

=SUBSTITUTE(" 北京市北京西路 "," 北京 "," 上海 ",1)

结果是"上海市北京西路"。
如果要把字符串"北京市北京西路"中的第 2 个"北京"替换为"上海"。其公式如下。

=SUBSTITUTE(" 北京市北京西路 "," 北京 "," 上海 ",2)

结果是"北京市上海西路"。
下面的公式是将字符串"北京市，海淀区，学院路，30 号"中的所有逗号清除。

=SUBSTITUTE(" 北京市，海淀区，学院路，30 号 ",","," ")

结果为"北京市海淀区学院路 30 号"。

8.6.2 REPLACE 函数：替换位数不定的字符

REPLACE 函数用于把字符串中指定的一个字符替换为指定个数的字符。其语法如下。

=REPLACE(字符串 , 新字符的位置 , 新字符的个数 , 新字符)

在如图 8-30 所示的工作表中，要把 A 列日期文本中的 16 替换为 17。B 列公式如下。

=REPLACE(A2,3,2,17)

	A	B
1	旧日期文本	新日期文本
2	2016年10月08日	2017年10月08日
3	2016年10月09日	2017年10月09日
4	2016年10月10日	2017年10月10日
5	2016年10月11日	2017年10月11日
6	2016年10月12日	2017年10月12日
7	2016年10月13日	2017年10月13日
8	2016年10月14日	2017年10月14日
9	2016年10月15日	2017年10月15日
10	2016年10月16日	2017年10月16日
11	2016年10月17日	2017年10月17日
12	2016年10月18日	2017年10月18日
13		

图 8-30 16 替换为 17

8.6.3 应用案例 1：从月份列表中计算最大月份

案例 8-18

图 8-31 所示的工作表是系统导出的三列数据，现在要计算出月份列表中的最大月份。

这个问题并不复杂，把 A 列的月份名称中的"月"删除，在剩下的数字中计算最大值就可以了。其公式如下（假设目前数据区域到 78 行）。

=MAX(1*SUBSTITUTE(A2:A78," 月 ",""))

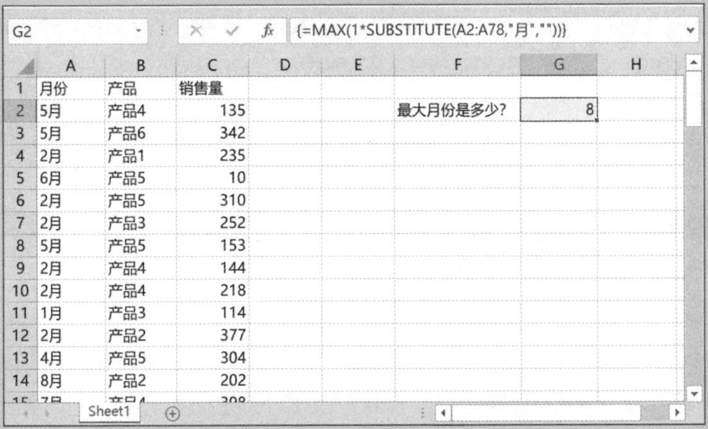

G2 {=MAX(1*SUBSTITUTE(A2:A78,"月",""))}

	A	B	C	D	E	F	G	H
1	月份	产品	销售量					
2	5月	产品4	135			最大月份是多少?	8	
3	5月	产品6	342					
4	2月	产品1	235					
5	6月	产品5	10					
6	2月	产品5	310					
7	2月	产品3	252					
8	5月	产品5	153					
9	2月	产品4	144					
10	2月	产品4	218					
11	1月	产品3	114					
12	2月	产品2	377					
13	4月	产品5	304					
14	8月	产品2	202					

Sheet1

图 8-31 直接从“月份”列中统计出最新月份

8.6.4 应用案例 2：提取各种型号的柜箱数量

案例 8-19

图 8-32 所示的工作表的 A 列是用逗号隔开的两种型号柜箱的数据，现在要统计每种型号的柜箱的数量，即星号（*）后面的数字。

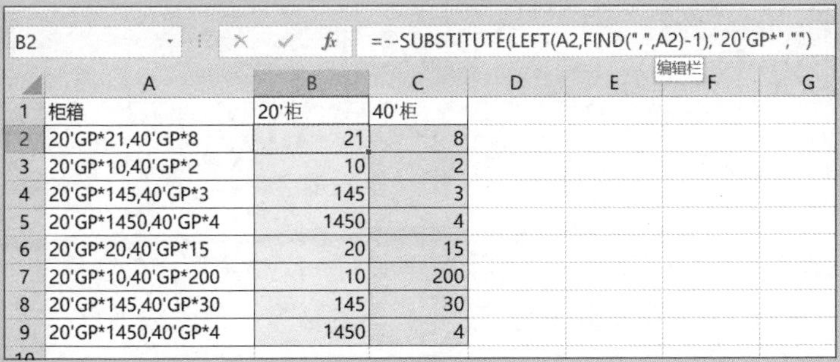

B2 =--SUBSTITUTE(LEFT(A2,FIND(",",A2)-1),"20'GP*","")

	A	B	C	D	E	F	G
1	柜箱	20'柜	40'柜				
2	20'GP*21,40'GP*8	21	8				
3	20'GP*10,40'GP*2	10	2				
4	20'GP*145,40'GP*3	145	3				
5	20'GP*1450,40'GP*4	1450	4				
6	20'GP*20,40'GP*15	20	15				
7	20'GP*10,40'GP*200	10	200				
8	20'GP*145,40'GP*30	145	30				
9	20'GP*1450,40'GP*4	1450	4				

图 8-32 提取两种型号的柜箱的数量

解决这个问题的基本思路是首先把逗号前面的字符串提取出来，然后删除“20'GP*”，剩余的字符串就是 20 号柜的数量；再把逗号后面的字符串提取出来，然后删除“40'GP*”，剩余的字符串就是 40 号柜的数量。

单元格 B2 的公式如下。

```
=--SUBSTITUTE(LEFT(A2,FIND(",",A2)-1),"20'GP*","")
```

单元格 C2 的公式如下。

```
=--SUBSTITUTE(MID(A2,FIND(",",A2)+1,100),"40'GP*","")
```

8.6.5　应用案例 3：从保存多个姓名的单元格中统计人数

案例 8-20

图 8-33 所示的工作表的 A 列单元格中保存了多个用逗号隔开的姓名，现在要统计每个单元格中保存的姓名个数，也就是几个人。

由于每个单元格中的各个姓名都是用逗号隔开的，可以先计算单元格原始字符串的长度，再计算删除逗号后的字符串长度，两个长度的差就是姓名的个数。

单元格 B2 的公式如下。

```
=LEN(A2)-LEN(SUBSTITUTE(A2,"，",""))+1
```

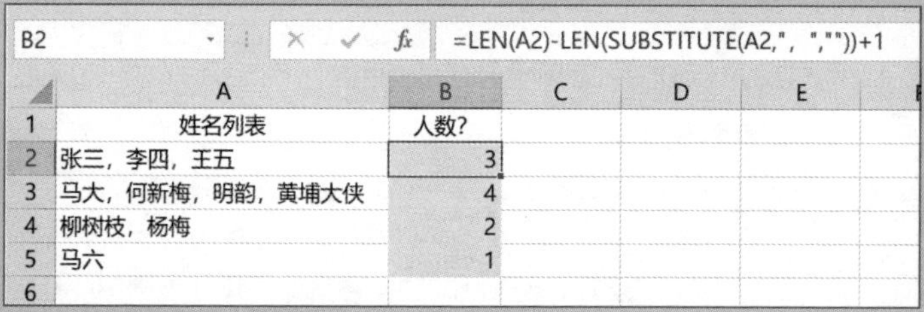

B2　=LEN(A2)-LEN(SUBSTITUTE(A2,"，",""))+1

	A	B	C	D	E
1	姓名列表	人数?			
2	张三，李四，王五	3			
3	马大，何新梅，明韵，黄埔大侠	4			
4	柳树枝，杨梅	2			
5	马六	1			
6					

图 8-33　统计单元格中保存的人数

思考：公式中为何要加 1？

这种解决思路类似于给行李箱称重，如果家里只有一个体重秤，怎么秤这个行李箱呢？

方法很简单：提着箱子站到体重秤上，记下此时的数字；然后放下行李箱，自己再站到体重秤上，再次记下这个数字；最后把两个数字相减，就是行李箱的重量。

8.7　将数字和日期转换为文本

TEXT 函数的功能非常强大，甚至可以把数字转换为各种各样的文字，尤其适合用在数据分析中。本节重点介绍 Text 函数的使用。

8.7.1 TEXT 函数：将数字转换为指定格式的文本

TEXT 函数的功能是把一个数字（日期和时间也是数字）转换为指定格式的文字。其用法如下。

=TEXT(数字 , 格式代码)

这里的格式代码需要自行指定。不同的格式文本，其格式代码也不同，需要在工作中多总结、多记忆。

在使用 TEXT 函数时，需牢记以下两点。

◎ 转换的对象必须是数字（文字是无效的）。

◎ 转换的结果是文字（已经不是数字了）。

例如，日期"2020-6-3"，将其转换为英文星期，其结果是 Wednesday。其公式如下。

=TEXT("2020-6-3","dddd")

又如，单元格公式是"=B2/SUM(B2:B20)"，假设其结果显示为 14.01%，现在要显示一个字符串文字"产品 A 占比 14.01%"时，是不能直接连接单元格的。因为单元格显示的仅仅是单元格格式，单元格中的数字仍旧是小数，这时需要使用 TEXT 函数将其转化为指定格式的文本，如图 8-34 所示。

错误的公式如下。

=A2&" 占比 "&C2

正确的公式如下。

=A2&" 占比 "&TEXT(C2,"0.00%")

	A	B	C	D	E
1	产品	销售额	占比	要做成的文字--错误	要做成的文字--正确
2	产品A	398	14.01%	产品A占比0.140091517071454	产品A占比14.01%
3	产品B	767	27.00%	产品B占比0.269975360788455	产品B占比27.00%
4	产品C	213	7.50%	产品C占比0.074973600844773	产品C占比7.50%
5	产品D	987	34.74%	产品D占比0.347412882787751	产品D占比34.74%
6	产品E	476	16.75%	产品E占比0.167546638507568	产品E占比16.75%
7	合计	2841	100.00%		
8					

图 8-34 单元格字符串连接示例

8.7.2 常用的格式代码

TEXT 函数在数据分析中更多的是用来对日期、数字等进行转换，以便得到一个与分析报告表格标题格式匹配的数据，提高数据分析效率。

常用的将日期和数字进行转换的格式代码及其含义如表 8-1 所示。

表 8-1 常用的日期、数字格式及其含义

格式代码	含 义	示 例	结果（文本）
"000000"	将数字转换成 6 位的文本	=TEXT(123,"000000")	000123
" 第 0 周 "	将数字转换为 " 第 * 周 " 的文本	=TEXT(8," 第 0 周 ")	第 8 周
"0.00%"	将数字转化成百分比表示的文本	=TEXT(0.1234,"0.00%")	12.34%
"0!.0, 万元 "	将数字缩小 1 万倍，加单位万元	=TEXT(8590875.24,"0!.0, 万元 ")	859.1 万元
"0 月 "	将数字转换成 "0 月 " 文本	=TEXT(9,"0 月 ")	9 月
"yyyy-m-d"	将日期转换为 "yyyy-m-d" 格式	=TEXT("2020-6-4","yyyy-m-d")	2020-6-4
"yyyy-m"	将日期转换为 "yyyy-m" 格式	=TEXT("2020-6-4","yyyy-m")	2017-6
"yyyy 年 m 月 "	将日期转换为 "yyyy 年 m 月 " 格式	=TEXT("2020-6-4","yyyy 年 m 月 ")	2020 年 10 月
"m 月 "	将日期转换为中文月份名称	=TEXT("2020-6-4","m 月 ")	6 月
"d 日 "	将日期转换为中文日子名称	=TEXT("2020-6-4","d 日 ")	4 日
"mmm"	将日期转换为英文月份简称	=TEXT("2020-6-4","mmm")	Jun
"mmmm"	将日期转换为英文月份全称	=TEXT("2020-6-4","mmmm")	June
"aaaa"	将日期转换为中文星期全称	=TEXT("2020-6-4","aaaa")	星期四
"aaa"	将日期转换为中文星期简称	=TEXT("2020-6-4","aaa")	四
"dddd"	将日期转换为英文星期全称	=TEXT("2020-6-4","dddd")	Thursday
"ddd"	将日期转换为英文星期简称	=TEXT("2020-6-4","ddd")	Thu

8.7.3 应用案例 1：直接使用原始数据制作统计报表

案例 8-21

销售流水清单如图 **8-35** 所示，现在要按照英文月份名称或中文月份名称直接从原始数据中汇总计算各个月、各个产品的销售额。

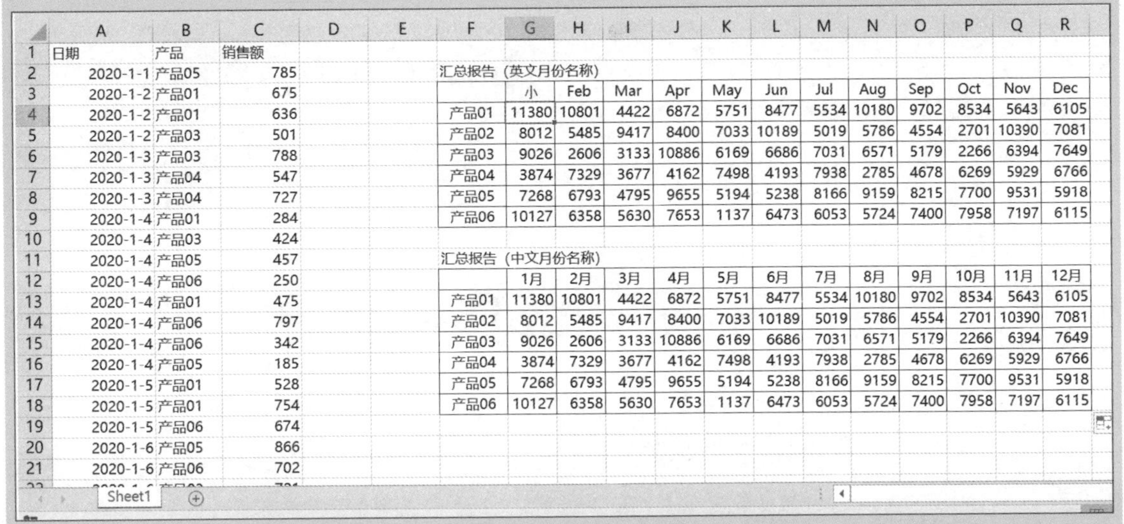

	A	B	C	D	E	F	G	H	I	J	K	L	M	N	O	P	Q	R
1	日期	产品	销售额															
2	2020-1-1	产品05	785			汇总报告（英文月份名称）												
3	2020-1-2	产品01	675				小	Feb	Mar	Apr	May	Jun	Jul	Aug	Sep	Oct	Nov	Dec
4	2020-1-2	产品01	636			产品01	11380	10801	4422	6872	5751	8477	5534	10180	9702	8534	5643	6105
5	2020-1-2	产品03	501			产品02	8012	5485	9417	8400	7033	10189	5019	5786	4554	2701	10390	7081
6	2020-1-3	产品01	788			产品03	9026	2606	3133	10886	6169	6686	7031	6571	5179	2266	6394	7649
7	2020-1-3	产品04	547			产品04	3874	7329	3677	4162	7498	4193	7938	2785	4678	6269	5929	6766
8	2020-1-3	产品04	727			产品05	7268	6793	4795	9655	5194	5238	8166	9159	8215	7700	9531	5918
9	2020-1-4	产品01	284			产品06	10127	6358	5630	7653	1137	6473	6053	5724	7400	7958	7197	6115
10	2020-1-4	产品03	424															
11	2020-1-4	产品05	457			汇总报告（中文月份名称）												
12	2020-1-4	产品06	250				1月	2月	3月	4月	5月	6月	7月	8月	9月	10月	11月	12月
13	2020-1-4	产品01	475			产品01	11380	10801	4422	6872	5751	8477	5534	10180	9702	8534	5643	6105
14	2020-1-4	产品06	797			产品02	8012	5485	9417	8400	7033	10189	5019	5786	4554	2701	10390	7081
15	2020-1-4	产品06	342			产品03	9026	2606	3133	10886	6169	6686	7031	6571	5179	2266	6394	7649
16	2020-1-4	产品05	185			产品04	3874	7329	3677	4162	7498	4193	7938	2785	4678	6269	5929	6766
17	2020-1-5	产品01	528			产品05	7268	6793	4795	9655	5194	5238	8166	9159	8215	7700	9531	5918
18	2020-1-5	产品01	754			产品06	10127	6358	5630	7653	1137	6473	6053	5724	7400	7958	7197	6115
19	2020-1-5	产品06	674															
20	2020-1-6	产品05	866															
21	2020-1-6	产品05	702															

图 8-35　直接根据原始数据计算各月汇总

单元格 G4（英文月份名称）的公式如下。

```
=SUMPRODUCT((TEXT($A$2:$A$1000,"mmm")=G$3)*1,
           ($B$2:$B$1000=$F4)*1,
           $C$2:$C$1000)
```

单元格 G13（中文月份名称）的公式如下。

```
=SUMPRODUCT((TEXT($A$2:$A$1000,"m 月 ")=G$12)*1,
           ($B$2:$B$1000=$F13)*1,
           $C$2:$C$1000)
```

8.7.4　应用案例 2：从身份证号码中提取生日

如何从身份证号码中提取生日？其实很简单，身份证号码从第 7 位开始的 8 位数字就是生日。但这也只是 8 位数字而已，需要使用 TEXT 函数进行格式转换才能得到真正的出生日期数据。

从身份证号码中提取生日的示例如图 8-36 所示。生日计算公式如下。

```
=1*TEXT(MID(B2,7,8),"0000-00-00")
```

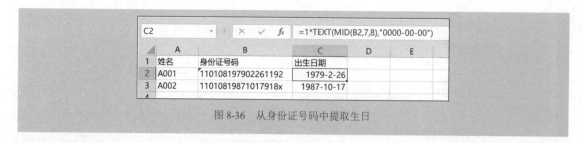

图 8-36　从身份证号码中提取生日

8.8 | 在公式中使用回车符分行数据

在制作数据分析模板时，常常需要在图表上分行显示动态的文字说明，此时需要在公式中使用回车符分行数据。这里就需要用到 CHAR 函数。

8.8.1　CHAR 函数：把数字转换为 ASCII 码

CHAR 函数可以把一个数字转换为 ASCII 码。其用法如下。

=CHAR(数字)

例如：

◎ CHAR(65) 的结果是 A。

◎ CHAR(97) 的结果是 a。

◎ CHAR(10) 就是 Enter 键的回车符。

8.8.2　应用案例：制作坐标横轴含有两行标签的图表

案例 8-22

制作如图 8-37 所示的柱形图图表，有以下两点要求。

（1）柱形顶端显示具体的值。

（2）坐标横轴显示两行文字：第一行是地区名字，第二行是占比。两行之间是回车符，用 CHAR(10) 来输入；百分比文字则用 TEXT 函数转换。

这是通过一个辅助列做的坐标横轴，辅助列单元格 E2 公式如下。

=A2&CHAR(10)&TEXT(C2,"0.00%")

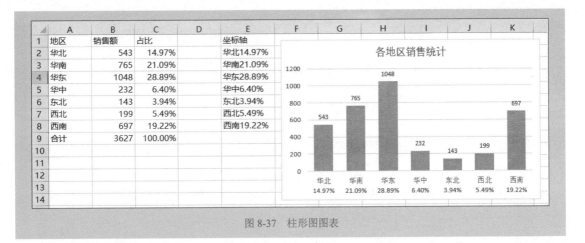

图 8-37 柱形图图表

8.9 大小写转换

对于英文字符来说，有时需要对字母的大小写进行处理，此时可以使用函数 LOWER、UPPER 和 PROPER。

8.9.1 LOWER 函数：将所有字母转换为小写

LOWER 函数用于将所有字母转换为小写。其用法如下。

=LOWER(文本字符串或单元格引用)

例如，下面的公式就是把字符串"A as long type"转换为"a as long type"。

= LOWER("A as long type")

8.9.2 UPPER 函数：将所有字母转换为大写

UPPER 函数用于将所有字母转换为大写。其用法如下。

=UPPER(文本字符串或单元格引用)

例如，下面的公式就是把字符串"A as long type"转换为"A AS LONG TYPE"。

=UPPER("A as long type")

8.9.3　PROPER 函数：将每个英文单词的第一个字母转换为大写

PROPER 函数用于将每个英文单词的第一个字母转换为大写。其用法如下。

=PROPER(文本字符串或单元格引用)

例如，下面公式就是把字符串"A as long type"转换为"A As Long Type"。

= PROPER("A as long type")

8.10 ｜ 重复字符

如果要把指定的字符重复几次输入，除了使用 CONCATENATE 函数或连接符 & 之外，还可以使用 REPT 函数。

8.10.1　REPT 函数：将一个字符重复指定次数

REPT 函数用于将一个字符重复指定次数。其用法如下。

=REPT(要重复的文本 , 重复次数)

说明：第 2 个参数是指定的重复次数，如果是小数，则会被自动取整。
例如，下面公式的结果是"AAAAA"。

=REPT("A",5)

下面公式的结果是"AcpAcpAcpAcpAcp"。

=REPT("Acp",5)

了解了 REPT 函数的基本用法后，本节将介绍几个实际应用案例。

8.10.2 应用案例 1：在单元格中制作旋风图

案例 8-23

使用 REPT 函数制作旋风图，如图 8-38 所示。

	A	B	C	D	E	F	G
1	两年财务指标对比				两年财务指标对比		
2	指标	去年	今年		去年	指标	今年
3	毛利率	47.8%	84.3%				
4	利润率	23.8%	38.0%				
5	总利润率	9.2%	15.5%				
6	资产负债率	72.8%	59.4%				
7							

图 8-38 使用 REPT 函数制作的旋风图

以图 8-38 所示的表格为例，首先设计表格标题和指标，在单元格 E2 中输入下面的公式，并让单元格右对齐，设置单元格字体颜色。

=REPT(" ■ ",B3*30)

在单元格 G2 中输入下面的公式，并让单元格左对齐，设置单元格字体颜色。

=REPT(" ■ ",C3*30)

最后，分别在 E 列和 G 列从上向下复制公式即可。

8.10.3 应用案例 2：设计并填写凭证

案例 8-24

联合使用 MID 函数和 REPT 函数，可以设计会计凭证，按格填写数字，其效果如图 8-39 所示。这里假设最大金额单位是千万元。

	A	B	C	D千	E百	F十	G万	H千	I百	J十	K元	L角	M分
1													
2		金额		千	百	十	万	千	百	十	元	角	分
3		12,030.59					1	2	0	3	0	5	9
4		100.01							1	0	0	0	1
5		6.23									6	2	3
6		3,060.00						3	0	6	0	0	0
7		79,392,025.18		7	9	3	9	2	0	2	5	1	8
8													

图 8-39 凭证示意图

这个表格设计的基本思路是如果金额不足千万元，就在数字前面补足空格，这样可以利用 MID 函数将完整的 10 位金额数字依次取出并填写到各个单元格中。此外还要注意，凭证的各个单元格中是没有小数点的，因此需要去掉小数点。

以图 8-40 所示的表格为例，单元格 D3 公式如下，往右、往下复制即可。

```
=MID(REPT("",10-LEN($B3*100))&$B3*100,COLUMN(A1),1)
```

8.11 | 大小写精确匹配

在 Excel 中，不论是普通公式，还是函数，都不区分大小写。例如，下面公式的结果是 TRUE。

```
="A"="a"
```

而下面两个公式的结果是一样的。

```
=VLOOKUP("A",$J$1:$N$15,3,0)
=VLOOKUP("a",$J$1:$N$15,3,0)
```

如果需要严格区分大小写，那么就需要使用 EXACT 函数。

8.11.1 EXACT 函数：比较两个数据的大小写是否一致

EXACT 函数用于比较两个数据的大小写是否一致，函数的结果是逻辑值。其用法如下。

```
=EXACT( 字符 1, 字符 2)
```

例如，下面公式的结果是 TRUE。

```
=EXACT("City","City")
```

而下面公式的结果是 FALSE。

```
=EXACT("city","City")
```

8.11.2　应用案例 1：区分大小写的数据查找

图 8-40 所示的工作表就是一个区分大小写的查找数据问题，查找公式（数组公式）如下。

=VLOOKUP(TRUE,IF({1,0},EXACT(A2:A5,"aop"),B2:B5),2,0)

也可以使用 LOOKUP 函数设计更简单的公式，如下所示。

=LOOKUP(1,0/EXACT(A2:A5,"aop"),B2:B5)

	E2		▼	×	✓	f_x	{=VLOOKUP(TRUE,IF({1,0},EXACT(A2:A5,"aop"),B2:B5),2,0)}		
▲	A	B	C	D	E	F	G	H	
1	类别	数据							
2	AOP	35		aop 数据是：	76				
3	BAS	86							
4	CRD	34							
5	aop	76							
6									

图 8-40　区分大小写的数据查找

8.11.3　应用案例 2：区分大小写的数据求和

如果要严格匹配大小写的汇总数据，如图 8-41 所示，则参考公式如下。

=SUMPRODUCT(EXACT(A2:A8,"aop")*B2:B8)

	E2		▼	×	✓	f_x	=SUMPRODUCT((EXACT(A2:A8,"aop")=TRUE)*B2:B8)		
▲	A	B	C	D	E	F	G	H	
1	类别	数据							
2	AOP	35		aop 的合计数	376				
3	BAS	86							
4	CRD	34							
5	aop	76							
6	AOP	100							
7	crd	20							
8	aop	300							
9									

图 8-41　区分大小写的数据求和

第 9 章

日期时间数据处理与计算

Excel

日期时间数据是 Excel 的三大数据之一，几乎所有的表格都会有日期时间数据。在实际工作中，也经常会对日期时间进行各种计算，因此有必要了解和掌握常用的处理日期时间的函数。

常用的处理日期时间的函数，主要有以下几个。

◎ 组合日期：DATE。

◎ 拆分日期：YEAR、MONTH、DAY。

◎ 动态日期：TODAY。

◎ 计算到期日：EDATE、EOMONTH。

◎ 计算期限：DATEDIF、YEARFRAC。

◎ 计算星期：WEEKDAY、WEEKNUM。

◎ 计算工作日：NETWORKDAYS、WORKDAY。

◎ 处理时间：TIME、TIMEVALUE、HOUR、MINUTE、SECOND。

这些函数的用法并不复杂，但是需要了解它们的应用规则，熟练运用它们来解决实际问题。

9.1 日期时间基本规则

要想对日期时间进行正确计算，首先要了解和掌握 Excel 处理日期和时间的基本规则。理解并牢记这些基本规则后，便可轻松掌握日期时同函数了。

9.1.1 Excel 处理日期的基本规则

很多人在 Excel 中习惯输入诸如 2020.6.4、6.4、20.6.4 的日期数据，这样的数据在实际中经常会引起错误，这是因为没有掌握 Excel 处理日期的规则。

1. 日期是正整数

Excel 把日期处理为正整数，0 代表 1900-1-0，1 代表 1900-1-1，2 代表 1900-1-2，以此类推。日期 2020-6-4 就是数字 43986。

2. 输入日期的正确格式

输入日期的正确格式是"年 - 月 - 日"或者"年 / 月 / 日"。而上面的日期输入格式不正确，因为其输入结果是文本，而不是数字。

可以按照习惯采用一种简单的方法输入日期。例如，如果要输入日期 2020 年 6 月 4 日，那么下面的任何一种方法都是可行的（假设当年是 2020 年）。

◎ 输入 2020-6-4。

◎ 输入 2020/6/4。

◎ 输入 2020 年 6 月 4 日。

◎ 输入 6-4。

◎ 输入 6/4。

◎ 输入 6 月 4 日。

◎ 输入 20-6-4。

◎ 输入 20/6/4。

◎ 输入 4-Jun-20。

◎ 输入 4-Jun-2020。

◎ 输入 4-Jun。

3. 在单元格中输入日期

📢注意：由于 Excel 接受采用两位数字输入年份，当在单元格中输入日期时，针对不同的数字，Excel 会进行不同的处理。

◎ 00~29：Excel 将 00~29 之间的两位数字的年份解释为 2000 年～ 2029 年。例如，输入日期 19-5-28，则 Excel 将假定该日期为 2019 年 5 月 28 日。

◎ 30~99：Excel 将 30~99 之间的两位数字的年份解释为 1930 年～ 1999 年。例如，输入日期 98-5-28，则 Excel 将假定该日期为 1998 年 5 月 28 日。

4. 在公式函数中输入固定日期

如果在公式中直接使用一个固定的日期或时间进行计算，那么就需要使用英文双引号了。

例如，要计算工龄（入职时间保存在单元格 H2），截止计算日期是 2020-12-31，那么计算工龄的公式就需要设计成"=DATEDIF(H2,"2020-12-31","y")"。

5. 日期计算的注意问题

当两个日期相减时，得到的结果应该是天数，但单元格却显示成了诸如 1900-2-28 的字样，因为此时单元格格式被默认处理成了日期格式，需要把单元格格式设置为"常规"，才能显示出正确的数字来。

9.1.2 Excel 处理时间的基本规则

时间数据更多见于考勤统计、生产加工、网络销售数据处理。如果不了解时间规则，就无从快速处理分析数据。

1. 时间是正小数

Excel 处理日期和时间的基本单位是天，1 代表 1 天，1 天 24 小时，因此时间是按照 1 天的一部分来处理的。也就是说，1 小时代表 1/24 天，1 小时就是 0.0416666666666667。例如，8:30 就是 8.5/24，8:50 就是 (8+50/60)/24，因此时间就是正小数。

2. 在单元格中输入时间

如果要在单元格输入时间，按照常规的方式输入即可，也就是时、分、秒用冒号分隔，如 8:23:18、21:12:53 等。

3. 在公式函数中输入时间

如果要在公式里输入时间，需要使用双引号将时间引起来。

例如，公式"=A1+"8:23:18""，不能直接输入"=A1+ 8:23:18"。这种输入会报错，因为在公式中，冒号是引用运算符，并不是时间符号。

在一个日期上加减一个时间，就必须先把时间转换为天。例如，要在单元格 B2 日期时间的基础上加 2.5 小时，那么公式是"=B2+2.5/24"。

9.2 处理文本型日期时间

从系统导出的日期时间数据基本上都是文本格式，并不是数值。

此外，如果要在公式里输入日期和时间，需要用双引号引起来。而按照数据输入规则，用双引号引起来的数据是文本，不是数值。那么，对于文本型日期时间，如何进行进一步处理，以使其能够正常计算呢？

9.2.1 算术运算公式可以直接处理文本型日期时间

在公式中对日期进行算术计算时，可以直接以双引号引起来的方式输入固定日期和时间，然后公式会自动将文本型日期时间转换为数值型日期和时间。示例公式如下。

```
="2020-12-31"-TODAY()
="2020-5-31"+20
=NOW()+"2:30:00"
="17:30:00"-"8:30:00"
```

9.2.2 日期时间函数可以直接处理文本型日期时间

在大部分的日期时间函数中，可以直接输入双引号引起来的日期时间，也会自动将文本型日期时间转换为数值型日期时间并进行计算。示例公式如下。

```
=DATEDIF(B2,"2020-6-4","y")
=EDATE("2020-5-31",B2)
=HOUR("21:32:48")
```

9.2.3 比较运算不能直接处理文本型日期时间

在对日期时间进行比较运算时，日期时间必须是数值型，而文本型日期时间是无法进行比较运算的。

例如，下面的公式结果都是 FALSE，并不是 TRUE。

```
="2020-10-1">"2020-5-1"
="20:30:00">"8:30:00"
```

9.2.4 查找引用函数不能直接处理文本型日期时间

除日期时间函数外，查找引用函数是无法直接使用文本型日期时间进行计算的。例如，下面的公式无法得到正确的结果，因为条件值 ""2020-5-1"" 不是数值型日期数据，而是文本型日期数据。

```
=VLOOKUP("2020-5-1",A:B,2,0)
=MATCH("2020-5-1",A:A,0)
```

9.2.5 统计汇总函数可以直接处理文本型日期时间

统计汇总函数会自动把文本型日期时间转换为数值型日期时间计算。例如，下面的公式可以得到正确的结果。

```
=SUMIF(A:A,"2020-5-1",B:B)
=SUMIF(A:A,">2020-5-1",B:B)
=COUNTIF(A:A,"2020-5-1")
=COUNTIF(A:A,">2020-5-1")
=AVERAGEIF(A:A,"2020-5-1",B:B)
=AVERAGEIF(A:A,">2020-5-1",B:B)
```

9.2.6　使用 & 连接日期时，日期变成了一个数字

例如，下面的公式结果是"北京 43971"（这里假设当前日期是 2020-5-20）。

=" 北京 "&TODAY()

这是因为日期是正整数。

如果想得到一个日期格式的字符串，需要使用 TEXT 函数进行转换。其公式如下。

=" 北京 "&TEXT(TODAY(),"yyyy-m-d")

9.2.7　DATEVALUE 函数：将文本型日期转换为数值型日期

尽管算术运算符可以直接对文本型日期进行计算，日期函数和统计汇总函数也可以直接使用文本型日期，但从根本上来说，还是把文本型日期转换为数值型日期比较好。将文本型日期转换为数值型日期需要使用 DATEVALUE 函数。

DATEVALUE 函数就是把文本型日期转换为数值型日期。其用法如下。

=DATEVALUE(文本型日期)

例如，下面公式的结果是 43971。

=DATEVALUE("2020-5-20")

在公式中，使用这个函数对文本型日期进行转换，能防止出现一些意外的错误，下面就是一个例子。

=DATEDIF(C2,DATEVALUE("2020-12-31"),"y")

9.2.8　TIMEVALUE 函数：将文本型时间转换为数值型时间

与日期处理方法一样，在公式中，最好将文本型时间转换为数值型时间。TIMEVALUE 函数可以实现该功能。其用法如下。

=TIMEVALUE(文本型时间)

例如，下面公式的结果是 0.7296875。

$$=TIMEVALUE("17:30:45")$$

下面的公式是对两个时间进行减法计算。

$$=D2-TIMEVALUE("18:30")$$

9.3 | 组合日期

如果一个工作表中的 A 列、B 列和 C 列分别保存年、月、日三种数据，如何将它们组合成日期？请看如下公式。

$$=A2\&"-"\&B2\&"-"\&C2$$

该公式得到的并不是日期，而是文本，用这个方法得来的结果是不符合需求的。要解决这样的问题，可以使用 DATE 函数。

9.3.1 DATE 函数：将年、月、日三个数字组合成日期

DATE 函数就是把年、月、日三个数字组合成真正的日期。其用法如下。

$$=DATE(年数字 , 月数字 , 日数字)$$

例如，下面公式的结果是 2020-5-26。

$$=DATE(2020,5,26)$$

如果 A 列、B 列和 C 列分别保存年、月、日三种数字，那么组合日期的公式如下。

$$=DATE(A2,B2,C2)$$

假设单元格 B2 中为某个日期，要计算该日期 3 年零 8 个月 15 天后的日期，公式如下。

$$=DATE(YEAR(B2)+3,MONTH(B2)+8,DAY(B2)+15)$$

上述公式比较复杂，可以使用一种更简单的公式。

$$=EDATE(B2,3*12+8)+15$$

EDATE 函数将在 9.6 节详细介绍。

9.3.2　DATE 函数的特殊用法

DATE 函数在确定某些特殊日期方面非常有用，下面是 DATE 函数的一些特殊应用方法。

◎ 如果将 DATE 函数的参数 day 设置为 0，就会返回指定月份上个月的最后一天。例如，公式"=DATE(2020,7,0)"的结果就是 2020-6-30。

◎ 如果 DATE 函数的参数 day 大于 31，就会将超过部分的天数算到下一个月份。例如，公式"=DATE(2020,5,42)"的结果就是 2020-6-11。

◎ 如果 DATE 函数的参数 day 小于 0，就会往前推算日期。例如，公式"=DATE(2020,1,-15)"的结果就是 2019-12-16。

◎ 如果将 DATE 函数的参数 month 设置为 0，就会返回指定年份上一年的最后一月。例如，公式"=DATE(2020,0,22)"的结果就是 2019-12-22。

◎ 如果 DATE 函数的参数 month 大于 12，那么就会将超过部分的月数算到下一年。例如，公式"=DATE(2020,15,21)"的结果就是 2021-3-21。

◎ 如果 DATE 函数的参数 month 小于 0，就会往前推算月份和年份。例如，公式"=DATE(2020,-3,21)"的结果就是 2019-9-21。

9.4 拆分日期

有组合就有拆分。如果要将一个完整的日期拆分成年、月、日三个数字，或者拆分成年、月、日三个名称，可以使用相关函数来解决。

9.4.1　YEAR、MONTH 和 DAY 函数：将日期拆分成年、月、日三个数字

拆分日期可使用 YEAR、MONTH 和 DAY 函数，它们分别用于从日期中提取年、月、日三个数字。其使用方法如下。

> =YEAR(日期)
> =MONTH(日期)
> =DAY(日期)

例如，从日期 2020-5-23 中提取年、月、日三个数字的计算公式如下。

=YEAR("2020-5-23")，结果是 2020
=MONTH("2020-5-23")，结果是 5
=DAY("2020-5-23")，结果是 23

例如，在如图 9-1 所示的工作表中，从 A 列的日期中，提取年、月、日三个数字，并分别保存为三列。

B2　=YEAR(A2)

	A	B	C	D	E
1	日期	年	月	日	
2	2019-12-2	2019	12	2	
3	2018-1-4	2018	1	4	
4	2020-3-5	2020	3	5	
5	2018-10-2	2018	10	2	
6	2019-6-22	2019	6	22	
7	2020-5-12	2020	5	12	
8	2018-6-10	2018	6	10	
9	2019-4-15	2019	4	15	

图 9-1　使用 YEAR、MONTH、DAY 函数拆分日期

9.4.2　TEXT 函数：将日期转换成年、月、日三个名称

YEAR、MONTH、DAY 函数拆分日期得到的是表示年、月、日的数字，如果要得到名称，那么就需要使用 TEXT 函数了。

关于 TEXT 函数，在第 8 章做过详细介绍。

例如，在如图 9-2 所示的工作表中，使用 TEXT 函数获取并转换年、月、日三个名称。

B2　=TEXT(A2,"yyyy年")

	A	B	C	D	E	F
1	日期	年	月	日		
2	2019-12-2	2019年	12月	2日		
3	2018-1-4	2018年	1月	4日		
4	2020-3-5	2020年	3月	5日		
5	2018-10-2	2018年	10月	2日		
6	2019-6-22	2019年	6月	22日		
7	2020-5-12	2020年	5月	12日		
8	2018-6-10	2018年	6月	10日		
9	2019-4-15	2019年	4月	15日		
10	2018-3-6	2018年	3月	6日		
11	2019-1-24	2019年	1月	24日		

图 9-2　使用 TEXT 函数获取并转换年、月、日三个名称

单元格 B2 公式如下。

=TEXT(A2,"yyyy 年 ")

单元格 C2 公式如下。

=TEXT(A2,"m 月 ")

单元格 D2 公式如下。

=TEXT(A2,"d 日 ")

如果想要得到两位数的年、月、日名称，如图 9-3 所示。

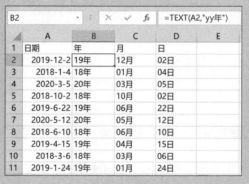

图 9-3　使用 TEXT 函数获取两位数的年、月、日名称

单元格 B2 公式如下。

=TEXT(A2,"yy 年 ")

单元格 C2 公式如下。

=TEXT(A2,"mm 月 ")

单元格 D2 公式如下。

=TEXT(A2,"dd 日 ")

如果要想得到英文月份名称，也可以使用 TEXT 函数，如图 9-4 所示。

图 9-4 获取英文月份名称

单元格 **B2** 公式如下。

=TEXT(A2,"mmm")

单元格 **C2** 公式如下。

=TEXT(A2,"mmmm")

9.5 获取当天日期和时间

在实际工作中经常要计算动态日期，例如要计算截止至今天的天数、年龄、工龄、逾期天数等，此时就需要动态地获取当天日期和时间。可以使用的函数有两个：TODAY 函数和 NOW 函数。

9.5.1 TODAY 函数：获取当天日期

获取当天日期使用 TODAY 函数。注意，该函数没有参数。其用法如下。

=TODAY()

该函数没有参数，但在使用它时，不能省略 TODAY 后面的小括号。

示例如下。

◎ 从今天开始，10 天后的日期：=TODAY()+10。

◎ 从今天开始，10 天前的日期：=TODAY()-10。

◎ 昨天的日期：=TODAY()-1。

◎ 前天的日期：=TODAY()-2。

◎ 明天的日期：=TODAY()+1。

◎ 后天的日期：=TODAY()+2。

例如，计算各个合同距离到期日的剩余天数，如图 9-5 所示。单元格 C5 公式如下。

```
=B5-TODAY()
```

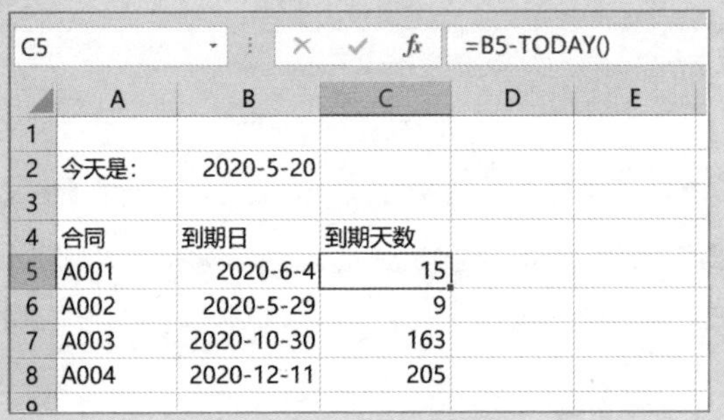
C5 =B5-TODAY()

	A	B	C	D	E
1					
2	今天是:	2020-5-20			
3					
4	合同	到期日	到期天数		
5	A001	2020-6-4	15		
6	A002	2020-5-29	9		
7	A003	2020-10-30	163		
8	A004	2020-12-11	205		

图 9-5 计算合同到期剩余天数

9.5.2 NOW 函数：获取当前日期和时间

获取当前时间使用 NOW 函数。注意，该函数没有参数。其使用方法如下。

```
=NOW()
```

这个函数不仅可以得到当天的日期，也可以得到运行工作表时的当前时钟时间。

例如，现在开始，3 个小时后的时间为

```
=NOW()+"3:0:0"
```

现在开始，3 个小时前的时间为

```
=NOW()-"3:0:0"
```

9.5.3　NOW 函数与 TODAY 函数的区别

TODAY 函数得到的是一个不带时间的日期，也就是一个正整数；NOW 函数得到的是一个带时间的日期，它不是一个正整数，而是一个带小数点的正数。

例如，当前日期是 2020 年 5 月 23 日，当前时间是 20:02:30，那么两个函数的结果如下。

◎ TODAY 函数的结果是 2020-5-23，也就是数值 43974。

◎ NOW 函数得到的结果是 2020-5-23 20:02:30，也就是数值 43974.8350694444。

因此，TODAY 函数的结果与 NOW 函数的结果并不一样。

输入 TODAY 函数和 NOW 函数的工作表在每次打开工作簿时，TODAY 函数和 NOW 函数都会重新进行计算，并自动更新为当天的日期和当前的时间，在关闭工作簿时也会提醒用户是否保存对工作簿的修改。

9.6 | 计算到期日

如果要计算多少天以后的到期日，那么直接在起始日期上加上天数即可；如果要计算多少年或者多少月后的到期日时，应该如何计算呢？此时肯定不能直接加上月数或者年数，也不能加上诸如 90 天或者 365 天这样的数字，而是可以使用 EDATE 函数或 EOMONTH 函数。

9.6.1　EDATE 函数：计算几个月之后或之前的日期

EDATE 函数用来计算指定日期之前或之后几个月的日期，也就是给定了期限，要计算到期日。其使用方法如下。

> =EDATE(指定日期 , 以月数表示的期限)

这个函数的英文读法是 End of Date。

例如，单元格 B2 保存一个日期，计算这个日期之后 5 个月的日期。其公式如下。

> =EDATE(B2,5)

计算这个日期之前 5 个月的日期的公式如下。

> =EDATE(B2,-5)

计算从今天开始，3 年 5 个月后的日期的公式如下。

$$=EDATE(TODAY(),3*12+5)$$

EDATE 函数得到的结果，默认是一个常规的数字，因此需要把单元格的格式设置为日期格式。

9.6.2　EOMONTH 函数：计算指定几个月之后或之前的月底日期

EOMONTH 函数用来计算指定日期之前或之后几个月的月底日期，与 EDATE 函数一样，也就是给定了期限，要计算到期日。其使用方法如下。

$$=EOMONTH(指定日期 , 以月数表示的期限)$$

这个函数的英文读法是 End of Month。

例如，单元格 B2 保存一个日期，那么计算这个日期之后 5 个月的月底日期的公式如下。

$$=EOMONTH(B2,5)$$

计算这个日期之前 5 个月的月底日期的公式如下。

$$=EOMONTH(B2,-5)$$

计算从今天开始，3 年 5 个月后的月底日期的公式如下。

$$=EOMONTH(TODAY(),3*12+5)$$

EOMONTH 函数得到的结果默认是一个常规的数字，因此需要把单元格的格式设置为日期格式。

案例 9-1

在如图 9-6 所示的工作表中给定了合同签订日期以及期限（年），现在要计算合同到期日。

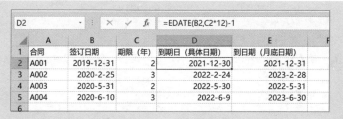

图 9-6　计算合同到期日

单元格 D2 公式如下。

$$=EDATE(B2,C2*12)-1$$

单元格 E2 公式如下。

=EOMONTH(B2,C2*12)

9.6.3 WORKDAY 函数：计算一定工作日之后或之前的日期

如果今天是 2020 年 5 月 9 日，那么 10 个工作日以后是哪天？这里不包含双休日及法定节假日。对于这样的问题，可以使用 WORKDAY 函数来计算。

WORKDAY 函数用于计算一定工作日之后或之前的日期。其用法如下。

=WORKDAY(基准日期 , 工作日天数 , 节假日列表)

这里的节假日列表是可选参数，如指定国家法定节假日。

例如，对于上面的问题，如果 10 个工作日以后是 2020-5-22。则公式如下。

=WORKDAY("2020-5-9",10)

不过，指定节假日还需考虑调休上班情况，此时计算就比较复杂了。下面举例说明。

案例 9-2

首先整理一个法定节假日列表，如图 9-7 所示的是 2020 年放假表及调休上班表。

	A	B	C	D	E	F	G	H	I	J
1	节日	放假时间	调休上班日期	放假天数			节日	放假		调休上班日期
2	元旦节	1月1日~1月1日	无调休	1天			元旦节	2020-1-1		2020-1-19
3	春节	1月24日~2月2日	1月19日(周日)上班	10天			春节	2020-1-24		2020-4-26
4	清明节	4月4日~4月6日	无调休	3天				2020-1-25		2020-5-9
5	劳动节	5月1日~5月5日	4月26日(周日)、5月9日(周六)上班	5天				2020-1-26		2020-6-28
6	端午节	6月25日~6月27日	6月28日(周日)上班	3天				2020-1-27		2020-9-27
7	中秋节	10月1日~10月8日	9月27日(周日)、10月10日(周六)上班	8天				2020-1-28		2020-10-10
8	国庆节	10月1日~10月8日	9月27日(周日)、10月10日(周六)上班	8天				2020-1-29		
9								2020-1-30		
10								2020-1-31		
11								2020-2-1		
12								2020-2-2		
13							清明节	2020-4-4		
14								2020-4-5		
15								2020-4-6		
16							劳动节	2020-5-1		
17								2020-5-2		
18								2020-5-3		
19								2020-5-4		
20								2020-5-5		
21							端午节	2020-6-25		
22								2020-6-26		
23								2020-6-27		
24							国庆节	2020-10-1		
25								2020-10-2		
26								2020-10-3		

Sheet1　节假日表

图 9-7　2020 年放假表及调休上班表

设计表格，如图 9-8 所示。截止日期的计算公式如下。

```
=WORKDAY(B2,C2, 节假日表 !$H$2:$H$31)
  +SUMPRODUCT(( 节假日表 !$J$2:$J$7>=B2)*1,
     ( 节假日表 !$J$2:$J$7<=WORKDAY(B2,C2, 节假日表 !$H$2:$H$31)*1))
```

	A	B	C	D
1	待办事项	受理日期	需要的工作日天数	截止日期
2	A001	2020-5-27	10	2020-6-10
3	A002	2020-6-15	15	2020-7-9
4	A003	2020-7-22	7	2020-7-31
5				

图 9-8　计算几个工作日后的日期

这个公式的难点：调休日也算工作日，应该补加到计算的日期上。这个天数使用 SUMPRODUCT 函数进行多条件计数即可。

关于 SUMPRODUCT 函数将在第 12 章进行介绍。

9.7 ┃ 计算期限

给定两个日期后，该怎样计算这两个日期之间的期限？

◎ 如果要计算间隔天数，直接相减就可以了。

◎ 如果要计算间隔年数，一般情况下，相减后除以 365 这种做法没有问题；若遇到极端的日期，就会出大问题。

◎ 如果要计算间隔月数，相减后除以 30 就更不对了，因为 2 月份是一个特殊的存在，只有 28 天或 29 天。

◎ 如果要计算两个日期间隔了多少年、零几个月、零几天，又如何计算？

诸如此类的问题，使用 DATEDIF 函数即可解决。

有时需要计算出的期限是带小数点的年数（如 7.36 年），这时使用 YEARFRAC 函数即可解决。

9.7.1　DATEDIF 函数：计算两个日期之间的年数、月数和日数

1. 基本用法

DATEDIF 函数用于计算指定的类型下两个日期之间的期限，该函数的使用方法如下。

=DATEDIF(开始日期 , 截止日期 , 类型代码)

DATEDIF 函数中的类型代码含义如表 9-1 所示（字母不区分大小写）。

表 9-1　类型代码含义

类型代码	含　义
Y	时间段中的总年数
M	时间段中的总月数
D	时间段中的总天数
MD	两个日期中天数的差，忽略日期数据中的年和月
YM	两个日期中月数的差，忽略日期数据中的年和日
YD	两个日期中天数的差，忽略日期数据中的年

例如，某职员入职时间为 2001 年 3 月 20 日，离职时间为 2020 年 5 月 28 日，那么他在公司工作了多少年、零多少月和零多少天？

计算整数年，结果是 19。其公式如下。

=DATEDIF("2001-3-20","2020-5-28","Y"),

计算零几个月，结果是 2。其公式如下。

=DATEDIF("2001-3-20","2020-5-28","YM")

计算零几天，结果是 8。其公式如下。

=DATEDIF("2001-3-20","2020-5-28","MD")

DATEDIF 函数的英文读法是 Date Difference。这个函数是隐藏函数，在"插入函数"对话框中是找不到的，需要在单元格中手动输入。

2. 重要的注意问题

在使用 DATEDIF 函数时，一个重要的注意事项就是两个日期的统一标准问题。在计算期限时，如果开始日期是月初，那么截止日期也要是月初；如果开始日期是月末，那么截止日期也要是月末。

例如，开始日期是 2019-10-1，截止日期是 2020-9-30，要计算这两个日期之间的总月数，很显然应该是 12 个月，但是，下面的公式计算得到的结果却是 11 个月。

=DATEDIF("2019-10-1","2020-9-30","m")

要想得到正确的结果，公式中必须将第二个日期加一天，或者将第一个日期减去一天，将两个日期的起点标准调整为一致。其公式如下。

```
=DATEDIF("2019-10-1","2020-9-30"+1,"m")
```

或者

```
=DATEDIF("2019-10-1"-1,"2020-9-30","m")
```

案例 9-3

图 9-9 所示是一个计算年龄的示例。

计算周岁的公式如下。

```
=DATEDIF(C3,TODAY(),"y")
```

计算虚岁的公式如下。

```
=YEAR(TODAY())-YEAR(C3)
```

虚岁只需将两个日期的年份相减就可以了。

D3 =DATEDIF(C3,TODAY(),"y")

	A	B	C	D	E	F
1	今天是:	2020-5-20				
2	姓名	部门	出生日期	年龄（周岁）	年龄（虚岁）	
3	A001	HR	1979-2-1	41	41	
4	A002	HR	1983-6-19	36	37	
5	A003	财务部	1980-10-28	39	40	
6	A004	财务部	1987-11-25	32	33	
7	A005	财务部	1990-5-4	30	30	

图 9-9　计算年龄

案例 9-4

图 9-10 所示是计算员工工龄的详细情况。

单元格 D4 的公式如下。

```
=DATEDIF(C4,TODAY(),"y")
```

单元格 E4 的公式如下。

```
=DATEDIF(C4,TODAY(),"ym")
```

单元格 F4 的公式如下。

```
=DATEDIF(C4,TODAY(),"md")
```

E4 =DATEDIF(C4,TODAY(),"ym")

	A	B	C	D	E	F
1	今天是:	2020-5-20				
2	姓名	部门	入职日期	工龄（DATDIF函数）		
3				多少年	零几个月	零几天
4	A001	HR	1998-3-22	22	1	28
5	A002	HR	2002-1-1	18	4	19
6	A003	财务部	2002-12-30	17	4	20
7	A004	财务部	2007-7-6	12	10	14
8	A005	财务部	2012-6-15	7	11	5
9						

图 9-10　计算员工工龄

9.7.2　YEARFRAC 函数：计算带小数点的年数

如果要计算两个日期之间的带小数点的年（如 2.88 年），那么可以使用 YEARFRAC 函数。其使用方法如下。

```
=YEARFRAC( 开始日期 , 截止日期 ,1)
```

例如，开始日期是 2012-6-18，截止日期是 2020-5-20，两个日期之间共有 7.91879562 年，即其公式如下。

```
=YEARFRAC("2012-6-18","2020-5-20",1)
```

案例 9-5

图 9-11 所示是 DATEDIF 函数与 YEARFRAC 函数计算结果的比较。

G4 =YEARFRAC(C4,TODAY(),1)

	A	B	C	D	E	F	G
1	今天是:	2020-5-20					
2	姓名	部门	入职日期	工龄（DATDIF函数）			工龄（YEARFRAC函数）
3				多少年	零几个月	零几天	
4	A001	HR	1998-3-22	22	1	28	22.16
5	A002	HR	2002-1-1	18	4	19	18.38
6	A003	财务部	2002-12-30	17	4	20	17.39
7	A004	财务部	2007-7-6	12	10	14	12.87
8	A005	财务部	2012-6-15	7	11	5	7.93
9							

图 9-11　DATEDIF 函数与 YEARFRAC 函数计算结果比较

9.7.3　NETWORKDAYS 函数：计算工作日天数

问题：2020 年 5 月 20 日至 2020 年 9 月 30 日之间有多少个工作日？如果考虑调休情况，又有多少个工作日？

对于两个日期之间的工作日天数计算，可以使用 NETWORKDAYS 函数。NETWORKDAYS 用于计算两个日期之间的工作日天数。其用法如下。

=NETWORKDAYS(开始日期 , 结束日期 , 节假日列表)

假如没有调休的情况，那么就可以直接使用这个函数计算两个日期时间之间的工作日。例如，2020 年 7 月份总共有多少个工作日？计算公式如下。

=NETWORKDAYS("2020-7-1","2020-7-31")

结果是 23 天。

当两个日期之间有节假日时，则需要设置函数的第三个参数，即"节假日列表"。

案例 9-6

图 9-12 所示是计算 2020 年各月的实际工作日天数，这里节假日及调休已经设计好（参阅案例 9-2）。单元格 D2 的公式如下。

=NETWORKDAYS(B2,C2, 节假日表 !$H$2:$H$31)
+SUMPRODUCT((节假日表 !$J$2:$J$7>=B2)*(节假日表 !$J$2:$J$7<=C2))

这个公式由两部分相加而成。

（1）利用 NETWORKDAYS 函数计算本月的工作日天数。

（2）利用 SUMPRODUCT 函数计算本月的调休上班天数。

	A	B	C	D	E
1	月份	开始日期	截止日期	工作日天数	
2	1月	2020-1-1	2020-1-31	17	
3	2月	2020-2-1	2020-2-29	20	
4	3月	2020-3-1	2020-3-31	22	
5	4月	2020-4-1	2020-4-30	22	
6	5月	2020-5-1	2020-5-31	19	
7	6月	2020-6-1	2020-6-30	21	
8	7月	2020-7-1	2020-7-31	23	
9	8月	2020-8-1	2020-8-31	21	
10	9月	2020-9-1	2020-9-30	23	
11	10月	2020-10-1	2020-10-31	17	
12	11月	2020-11-1	2020-11-30	21	
13	12月	2020-12-1	2020-12-31	23	
14					

图 9-12　计算各月的工作日天数

9.7.4 应用案例：计算固定资产折旧

在财务管理中，需要建立固定资产折旧表，自动计算每个月的折旧、累计折旧等，利用 IF 函数和 DATEDIF 函数，可以很方便地设计出这样的表格。

案例 9-7

现在需要使用函数设计出如图 9-13 所示的固定资产折旧表。

	A	B	C	D	E	F	G	H	I	J	K
1	指定年月	2020-5-31									
2											
3	序号	名称	购入日期	总期限(年)	原值	净残值	开始计提年月	结束计提年月	已计提月数	月折旧	累计折旧
4	1	办公楼	2003-4-5	50	12,000,000.00	480,000.00	2003-5-1	2053-4-30	205	19,200.00	3,936,000.00
5	2	汽车	2014-12-29	10	200,000.00	8,000.00	2015-1-1	2024-12-31	65	1,600.00	104,000.00
6	3	机床	2015-3-17	10	186,000.00	7,440.00	2015-4-1	2025-3-31	62	1,488.00	92,256.00
7	4	计算机	2015-2-22	5	12,000.00	480.00	2015-3-1	2020-2-29	已提足		11,520.00
8	5	复印机	2019-2-18	5	8,000.00	320.00	2019-3-1	2024-2-29	15	128.00	1,920.00
9	6	车间厂房	2020-1-23	30	8,000,000.00	320,000.00	2020-2-1	2050-1-31	4	21,333.33	85,333.33
10											

图 9-13 固定资产折旧表

单元格 B1 指定要计算到的截止月份，输入当月月底日期。

单元格 G4，开始计提年月。其公式如下。

=EOMONTH(C4,0)+1

单元格 H4，结束计提年月。其公式如下。

=EOMONTH(C4,D4*12)

单元格 I4，已计提月数。其公式如下。

=IF(DATEDIF(G4,$B$1+1,"m")>D4*12," 已提足 ",DATEDIF(G4,$B$1+1,"m"))

单元格 J4，月折旧（这里采用平均年限法）。其公式如下。

=IF(I4=" 已提足 ","",(E4-F4)/(D4*12))

单元格 K4，累计折旧。其公式如下。

=IF(I4=" 已提足 ",E4-F4,J4*I4)

9.8 计算星期几

判断一个日期是星期几，可以使用 WEEKDAY 函数。本节将通过两个应用案例来对该函数进行了解决。

9.8.1 WEEKDAY 函数：计算星期几

计算出今天是星期几，需要用 WEEKDAY 函数。

WEEKDAY 函数的使用方法如下。

=WEEKDAY(日期 , 星期制标准代码)

参数"星期制标准代码"如果省略或者是 1，那么该函数就按照国际星期制来计算，也就是每周从星期日开始，这样该函数得到的结果为 1 时代表星期日，结果为 2 时代表星期一，以此类推。

如果"星期制标准代码"是 2，那么该函数就按照中国星期制来计算，也就是每周从星期一开始，这样该函数得到的结果为 1 时代表星期一，结果为 2 时代表星期二，以此类推。

WEEKDAY 函数的第 2 个参数含义如图 9-14 所示。

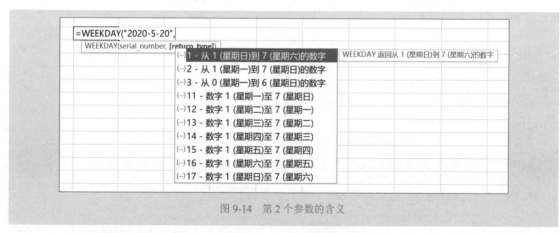

图 9-14　第 2 个参数的含义

例如，当日期为"2020-5-20"，下面 3 个公式的结果是不一样的。

=WEEKDAY("2020-5-20")，结果是 4（星期三）

=WEEKDAY("2020-5-20",1)，结果是 4（星期三）

=WEEKDAY("2020-5-20",2)，结果是 3（星期三）

在人力资源管理中，WEEKDAY 函数大多数用来设计考勤表，计算不同类型的加班费等；在应付款管理中，WEEKDAY 函数常用来计算付款截止日（如遇双休日顺延）。

9.8.2 应用案例 1：设计动态考勤表

案例 9-8

图 9-15 所示是一个动态考勤表，其最大的特点是指定月份后，就会自动变化标题，并把节假日标识为一种颜色，把周六、周日标识为另一种颜色；如果周六、周日是调休上班，就与正常上班日期颜色一样。

姓名	1 三	2 四	3 五	4 六	5 日	6 一	7 二	8 三	9 四	10 五	11 六	12 日	13 一	14 二	15 三	16 四	17 五	18 六	19 日	20 一	21 二	22 三	23 四	24 五	25 六	26 日	27 一	28 二	29 三	30 四	31 五
A001																															
A002																															
A003																															
A004																															
A005																															
A006																															
A007																															

2020年1月 考勤表

图 9-15 动态考勤表

这里联合使用了 WEEKDAY 函数、自定义数字格式、条件格式及其他查找函数。动态考勤表设计的主要方法和步骤如下。

步骤 1：首先设计一个当年的节假日列表及调休上班表，参考案例 9-2。

步骤 2：在单元格 A1 中输入某个月的第一天日期，例如输入 2020-5-1。

步骤 3：在单元格 B2 和 B3 中输入公式 "=A1"。

步骤 4：在单元格 C2 中输入公式 "=B2+1"，在单元格 C3 中输入公式 "=B3+1"，然后将这两个单元格往右复制到月底日期，如图 9-16 所示。

	A	B	C	D	E	F	G	H	I	J	K
1	2020-5-1										
2	姓名	2020-5-1	2020-5-2	2020-5-3	2020-5-4	2020-5-5	2020-5-6	2020-5-7	2020-5-8	2020-5-9	2020-5
3		2020-5-1	2020-5-2	2020-5-3	2020-5-4	2020-5-5	2020-5-6	2020-5-7	2020-5-8	2020-5-9	2020-5
4											

图 9-16 设计表头

步骤 5：将第 2 行日期设置为自定义格式 d，即只显示日期，如图 9-17 所示。

图 9-17　设置第 2 行日期为自定义格式 d

步骤 6：将第 3 行日期设置为自定义格式 aaa，即只显示星期简称，如图 9-18 所示。

图 9-18　设置第 3 行日期为自定义格式 aaa

步骤 7：调整列宽，居中显示，得到同时显示日期和星期的表头，如图 9-19 所示。

	A	B	C	D	E	F	G	H	I	J	K	L	M	N	O	P	Q	R	S	T	U	V	W	X	Y	Z	AA	AB	AC	AD	AE	AF
1	2020-5-1																															
2	姓名	1	2	3	4	5	6	7	8	9	10	11	12	13	14	15	16	17	18	19	20	21	22	23	24	25	26	27	28	29	30	31
3		五	六	日	一	二	三	四	五	六	日	一	二	三	四	五	六	日	一	二	三	四	五	六	日	一	二	三	四	五	六	日
4	A001																															
5	A002																															
6	A003																															
7	A004																															
8	A005																															
9	A006																															
10	A007																															
11																																

图 9-19　设置好的表头

步骤 8：设置节假日的自动标识。选择单元格区域 B2:AF10（此处为说明问题，只选到第 10 行），在"新建格式规则"对话框中设置条件格式，如图 9-20 所示。条件格式公式如下。

=ISNUMBER(MATCH(B$2, 节假日表 !$H$2:$H$31,0))

图 9-20　"新建格式规则"对话框

这个公式很容易理解：用 MATCH 函数从节假日列表中查找标题的每个日期，如果找到了，MATCH 函数结果是数字；如果找不到，则返回错误值。然后用 ISNUMBER 函数判断是否是数字，如果是数字，就将该日期列填充为指定颜色。效果如图 9-21 所示。

	A	B	C	D	E	F	G	H	I	J	K	L	M	N	O	P	Q	R	S	T	U	V	W	X	Y	Z	AA	AB	AC	AD	AE	AF
1	2020-5-1																															
2	姓名	1	2	3	4	5	6	7	8	9	10	11	12	13	14	15	16	17	18	19	20	21	22	23	24	25	26	27	28	29	30	31
3		五	六	日	一	二	三	四	五	六	日	一	二	三	四	五	六	日	一	二	三	四	五	六	日	一	二	三	四	五	六	日
4	A001																															
5	A002																															
6	A003																															
7	A004																															
8	A005																															
9	A006																															
10	A007																															
11																																

图 9-21 节假日被自动标识出来

步骤 9：设置真正的双休日的自动标识。这里要注意，如果双休日是调休上班日，则不在正常双休日之内。

选择单元格区域 B2:AF10，设置条件格式如图 9-22 所示。条件格式公式如下。

```
=AND(WEEKDAY(B$2,2)>=6,
    ISERROR(MATCH(B$2, 节假日表 !J$2:J$7,0)),
    ISERROR(MATCH(B$2, 节假日表 !H$2:H$31,0)))
```

图 9-22 设置条件格式，标识真正能休息的双休日

这个公式有 3 个条件。

（1）判断是否是周六周日的公式如下。

```
WEEKDAY(B$2,2)>=6
```

（2）判断是否是调休上班日的公式如下。

> ISERROR(MATCH(B$2, 节假日表 !$J$2:$J$7,0))

（3）判断双休日是否是节假日的公式如下。

> ISERROR(MATCH(B$2, 节假日表 !$H$2:$H$31,0))

这样，如果 3 个条件都满足，就是真正要休息的双休日了。将该日期列填充为指定颜色。效果如图 9-23 所示。

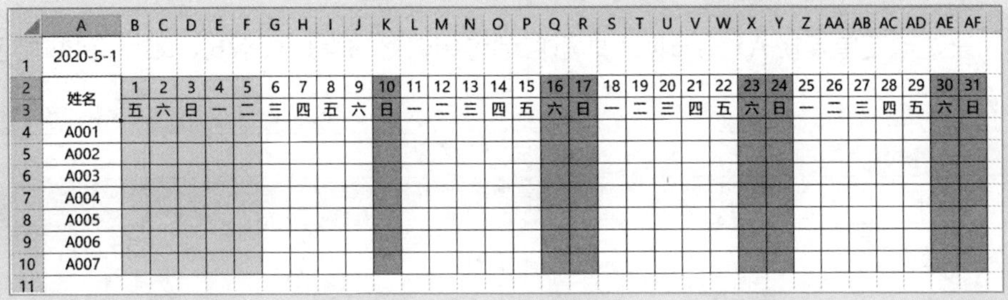

图 9-23　真正能休息的双休日被标识出来

步骤 10：选择单元格区域 A1:AF1，合并作为大标题，并设置自定义数字格式 "yyyy 年 m 月 考勤表"，如图 9-24 所示。至此，就完成了考勤表的设计，效果如图 9-25 所示。

图 9-24　设置大标题的自定义格式 "yyyy 年 m 月 考勤表"

A	B	C	D	E	F	G	H	I	J	K	L	M	N	O	P	Q	R	S	T	U	V	W	X	Y	Z	AA	AB	AC	AD	AE	AF
1												2020年5月 考勤表																			
2	姓名	1	2	3	4	5	6	7	8	9	10	11	12	13	14	15	16	17	18	19	20	21	22	23	24	25	26	27	28	29	30	31
3		五	六	日	一	二	三	四	五	六	日	一	二	三	四	五	六	日	一	二	三	四	五	六	日	一	二	三	四	五	六	日
4	A001																															
5	A002																															
6	A003																															
7	A004																															
8	A005																															
9	A006																															
10	A007																															
11																																

图 9-25　完成的考勤表设计

这样，只要改变单元格 A1 的日期，即可自动得到该月的考勤表格式，如图 9-26 所示。

A	B	C	D	E	F	G	H	I	J	K	L	M	N	O	P	Q	R	S	T	U	V	W	X	Y	Z	AA	AB	AC	AD	AE	AF
1												2020年6月 考勤表																			
2	姓名	1	2	3	4	5	6	7	8	9	10	11	12	13	14	15	16	17	18	19	20	21	22	23	24	25	26	27	28	29	30	1
3		一	二	三	四	五	六	日	一	二	三	四	五	六	日	一	二	三	四	五	六	日	一	二	三	四	五	六	日	一	二	三
4	A001																															
5	A002																															
6	A003																															
7	A004																															
8	A005																															
9	A006																															
10	A007																															
11																																

图 9-26　自动变化标题和颜色

9.8.3　应用案例 2：计算平时加班和双休日加班小时数

案例 9-9

图 9-27 所示是员工的加班数据表，现在要计算每个人的平时加班和双休日加班小时数。

解决这个问题的逻辑思路是使用 WEEKDAY 函数判断是否是工作日和双休日，然后使用 SUMPRODUCT 函数直接进行计算。

单元格 I2 公式如下。

```
=SUMPRODUCT(($A$2:$A$33=H2)*1,
            (WEEKDAY($C$2:$C$33,2)<=5)*1,
            $E$2:$E$33)
```

单元格 J2 公式如下。

```
=SUMPRODUCT(($A$2:$A$33=H2)*1,
             (WEEKDAY($C$2:$C$33,2)>=6)*1,
             $E$2:$E$33)
```

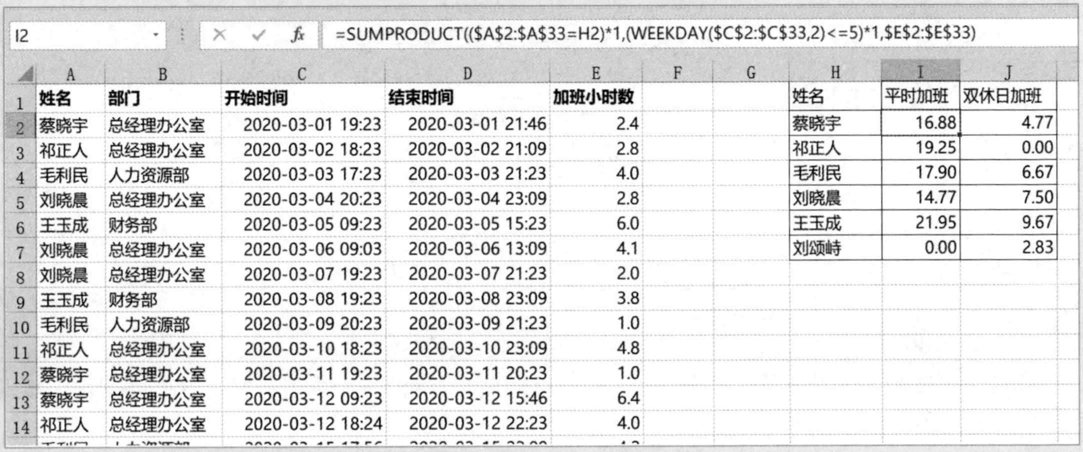

I2			× ✓ fx	=SUMPRODUCT(($A$2:$A$33=H2)*1,(WEEKDAY($C$2:$C$33,2)<=5)*1,$E$2:$E$33)							
	A	B	C	D	E	F	G	H	I	J
1	姓名	部门	开始时间	结束时间	加班小时数			姓名	平时加班	双休日加班
2	蔡晓宇	总经理办公室	2020-03-01 19:23	2020-03-01 21:46	2.4			蔡晓宇	16.88	4.77
3	祁正人	总经理办公室	2020-03-02 18:23	2020-03-02 21:09	2.8			祁正人	19.25	0.00
4	毛利民	人力资源部	2020-03-03 17:23	2020-03-03 21:23	4.0			毛利民	17.90	6.67
5	刘晓晨	总经理办公室	2020-03-04 20:23	2020-03-04 23:09	2.8			刘晓晨	14.77	7.50
6	王玉成	财务部	2020-03-05 09:23	2020-03-05 15:23	6.0			王玉成	21.95	9.67
7	刘晓晨	总经理办公室	2020-03-06 09:03	2020-03-06 13:09	4.1			刘颂峙	0.00	2.83
8	刘晓晨	总经理办公室	2020-03-07 19:23	2020-03-07 21:23	2.0					
9	王玉成	财务部	2020-03-08 19:23	2020-03-08 23:09	3.8					
10	毛利民	人力资源部	2020-03-09 20:23	2020-03-09 21:23	1.0					
11	祁正人	总经理办公室	2020-03-10 18:23	2020-03-10 23:09	4.8					
12	蔡晓宇	总经理办公室	2020-03-11 19:23	2020-03-11 20:23	1.0					
13	蔡晓宇	总经理办公室	2020-03-12 09:23	2020-03-12 15:46	6.4					
14	祁正人	总经理办公室	2020-03-12 18:24	2020-03-12 22:23	4.0					

图 9-27　计算平时加班和双休日加班小时数

　　解决此问题也可以设计辅助列，先判断出每个日期的星期，然后再用 SUMIFS 函数求和，如图 9-28 所示。

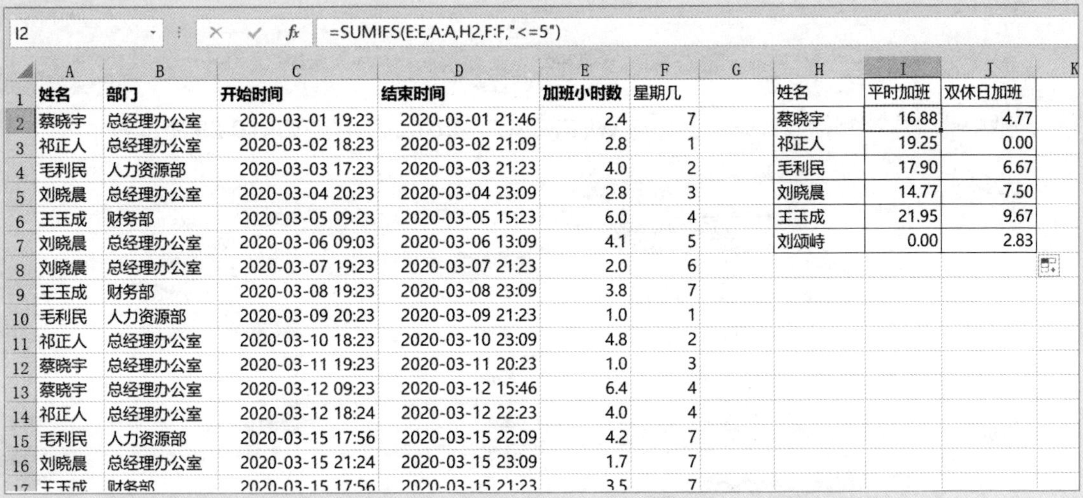

I2			× ✓ fx	=SUMIFS(E:E,A:A,H2,F:F,"<=5")							
	A	B	C	D	E	F	G	H	I	J
1	姓名	部门	开始时间	结束时间	加班小时数	星期几		姓名	平时加班	双休日加班
2	蔡晓宇	总经理办公室	2020-03-01 19:23	2020-03-01 21:46	2.4	7		蔡晓宇	16.88	4.77
3	祁正人	总经理办公室	2020-03-02 18:23	2020-03-02 21:09	2.8	1		祁正人	19.25	0.00
4	毛利民	人力资源部	2020-03-03 17:23	2020-03-03 21:23	4.0	2		毛利民	17.90	6.67
5	刘晓晨	总经理办公室	2020-03-04 20:23	2020-03-04 23:09	2.8	3		刘晓晨	14.77	7.50
6	王玉成	财务部	2020-03-05 09:23	2020-03-05 15:23	6.0	4		王玉成	21.95	9.67
7	刘晓晨	总经理办公室	2020-03-06 09:03	2020-03-06 13:09	4.1	5		刘颂峙	0.00	2.83
8	刘晓晨	总经理办公室	2020-03-07 19:23	2020-03-07 21:23	2.0	6				
9	王玉成	财务部	2020-03-08 19:23	2020-03-08 23:09	3.8	7				
10	毛利民	人力资源部	2020-03-09 20:23	2020-03-09 21:23	1.0	1				
11	祁正人	总经理办公室	2020-03-10 18:23	2020-03-10 23:09	4.8	2				
12	蔡晓宇	总经理办公室	2020-03-11 19:23	2020-03-11 20:23	1.0	3				
13	蔡晓宇	总经理办公室	2020-03-12 09:23	2020-03-12 15:46	6.4	4				
14	祁正人	总经理办公室	2020-03-12 18:24	2020-03-12 22:23	4.0	4				
15	毛利民	人力资源部	2020-03-15 17:56	2020-03-15 22:09	4.2	7				
16	刘晓晨	总经理办公室	2020-03-15 21:24	2020-03-15 23:09	1.7	7				
17	王玉成	财务部	2020-03-15 17:56	2020-03-15 21:23	3.5	7				

图 9-28　添加辅助列，用 SUMIFS 函数计算

单元格 F2 公式如下。

=WEEKDAY(C2,2)

单元格 I2 公式如下。

=SUMIFS(E:E,A:A,H2,F:F,"<=5")

单元格 J2 公式如下。

=SUMIFS(E:E,A:A,H2,F:F,">=6")

9.9 | 计算第几周

计算今天是今年的第几周、设计一个生产周计划表、设计一个周汇总表，这些问题都可以使用 WEEKNUM 函数来解决。

9.9.1　WEEKNUM 函数：计算今天是今年的第几周

如果计算今天是今年的第几周时，不用去翻查日历，使用 WEEKNUM 函数即可解决。其使用方法如下。

=WEEKNUM(日期 , 星期制标准代码)

函数中的"星期制标准代码"含义与 WEEKDAY 函数中的一样，如图 9-29 所示。

图 9-29　"星期制标准代码"含义

例如，对于日期 2020-5-10，判断其是 2020 年的第几周，有如下 3 个公式。

=WEEKNUM("2020-5-10")，结果是 20（2020 年的第 20 周）
=WEEKNUM("2020-5-10",1)，结果是 20（2020 年的第 20 周）
=WEEKNUM("2020-5-10",2)，结果是 19（2020 年的第 19 周）

在实际工作中，WEEKNUM 函数常用来对日记流水账数据进行分析，制作周汇总报告。

9.9.2 应用案例：设计周汇总表

案例 9-10

图 9-30 所示是一个销售流水表，现在要制作每周的销售报表。

	A	B	C	D	E	F	G
	D2	: × ✓ fx	=TEXT(WEEKNUM(A2,2),"第00周")				
1	日期	商品	订单	周次			
2	2020-1-1	商品5	6	第01周			
3	2020-1-2	商品1	18	第01周			
4	2020-1-3	商品6	15	第01周			
5	2020-1-4	商品5	25	第01周			
6	2020-1-4	商品4	17	第01周			
7	2020-1-5	商品4	28	第01周			
8	2020-1-5	商品2	24	第01周			
9	2020-1-6	商品6	15	第02周			
10	2020-1-6	商品5	28	第02周			
11	2020-1-6	商品6	10	第02周			
12	2020-1-7	商品5	6	第02周			
13	2020-1-8	商品6	17	第02周			

图 9-30 销售流水表

这个问题不复杂，设计一个辅助列"周次"即可。单元格 D2 公式如下。

=TEXT(WEEKNUM(A2,2)," 第 00 周 ")

这个公式的逻辑思路：先用 WEEKNUM 函数计算是第几周，再把这个计算结果的数字转换为"第 ** 周"的文本。最后用这个表格制作数据透视表，或者使用 SUMIFS 函数计算，即可得到每个商品在每周的销售统计报表，如图 9-31 所示。

	A	B	C	D	E	F	G	H	I
1	求和项:订单	商品							
2	周次	商品1	商品2	商品3	商品4	商品5	商品6	商品7	总计
3	第01周	18	24		45	31	15		133
4	第02周	26		33		34	42	11	146
5	第03周	18	72	43	8	16	55	41	253
6	第04周		2	29	13				44
7	第05周	8		24		54	35	10	131
8	第06周	14	56	17	11	65	28	50	241
9	第07周	28	38	41	40	27			174
10	第08周	66	10	44	35	26	90	19	290
11	第09周		16	41	58	45	26	35	221
12	第10周	19	19	26		19	60	23	166
13	第11周	34	20		20	24	73		171
14	第12周	29	56	97	24	13		26	245
15	第13周	18	10	42	53	23	7	23	176
16	第14周	23			30	24	22	29	128
17	第15周	14		27		25	7	23	96
18	第16周	34	6	17	18	54		25	154
19	第17周	74		28		17	60	13	192

Sheet2　Sheet1　⊕

图 9-31　每个商品在每周的销售统计报表

9.10 | 实用的日期计算公式

在全面介绍了常用的日期函数及其常见应用后，下面介绍处理日期数据时常见的几个问题及其计算公式。

9.10.1　确定某日期所在年份已经过去的天数和剩余天数

确定某日期所在年份已经过去的天数可以使用下面的公式（单元格 A1 保存某个日期）。

=A1-DATE(YEAR(A1),1,0)

而确定某日期所在年份剩余的天数可以使用下面的公式（单元格 A1 保存某个日期）。

=DATE(YEAR(A1),12,31)-A1

这两个公式实际上就是利用了 DATE 函数。

9.10.2 确定某个月有几个星期几

案例 9-11

要确定某个月有几个星期几，需要使用数组公式。

下面的数组公式就是确定某日期所在月份有几个星期几，其中单元格 B1 中是某个日期，单元格 B2 保存星期几的编号（1 表示星期一、2 表示星期二……以此类推）。计算公式如下，计算结果如图 9-32 所示。

	A	B	C
1	指定一个日期	2020-5-21	
2	指定一个星期的数字	6	
3			
4	本月星期6的个数:	5	
5			

图 9-32　确定某个月有几个星期几

```
=SUMPRODUCT((WEEKDAY(DATE(YEAR(B1),MONTH(B1),ROW(INDIRECT
("1:"&DAY(DATE(YEAR(B1),MONTH(B1)+1,0))))),2)=B2)*1)
```

9.10.3 确定某个日期在该年的第几季度

案例 9-12

考虑到一年有 4 个季度，每个季度又有 3 个月，那么就可以使用下面的公式确定某个日期在该年的第几季度（单元格 A2 保存某个日期），它返回一个数字（1 表示 1 季度，2 表示 2 季度，3 表示 3 季度，4 表示 4 季度）。

```
=ROUNDUP(MONTH(A2)/3,0)
```

如果想要把上述公式返回的数字显示为具体的季度名称（如一季度、二季度、三季度或四季度），可以将公式修改如下。

```
=TEXT(ROUNDUP(MONTH(A2)/3,0),"0 季度 "
```

以上公式计算结果如图 9-33 所示。

B2　=ROUNDUP(MONTH(A2)/3,0)

	A	B	C	D	E	F
1	日期	所属季度数字	所属季度文字			
2	2020-1-4	1	1季度			
3	2020-2-28	1	1季度			
4	2020-4-15	2	2季度			
5	2020-6-12	2	2季度			
6	2020-7-23	3	3季度			
7	2020-9-30	3	3季度			
8	2020-10-29	4	4季度			
9	2020-11-11	4	4季度			
10	2020-12-31	4	4季度			

图 9-33　确定某个日期在该年的第几季度

9.10.4　获取某个月的第一天日期

利用 EOMONTH 函数得出上个月的月底日期，再加 1 天，就是这个月的第一天日期，公式如下（单元格 A1 是指定日期）。

=EOMONTH(A1,-1)+1

也可以使用下面的公式，这个公式比较复杂。

=DATE(YEAR(A1),MONTH(A1),1)

9.10.5　获取某个月的最后一天日期

每个月最后一天的日期并不相同，有 28 日（或 29 日），有 30 日，也有 31 日。获取某个月最后一天的日期可以使用 EOMONTH 函数。下面的公式可以确定单元格 A1 中日期所在月份的最后一天日期。

=EOMONTH(A1,0)

9.10.6　获取某个月有多少天

利用 EOMONTH 函数计算出月份最后一天，再用 DAY 函数计算日数，就是该月最后一天的日期数字，这个数字就是该月的总天数，其公式如下。

=DAY(EOMONTH(A1,0))

9.11 ｜ 时间的计算

在日常生活中，时间计算不如日期计算那么频繁，但在有些情况下，需要对时间进行各种计算，例如，考勤数据处理、加班时间计算、零件加工时长计算等，因此需要了解时间计算函数及其基本应用。

9.11.1　常用的时间函数

在实际工作中，对时间的计算更多的是对人事考勤数据的处理。有几个常用的时间函数可供使用，具体如下。

1. NOW 函数

获取当前日期和时间。

例如，公式"=NOW()"可以得到计算当前的系统时间。

2. TIME 函数

将小时、分钟、秒三个数字组合成时间。

例如：

◎ 公式"=TIME(10,22,45)"的结果是 10:22:45。

◎ 公式"=TIME(10,88,45)"的结果是 11:28:45（因为 88 分钟已经超过了 60 分钟，因此会自动进位到小时）。

3. TIMEVALUE 函数

将文本型时间转换为数值型时间。

例如，公式"=TIMEVALUE("15:02:38")"的结果是 0.626828703703704，也就是真正的时间 15:02:38。

4. HOUR、MINUTE、SECOND 函数

将一个时间拆分成小时、分钟和秒。

下面的公式就是把时间 15:02:38 分别拆分为小时、分钟、秒。

```
=HOUR("15:02:38")，结果为 15
=MINUTE("15:02:38")，结果为 2
=SECOND("15:02:38")，结果为 38
```

9.11.2 时间计算案例 1：一般情况下的加班时间

如果在加班没有跨夜的情况下，那么时间计算就很简单，两个时间直接相减即可。但要注意的是，时间相减的结果仍是时间。如果想要得到一个加班小时数或者分钟数，就需要进行特殊处理。

案例 9-13

例如，某公司规定，加班时间按照下面的规则进行计算：不满半小时的不计，满半小时不满一小时的按半小时计，计算结果需要以小时为度量单位，如图 9-34 所示。加班时间的计算公式如下。

$$=HOUR(D2-C2)+(MINUTE(D2-C2)>=30)*0.5$$

	A	B	C	D	E	F	G
				fx	=HOUR(D2-C2)+(MINUTE(D2-C2)>=30)*0.5		
1	姓名	加班日期	加班开始时间	加班结束时间	加班小时		
2	A001	2020-5-20	19:23:48	22:34:39	3.0		
3	A002	2020-5-20	18:49:10	21:37:55	2.5		
4	A003	2020-5-20	21:41:28	23:48:48	2.0		
5	A004	2020-5-20	19:39:19	22:40:22	3.0		
6	A005	2020-5-20	18:54:21	22:59:11	4.0		
7							

图 9-34　计算加班小时数

9.11.3　时间计算案例 2：跨夜的加班时间

如果加班时间出现了跨夜的情况，此时需要使用 IF 函数进行判断处理。根据 Excel 处理时间的规则，如果时间超过了 24 点，就会重新从 0 点进行计时，而满 24 小时的时间就自动进位到 1 天了。

案例 9-14

例如，某公司规定，加班时间按照下面的规则进行计算：不满半小时的不计，满半小时不满一小时的按半小时计，计算结果需要以小时为度量单位，但此时需考虑加班跨夜情况。其公式如下。

$$=HOUR(D2-C2+(D2<C2))+(MINUTE(D2-C2+(D2<C2))>=30)*0.5$$

这里使用了条件表达式"(D2<C2)"判断加班结束时间是否跨夜，如果跨夜，就加 1 天（这个表达式成立的结果是 TRUE，即数字 1），计算结果如图 9-35 所示。

	A	B	C	D	E	F	G	H	I
					fx	=HOUR(D2-C2+(D2<C2))+(MINUTE(D2-C2+(D2<C2))>=30)*0.5			
1	姓名	加班日期	加班开始时间	加班结束时间	加班小时				
2	A001	2020-5-20	19:23:48	0:34:39	5.0				
3	A002	2020-5-20	20:49:10	1:37:55	4.5				
4	A003	2020-5-20	21:41:28	23:48:48	2.0				
5	A004	2020-5-20	22:39:19	2:40:22	4.0				
6	A005	2020-5-20	19:54:21	22:59:11	3.0				
7									

图 9-35　跨夜情况下计算加班小时数

第 10 章

计数统计与汇总

Excel

计数统计与汇总，就是在单元格区域内把满足指定条件的数据个数（也就是单元格个数）统计出来。例如，在人力资源数据处理中，统计各个部门的人数、每个年龄段的人数；销售分析中，统计订单数、客户数；财务数据处理中，统计发票数、凭证数等。本章介绍常用的计数函数及其实际应用。

10.1 简单计数

简单计数，包括统计指定单元格内数字单元格个数、非空单元格个数和空单元格个数。常用计数函数有：COUNT、COUNTA、COUNTBLANK。

10.1.1 COUNT 函数：统计数字单元格个数

COUNT 函数仅统计单元格区域内是数字的单元格个数，非数字单元格（包括文字、文本型数字、逻辑值、错误值）不包括在内。其用法如下。

=COUNT(单元格区域)

图 10-1 所示就是一个利用 COUNT 函数计算数字单元格个数的简单示例。

▲	A	B	C	D	E	F
1						
2		北京				
3		2008			B列的数字单元格个数	4
4		A03				
5		2017			公式：=COUNT(B2:B13)	
6		6000				
7		-2000				
8		0				
9		TRUE				
10		北京2008				
11						
12		10000				
13		#DIV/0!				
14						

图 10-1　统计数字单元格个数

10.1.2 COUNTA 函数：统计非空单元格个数

COUNTA 函数是统计单元格区域内不为空的单元格个数，没有数据的空单元格被排除在外。其用法如下。

=COUNTA(单元格区域)

例如，计算图 10-1 中的非空单元格个数，公式为"=COUNTA(B2:B13)"，结果是 11。

📢 注意：使用类似如下公式处理的"空单元格"时，如果使用 COUNTA 函数，会把这样的"空单元格"统计在内，因为这样的"空单元格"并不是真正的空单元格，而是一个零长度字符的单元格。

=IFERROR(VLOOKUP(B2,Sheet2!A:F,6,0),"")

那么该如何处理这样的情况呢？使用 SUMPRODUCT 函数即可。其公式如下。

=SUMPRODUCT((C2:C100<>"")*1)

10.1.3　COUNTBLANK 函数：统计空单元格个数

COUNTBLANK 函数是统计单元格区域内空单元格的个数。其用法如下。

=COUNTBLANK(单元格区域)

例如，计算图 10-1 中的空单元格个数，公式为 "=COUNTBLANK(B2:B13)"，结果是 1。这个函数会把前面介绍的公式处理的 "空单元格" 计算在内，请务必留意。

10.2 │ 单条件计数

单条件计数，就是统计单元格区域内满足指定某个条件的单元格个数。单条件计数可以使用 COUNTIF 函数。

10.2.1　COUNTIF 函数：基本原理与注意事项

COUNTIF 函数用于统计满足一个指定条件的单元格个数。

从函数名称上看，COUNT 是计数，IF 是一个条件，COUNT + IF = COUNTIF，所以这个函数的基本原理就是先 IF，再 COUNT，即先判断，再计数。

从本质上来说，COUNTIF 函数的基本原理就是先在某列里筛选满足条件的数据，然后再进行计数。函数用法如下。

=COUNTIF(统计区域 , 条件值)

在使用这个函数时，要牢记以下两点。

（1）第 1 个参数必须是工作表中真实存在的统计区域，不能是公式里的数组。因为 COUNTIF 函数的本质就是筛选和计数，如果工作表中没有这个区域，就无法进行筛选。

（2）第 2 个参数是条件值，可以是一个精确的匹配值，也可以是大于或小于某个值的条件，还可以是诸如开头是、结尾是、包含等模糊匹配。

10.2.2 基本应用：精确条件下的计数

案例 10-1

把 COUNTIF 函数的第 2 个参数设置为一个具体的、明确的数值，就是精确条件计数。

图 10-2 所示是从员工花名册中统计每个部门的人数。计数公式如下。

$$=COUNTIF(C:C,L2)$$

	A	B	C	D	E	F	G	H	I	J	K	L	M	N
1	工号	姓名	部门	性别	学历	出生日期	年龄	入职时间	司龄			部门	人数	
2	G0001	A0062	后勤部	男	本科	1962-12-15	57	1980-11-15	39			总经办	6	
3	G0002	A0081	生产部	男	本科	1957-1-9	63	1982-10-16	37			人力资源部	9	
4	G0003	A0002	总经办	男	硕士	1969-6-11	50	1986-1-8	34			财务部	8	
5	G0004	A0001	总经办	男	博士	1970-10-6	49	1986-4-8	34			技术部	10	
6	G0005	A0016	财务部	男	本科	1985-10-5	34	1988-4-28	32			生产部	7	
7	G0006	A0015	财务部	男	本科	1956-11-8	63	1991-10-18	28			销售部	11	
8	G0007	A0052	销售部	男	硕士	1980-8-25	39	1992-8-25	27			市场部	16	
9	G0008	A0018	财务部	女	本科	1973-2-9	47	1995-7-21	24			信息部	5	
10	G0009	A0076	市场部	男	大专	1979-6-22	40	1996-7-11	23			贸易部	5	
11	G0010	A0041	生产部	女	本科	1958-10-10	61	1996-7-19	23			质检部	6	
12	G0011	A0077	市场部	女	本科	1981-9-13	38	1996-9-1	23			后勤部	4	
13	G0012	A0073	市场部	男	本科	1968-3-11	52	1997-8-26	22			合计	87	
14	G0013	A0074	市场部	男	本科	1968-3-8	52	1997-10-28	22					
15	G0014	A0017	财务部	男	本科	1970-10-6	49	1999-12-27	20					

图 10-2　统计各个部门的人数

10.2.3 灵活应用 1：数值限制条件下的模糊匹配计数

可以在 COUNTIF 函数的第 2 个参数里使用逻辑运算符进行比较判断并统计，这就是数值限制条件下的模糊匹配计数。

例如，在案例 10-1 中，以 40 岁为界限，要求分别统计 40 岁以下和 40 岁（含）以上的人数。

统计 40 岁以下人数的公式如下。

$$=COUNTIF(G:G,"<40")$$

统计 40 岁（含）以上人数的公式如下。

$$=COUNTIF(G:G,">=40")$$

案例 10-2

图 10-3 所示是一个销售记录表，要求分别统计出毛利在 10 万元（含）以上的店铺数和 10

万元以下的店铺数。

K3 =COUNTIF(H:H,">=100000")

	A	B	C	D	E	F	G	H	I	J	K
1	地区	城市	性质	店名	本月指标	实际销售金额	销售成本	毛利		统计分析	
2	东北	大连	自营	AAAA-001	150000	57062	20972	36090			
3	东北	大连	加盟	AAAA-002	280000	130193	46208	83984		毛利在10万元（含）以上的店铺数	14
4	东北	大连	自营	AAAA-003	190000	86772	31356	55416		毛利在10万元以下的店铺数	184
5	东北	沈阳	自营	AAAA-004	90000	103890	39519	64371			
6	东北	沈阳	加盟	AAAA-005	270000	107766	38358	69408			
7	东北	沈阳	加盟	AAAA-006	180000	57502	20867	36635			
8	东北	沈阳	自营	AAAA-007	280000	116300	40945	75355			
9	东北	沈阳	自营	AAAA-008	220000	80036	28736	51300			
10	东北	沈阳	自营	AAAA-009	120000	73687	23880	49807			
11	东北	哈尔滨	自营	AAAA-010	500000	485874	39592	446282			
12	华北	北京	自营	AAAA-011	2200000	1689284	663000	1026284			
13	华北	北京	加盟	AAAA-012	260000	57256	19604	37651			
14	华北	天津	加盟	AAAA-013	320000	51086	17406	33679			
15	华北	北京	自营	AAAA-014	200000	59378	21061	38317			

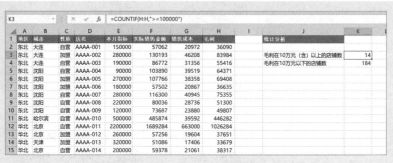

图 10-3 销售月报

统计毛利在 10 万元（含）以上的店铺数公式如下。

```
=COUNTIF(H:H,">=100000")
```

统计毛利在 10 万元以下的店铺数公式如下。

```
=COUNTIF(H:H,"<100000")
```

当条件值不是一个固定的限值而是一个变动的数值时，就需要把逻辑运算符和这个数值用连字符（&）连接成一个条件。

案例 10-3

图 10-4 所示是一个流水清单，现在要把最近 7 天的订单数统计出来（一行记录就是一个订单）。其公式如下。

G2 =COUNTIF(A:A,">="&TODAY()-6)

	A	B	C	D	E	F	G	H
1	日期	客户	购买数量	金额				
2	2020-5-7	A003	16	1600		最近7天的订单数	9	
3	2020-5-8	A001	17	1700				
4	2020-5-9	A002	6	600				
5	2020-5-10	A003	13	1300		指定日期	2017-10-4	
6	2020-5-11	A002	17	1700		该日期以前的订单数	0	
7	2020-5-12	A003	18	1800		该日期以后的订单数	17	
8	2020-5-13	A001	5	500				
9	2020-5-14	A003	19	1900				
10	2020-5-15	A004	1	100				
11	2020-5-16	A005	9	900				
12	2020-5-17	A002	10	1000				
13	2020-5-17	A002	12	1200				
14	2020-5-18	A003	4	400				
15	2020-5-18	a005	25	2500				
16	2020-5-19	A002	15	1500				
17	2020-5-20	A003	16	1600				
18	2020-5-21	A001	2	200				

图 10-4 统计指定日期的订单数

$$=COUNTIF(A:A,">="\&TODAY()-6)$$

指定日期以前的订单数公式如下。

$$=COUNTIF(A:A,"<"\&G5)$$

指定日期以后（含该日期）的订单数公式如下。

$$=COUNTIF(A:A,">="\&G5)$$

注意：小于号（<）是文本，要用双引号括起来；G5 是单元格引用，是引用的一个变量值，因此上述条件值的连接方式是 "<"&G5。

此时不能使用 "<G5"，因为 <G5 是一个文本，而不是一个条件比较。

案例 10-4

统计指定日期以后新入职的人数，如图 10-5 所示。计算公式如下。

$$=COUNTIF(D:D,">="\&H2)$$

	A	B	C	D	E	F	G	H	I
							H4 =COUNTIF(D:D,">="&H2)		
1	工号	姓名	部门	入职日期					
2	G001	A001	信息中心	2009-4-15			统计日期	2020-1-1	
3	G002	A002	研发部	2007-7-21					
4	G003	A003	财务部	2008-4-8			2020年1月1日以后新入职的人数	13	
5	G004	A004	研发部	2015-6-13					
6	G005	A005	生产部	2012-10-6					
7	G006	A006	信息中心	2020-11-27					
8	G007	A007	人力资源部	2019-4-8					
9	G008	A008	信息中心	2019-4-25					
10	G009	A009	研发部	2015-1-12					
11	G010	A010	财务部	2006-10-20					
12	G011	A011	研发部	2019-12-21					
13	G012	A012	财务部	2007-12-19					
14	G013	A013	研发部	2007-10-23					

图 10-5　统计指定日期以后新入职的人数

10.2.4　灵活应用 2：包含关键词条件的模糊匹配计数

筛选文本数据时，以下几个筛选条件非常有用。

◎ 开头是

◎ 结尾是

◎ 包含

◎ 不包含

这样的条件同样可以用于 COUNTIF 函数的条件里，被称为关键词匹配，需要使用通配符（*）。
假若要匹配关键词"北京"，几个常见组合如表 10-1 所示。

表 10-1　通配符的关键词匹配

条　件	条件值表达
以"北京"开头	北京 *
不以"北京"开头	<> 北京 *
以"北京"结尾	* 北京
不以"北京"结尾	<>* 北京
包含"北京"	* 北京 *
不包含"北京"	<>* 北京 *

案例 10-5

使用关键词模糊匹配计数，统计每个类别产品的订单数，如图 10-6 所示。

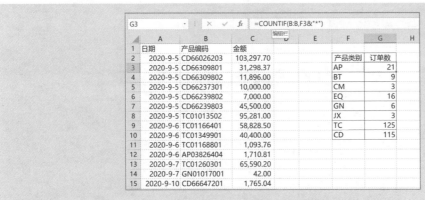

图 10-6　统计每个类别产品的订单数

单元格 G3 公式如下。

```
=COUNTIF(B:B,F3&"*")
```

在图 10-6 中，如果要计算除 TC 产品类别外的所有产品订单，有时会使用下面的公式。该公式此时使用了两个函数，先计算所有的订单数，再减去 TC 的订单数。

$$=COUNTA(B2:B299)-COUNTIF(B2:B299,"TC*")$$

其实，如果使用通配符（*），只需使用一个 COUNTIF 函数。

$$=COUNTIF(B2:B299,"<> TC*")$$

注意：这里不能选择整列，只能选择真正的数据区域，否则会把下面没有数据的所有空单元格也算在内，因为这些单元格符合不以 TC 开头的条件。

10.2.5　灵活应用 3：指定字符长度的模糊匹配计数

通配符有两个：一个是星号（*），用于匹配任意字符；另一个是问号（?），用于匹配指定个数的字符。

在某些情况下，需要根据字符个数来计算，而不必去理会字符具体是什么，此时可以使用问号作为匹配条件。

如图 10-7 所示，要统计 4 位编码的个数。其公式如下。

$$=COUNTIF(A:A,"????")$$

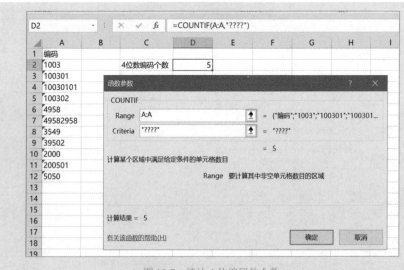

图 10-7　统计 4 位编码的个数

10.3 多条件计数

当统计单元格区域内同时满足多个条件的单元格个数时，就是多条件计数问题。多条件计数可以使用 COUNTIFS 函数。

10.3.1 COUNTIFS 函数：基本原理与注意事项

COUNTIFS 函数用于统计满足多个指定条件的单元格个数。从函数名称上看，COUNT 是计数，IFS 是多个条件，COUNT + IFS = COUNTIFS，所以这个函数的基本原理就是先 IFS，再 COUNT，即先判断是否同时满足指定的几个条件（"与"条件），再进行计数。

COUNTIFS 函数的本质是多条件筛选下的计数，就是先在某列里筛选"与"条件，或者在几列里筛选数据，只有这些条件同时满足，然后才进行计数。

COUNTIFS 函数的用法如下。

=COUNTIFS(统计区域 1, 条件值 1, 统计区域 2, 条件值 2, 统计区域 3, 条件值 3,...)

在使用这个函数时，同样也要牢记以下几点。

（1）所有的统计区域是必须真实存在的单元格区域，不能是手动设计的数组。

（2）所有的条件值既可以是一个精确的具体值，也可以是大于或小于某个值的条件，或者是诸如开头是、结尾是、包含等模糊匹配。

（3）所有的条件都必须是"与"条件，也就是说，所有的条件必须都满足。

10.3.2 灵活应用 1：精确条件下的计数

案例 10-6

以案例 10-1 的数据为例，统计每个部门、每种学历的人数，这就是精确条件下的计数。效果如图 10-8 所示。单元格 M2 的公式如下。

=COUNTIFS($C:$C,$L2,$E:E,M1)

为了验证计算结果，最右边和最下面的合计数公式不使用 SUM 函数求和，而是直接使用 COUNTIF 函数计算。

单元格 S2 公式如下。

$$=COUNTIF(C:C,L2)$$

单元格 M13 公式如下。

$$=COUNTIF(\$E:\$E,M1)$$

M2 | =COUNTIFS($C:$C,$L2,$E:E,M1)

	A	B	C	D	E	F	G	H	I	J	K	L	M	N	O	P	Q	R	S
1	工号	姓名	部门	性别	学历	出生日期	年龄	入职时间	司龄			部门	博士	硕士	本科	大专	高中	中专	合计
2	G0001	A0062	后勤部	男	本科	1962-12-15	57	1980-11-15	39			总经办	1	1	4				6
3	G0002	A0081	生产部	男	本科	1957-1-9	63	1982-10-16	37			人力资源部		1	7	1			9
4	G0003	A0002	总经办	男	硕士	1969-6-11	50	1986-1-8	34			财务部		3	5				8
5	G0004	A0001	总经办	男	博士	1970-10-6	49	1986-4-8	34			技术部		5	5				10
6	G0005	A0016	财务部	男	本科	1985-10-5	34	1988-4-28	32			生产部	1	1	5				7
7	G0006	A0015	财务部	男	本科	1956-11-8	63	1991-10-18	28			销售部		3	6			2	11
8	G0007	A0052	销售部	男	硕士	1980-8-25	39	1992-8-25	27			市场部			9	3	4		16
9	G0008	A0018	财务部	女	本科	1973-2-9	47	1995-7-21	24			信息部		2	3				5
10	G0009	A0076	市场部	男	大专	1979-6-22	40	1996-7-1	23			贸易部		2	3				5
11	G0010	A0041	生产部	女	本科	1958-10-10	61	1996-7-19	23			质检部		3	3				6
12	G0011	A0077	市场部	女	本科	1981-9-13	38	1996-9-1	23			后勤部		2	1	1			4
13	G0012	A0073	市场部	男	本科	1968-3-11	52	1997-8-26	22			合计	2	21	52	5	5	2	87
14	G0013	A0074	市场部	男	本科	1968-3-8	52	1997-10-28	22										
15	G0014	A0017	财务部	男	本科	1970-10-6	49	1999-12-27	20										
16	G0015	A0057	信息部	男	硕士	1966-7-16	53	1999-12-28	19										
17	G0016	A0065	市场部	男	本科	1975-4-17	45	2000-7-1	19										

图 10-8　统计每个部门、每种学历的人数

10.3.3　灵活应用 2：数值限制条件下的模糊匹配计数

案例 10-7

以案例 10-1 的数据为例，统计每个部门、每个年龄段的人数，这就是数值限制条件下的模糊匹配计数。如图 10-9 所示。

M2 | =COUNTIFS($C:$C,$L2,$G:$G,"<=30")

	A	B	C	D	E	F	G	H	I	J	K	L	M	N	O	P	Q	R	S
1	工号	姓名	部门	性别	学历	出生日期	年龄	入职时间	司龄			部门	30岁以下	31~40岁	41~50岁	51~60岁	60岁以上	合计	
2	G0001	A0062	后勤部	男	本科	1962-12-15	57	1980-11-15	39			总经办		3	3			6	
3	G0002	A0081	生产部	男	本科	1957-1-9	63	1982-10-16	37			人力资源部		6	2	1		9	
4	G0003	A0002	总经办	男	硕士	1969-6-11	50	1986-1-8	34			财务部		3	4		1	8	
5	G0004	A0001	总经办	男	博士	1970-10-6	49	1986-4-8	34			技术部	1	5	4			10	
6	G0005	A0016	财务部	男	本科	1985-10-5	34	1988-4-28	32			生产部		5			2	7	
7	G0006	A0015	财务部	男	本科	1956-11-8	63	1991-10-18	28			销售部		7	3		1	11	
8	G0007	A0052	销售部	男	硕士	1980-8-25	39	1992-8-25	27			市场部		9	2	5		16	
9	G0008	A0018	财务部	女	本科	1973-2-9	47	1995-7-21	24			信息部		3	1			5	
10	G0009	A0076	市场部	男	大专	1979-6-22	40	1996-7-1	23			贸易部	1	2	2			5	
11	G0010	A0041	生产部	女	本科	1958-10-10	61	1996-7-19	23			质检部		5	1			6	
12	G0011	A0077	市场部	女	本科	1981-9-13	38	1996-9-1	23			后勤部		2	1	1		4	
13	G0012	A0073	市场部	男	本科	1968-3-11	52	1997-8-26	22			合计	2	48	25	8	4	87	
14	G0013	A0074	市场部	男	本科	1968-3-8	52	1997-10-28	22										
15	G0014	A0017	财务部	男	本科	1970-10-6	49	1999-12-27	20										

图 10-9　统计每个部门、每个年龄段的人数

单元格 M2 公式如下。

```
=COUNTIFS($C:$C,$L2,$G:$G,"<=30")
```

单元格 N2 公式如下。

```
=COUNTIFS($C:$C,$L2,$G:$G,">=31",$G:$G,"<=40")
```

单元格 O2 公式如下。

```
=COUNTIFS($C:$C,$L2,$G:$G,">=41",$G:$G,"<=50")
```

单元格 P2 公式如下。

```
=COUNTIFS($C:$C,$L2,$G:$G,">=51",$G:$G,"<=60")
```

单元格 Q2 公式如下。

```
=COUNTIFS($C:$C,$L2,$G:$G,">60")
```

右侧和底部的合计数，同样也可以使用 COUNTIF 和 COUNTIFS 函数直接解决。

10.3.4 灵活应用 3：包含关键词条件下的模糊匹配计数

与 COUNTIF 函数一样，COUNTIFS 函数的各个条件值也可以使用通配符（*）做关键词。

案例 10-8

图 10-10 所示是统计每个客户、每个产品（编码前面的英文字母是产品大类）的订单数，单元格 H4 公式如下。

```
=COUNTIFS($B:$B,$G4,$C:$C,H$3&"*")
```

在这个公式中，客户是精确条件，产品大类是关键词的模糊条件。

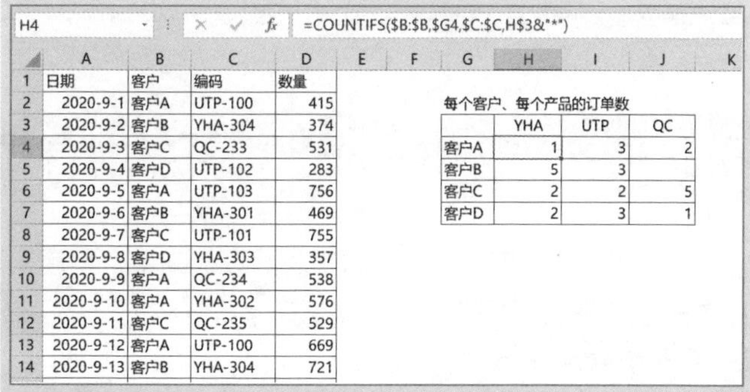
H4 =COUNTIFS($B:$B,$G4,$C:C,H3&"*")

	A	B	C	D	E	F	G	H	I	J
1	日期	客户	编码	数量						
2	2020-9-1	客户A	UTP-100	415			每个客户、每个产品的订单数			
3	2020-9-2	客户B	YHA-304	374				YHA	UTP	QC
4	2020-9-3	客户C	QC-233	531			客户A	1	3	2
5	2020-9-4	客户D	UTP-102	283			客户B	5	3	
6	2020-9-5	客户A	UTP-103	756			客户C	2	2	5
7	2020-9-6	客户B	YHA-301	469			客户D	2	3	1
8	2020-9-7	客户C	UTP-101	755						
9	2020-9-8	客户D	YHA-303	357						
10	2020-9-9	客户A	QC-234	538						
11	2020-9-10	客户A	YHA-302	576						
12	2020-9-11	客户C	QC-235	529						
13	2020-9-12	客户A	UTP-100	669						
14	2020-9-13	客户B	YHA-304	721						

图 10-10 统计每个客户、每个产品的订单数

10.3.5　灵活应用 4：指定字符长度的模糊匹配计数

通配符（?）同样也可以用于 COUNTIFS 函数以进行字符位数的匹配计数。统计编码是 4 位、名称为 A005 的个数，效果如图 10-11 所示。F2 公式如下。

=COUNTIFS(A:A,"????",B:B,"A005")

图 10-11　统计编码是 4 位、名称为 A005 的个数

10.4 | 条件计数的注意事项

尽管 COUNTIF 和 COUNTIFS 函数很简单，用起来也很方便，但也需要了解和记住几个非常重要的注意事项。

10.4.1　统计区域必须是工作表中的实际区域，不能是数组

不论是 COUNTIF 函数，还是 COUNTIFS 函数，统计的对象必须是工作表中实际存在的区域，不能是数组。

例如，对于如图 10-12 所示的数据，要求计算出每个月的订单数，是不能使用下面的公式计算的。

=COUNTIF(text($A$2:$A$17,"m 月 "),F3)

图 10-12　计算每个月的订单数

如果使用上面的公式计算，具体设置如图 10-13 所示。那么单击"确定"按钮后，就会弹出警告框，提示公式错误，如图 10-14 所示。

图 10-13　在 COUNTIF 函数中使用数组

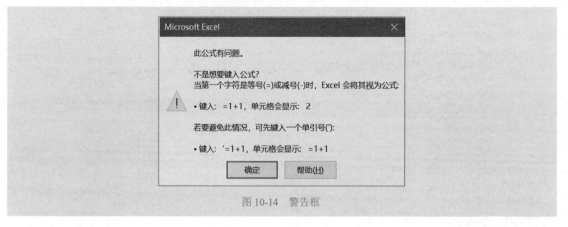

图 10-14　警告框

要解决这样的计数问题，可以设计辅助列，先把月份提取出来，再使用 COUNTIF 函数进行计数，或者直接使用 SUMPRODUCT 函数进行统计处理。

10.4.2　以其他工作簿数据进行计数时，需要把源工作簿打开才能更新

当汇总表和源数据表不在同一个工作簿时，也可以正常使用 COUNTIF 和 COUNTIFS 函数进行计数汇总。

不过，如果源工作簿数据发生了变化，且源工作簿处于关闭状态时，汇总表是无法更新链接的。此时更新的话，公式的结果是错误值 #VALUE!。

因此，如果要更新计算结果，则必须打开源工作簿，让公式更新计算，然后再关闭工作簿。这是因为 COUNTIF 和 COUNTIFS 是筛选函数，如果不打开源工作簿则无法进行筛选。

10.4.3　文本型数字可以直接使用

不管是文本型数字，还是数值型数字，都可以直接用于筛选，不会影响筛选结果。COUNTIF 和 COUNTIFS 函数会自动对数字格式进行转换，从而得到正确的结果。

例如，如图 10-15 所示工作表的 A 列数据是文本型数字，单元格 E2 是数值型数字，下面的公式结果是正确的。

```
=COUNTIF(A2:A10,E2)
```

反过来，如果统计区域是数值型数字，条件值是文本型数字，结果也是正确的，如图 10-16 所示。

E3			×	✓	fx	=COUNTIF(A2:A10,E2)

	A	B	C	D	E	F
1	编码	数据				
2	1039	6		编码	1040	
3	2040	25		个数	3	
4	1040	37				
5	1040	21				
6	3099	15				
7	5000	9				
8	3099	13				
9	1039	35				
10	1040	48				
11						

图 10-15　COUNTIF 函数使用示例 1

E3			×	✓	fx	=COUNTIF(A2:A10,E2)

	A	B	C	D	E	F
1	编码	数据				
2	1039	6		编码	1040	
3	2040	25		个数	3	
4	1040	37				
5	1040	21				
6	3099	15				
7	5000	9				
8	3099	13				
9	1039	35				
10	1040	48				
11						

图 10-16　COUNTIF 函数使用示例 2

10.4.4　超过 15 位数字编码的计数，必须使用通配符予以文本化

有一个例外，如果数字编码长度超过 15 位，使用 COUNTIF 和 COUNTIFS 函数就不能得到正确结果。这是因为 Excel 只能处理 15 位以内的数字。

在如图 10-17 所示的工作表中，使用以下公式得到的 4 个编码的统计结果都是 8，这是为什么？因为这 4 个编码的前 15 位相同，Excel 就不会对后面的数字进行处理，因此这些编码被当成相同的了。

=COUNTIF($A$2:$A$9, D2)

E2			×	✓	fx	=COUNTIF($A$2:$A$9,D2)

	A	B	C	D	E	F
1	编码			编码	个数	
2	100111000288889001			100111000288889001	8	
3	100111000288889002			100111000288889002	8	
4	100111000288889002			100111000288889003	8	
5	100111000288889002			100111000288889004	8	
6	100111000288889001					
7	100111000288889003					
8	100111000288889003					
9	100111000288889004					
10						

图 10-17　超过 15 位的数字编码不能直接用 COUNTIF 函数计数

要解决这样的问题，可以在条件值前面使用通配符（*）将条件值予以文本化。其公式如下。结果如图 10-18 所示。

=COUNTIF($A$2:$A$9,"*"&D2)

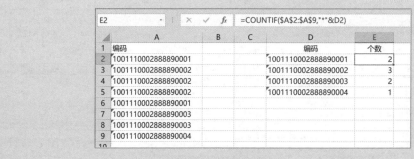

图 10-18 使用通配符处理超过 15 位的文本型数字条件

对于这种长编码，可以直接做比较运算以进行区分。例如，下面公式的结果是 FALSE。

=A2=A3

也可以直接使用 VLOOKUP 函数等进行匹配查找。其公式如下。结果如图 10-19 所示。

=VLOOKUP(E3,A2:B9,2,0)

	A	B	C	D	E	F	
1	编码	数据					
2	'1001110002888890001	3			编码	数据	
3	'1001110002888890002	87			'1001110002888890004	100	
4	'1001110002888890002	3244					
5	'1001110002888890002	989					
6	'1001110002888890001	2133					
7	'1001110002888890003	77					
8	'1001110002888890003	99					
9	'1001110002888890004	100					
10							

图 10-19 使用 VLOOKUP 函数

对于函数 COUNTIF 和 COUNTIFS，以及第 11 章要介绍的 SUMIF、SUMIFS、AVERAGEIF、AVERAGEIFS、MAXS、MINS 等函数而言，如果使用超过 15 位的数字编码，都需要使用通配符（*）处理条件值。

10.4.5 使用 SUM 和 COUNTIF 函数对"或"条件计数

COUNTIFS 函数只能进行"与"条件下的计数，即所有条件必须同时满足才可以进行计算。那么要计算"或"条件下的计数，应该怎么办？此时，可以联合使用 SUM 和 COUNTIF 函数。

基本思路：条件值参数也可以使用数组。

在如图 10-20 所示的工作表中，要分别统计本科（含）以上学历和本科以下学历的人数。

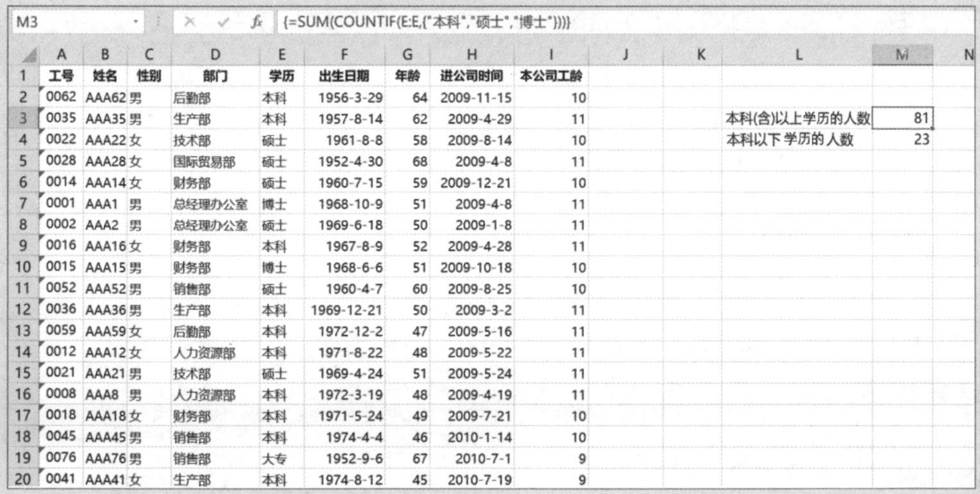

M3 {=SUM(COUNTIF(E:E,{"本科","硕士","博士"}))}

	A	B	C	D	E	F	G	H	I	J	K	L	M	N
1	工号	姓名	性别	部门	学历	出生日期	年龄	进公司时间	本公司工龄					
2	0062	AAA62	男	后勤部	本科	1956-3-29	64	2009-11-15	10					
3	0035	AAA35	男	生产部	本科	1957-8-14	62	2009-4-29	11			本科(含)以上学历的人数	81	
4	0022	AAA22	女	技术部	硕士	1961-8-8	58	2009-8-14	10			本科以下 学历的人数	23	
5	0028	AAA28	女	国际贸易部	硕士	1952-4-30	68	2009-4-8	11					
6	0014	AAA14	女	财务部	硕士	1960-7-15	59	2009-12-21	10					
7	0001	AAA1	男	总经理办公室	博士	1968-10-9	51	2009-4-8	11					
8	0002	AAA2	男	总经理办公室	硕士	1969-6-18	50	2009-1-8	11					
9	0016	AAA16	女	财务部	本科	1967-8-9	52	2009-4-28	11					
10	0015	AAA15	男	财务部	博士	1968-6-6	51	2009-10-18	10					
11	0052	AAA52	男	销售部	硕士	1960-4-7	60	2009-8-25	10					
12	0036	AAA36	男	生产部	本科	1969-12-21	50	2009-3-2	11					
13	0059	AAA59	女	后勤部	本科	1972-12-2	47	2009-5-16	11					
14	0012	AAA12	女	人力资源部	本科	1971-8-22	48	2009-5-22	11					
15	0021	AAA21	男	技术部	硕士	1969-4-24	51	2009-5-24	11					
16	0008	AAA8	男	人力资源部	本科	1972-3-19	48	2009-4-19	11					
17	0018	AAA18	女	财务部	本科	1971-5-24	49	2009-7-21	10					
18	0045	AAA45	男	销售部	本科	1974-4-4	46	2010-1-14	10					
19	0076	AAA76	男	销售部	大专	1952-9-6	67	2010-7-1	9					
20	0041	AAA41	女	生产部	本科	1974-8-12	45	2010-7-19	9					

图 10-20　统计本科（含）以上学历和本科以下学历的人数

统计本科（含）以上学历的人数公式如下。

```
=SUM(COUNTIF(E:E,{" 本科 "," 硕士 "," 博士 "}))
```

统计本科以下学历的人数公式如下。

```
=SUM(COUNTIF(E:E,{" 大专 "," 中专 "," 专科 "," 高中 "}))
```

第一个公式里的 COUNTIF(E:E,{" 本科 "," 硕士 "," 博士 "}) 得到的结果分别是本科、硕士和博士的人数，即得到一个由 3 个数组成的数组。

```
{57,21,3}
```

再用 SUM 函数把这 3 个数相加，就是本科以上学历的人数。

同样，第二个公式里的 COUNTIF(E:E,{" 大专 "," 中专 "," 高中 "}) 得到的结果分别是大专、中专、高中的人数，即得到一个由 3 个数组成的数组。

```
{9,4,9}
```

同样，再用 SUM 函数把这 3 个数相加，就是本科以下学历的人数。

求和统计与汇总

Excel

　　求和，就是在单元格区域内，把满足指定条件的数据进行加总求和。求和计算几乎遍布所有的数据处理和分析过程中。求和函数也是使用频率较高的函数之一。

根据指定的条件，求和函数可以分为以下几种。

◎ 无条件求和：SUM 函数。

◎ 单条件求和：SUMIF 函数。

◎ 多条件求和：SUMIFS 函数。

◎ 计算乘积的和：SUMPRODUCT 函数（第 12 章讲解）。

◎ 用于筛选或智能表格求和：SUBTOTAL 函数。

这些函数用起来并不难，但是需要去了解它们的应用规则和应用场合，掌握它们的各种变形应用，并熟练运用它们来解决实际问题。

11.1 无条件求和

对于 SUM 函数来说，可以直接使用求和公式"=SUM(A1:A5)"。但是，也有类似这样的公式："=SUM(A1+A2+A3+A4+A5+A6+A7+A8)"，即先将单元格相加，再用 SUM 函数求和。有多此一举之嫌，并不推荐使用。

11.1.1 SUM 函数：基本应用与注意事项

尽管 SUM 函数很简单，但也有几个需要注意的问题。

（1）不能对含有错误值的单元格区域求和。

（2）忽略所有的文本型数据，只对数值型数字进行求和。很多从软件导出的数据表中，数字可能是文本型数字，如果使用 SUM 函数进行求和，必须先将文本型数字转换为数值型数字。

（3）当引用单元格区域时，单元格里的逻辑值 TRUE 和 FALSE 也被忽略。只有当逻辑值单独作为参数输入时，SUM 函数才认"真假"。例如，公式"=SUM(10,TRUE)"的结果是 11。

11.1.2 Alt+=（等于号）：快速输入求和公式

在对一列或一行用 SUM 函数进行求和时，如果需要在一个区域的右边和下边快速地添加合计数时，最常用也最简单的方法是单击功能区的"自动求和"按钮，也可以使用组合键 Alt+=（等于号）。

11.1.3 应用案例 1：对大量结构相同的工作表求和

当要对大量结构完全相同的工作表进行求和时，并且只希望得到这些工作表数据的合计数时，使用 SUM 函数最简单。

案例 11-1

图 11-1 所示是保存在同一个工作簿中的 12 个工作表，它们保存全年 12 个月的预算汇总数据，每个工作表的结构完全相同，即每个工作表的行数相同，列数也相同，而且它们的行、列顺序一模一样。现在要制作一个汇总表，把这 12 个工作表的数据加总在一起，结果如图 11-2 所示。

	A	B	C	D	E
1	科室	可控费用		不可控费用	
2		预算	实际	预算	实际
3	总务科	790,852.00	651,721.00	1,479,239.00	1,918,213.00
4	采购科	706,021.00	1,776,110.00	525,564.00	1,549,109.00
5	人事科	1,803,582.00	1,540,738.00	1,347,005.00	1,431,313.00
6	生管科	1,318,769.00	1,473,344.00	1,575,128.00	510,395.00
7	冲压科	1,663,718.00	1,102,016.00	1,231,771.00	1,486,473.00
8	焊接科	1,618,499.00	415,195.00	432,493.00	373,093.00
9	组装科	362,147.00	713,038.00	1,915,379.00	1,418,755.00
10	品质科	1,238,816.00	595,696.00	1,349,482.00	1,236,991.00
11	设管科	802,437.00	678,255.00	1,461,578.00	864,869.00
12	技术科	817,562.00	1,557,466.00	1,433,576.00	442,212.00
13	营业科	1,256,414.00	1,259,811.00	1,656,712.00	1,605,013.00
14	财务科	1,952,031.00	951,830.00	802,607.00	1,424,158.00
15	合计	14,330,848.00	12,715,220.00	15,210,534.00	14,260,594.00

图 11-1 12 个月的预算数据

	A	B	C	D	E
1	科室	可控费用		不可控费用	
2		预算	实际	预算	实际
3	总务科	15,629,118.00	13,403,535.00	12,155,315.00	13,258,441.00
4	采购科	15,759,131.00	16,485,037.00	12,699,015.00	14,108,215.00
5	人事科	15,881,113.00	13,340,918.00	12,743,116.00	12,344,260.00
6	生管科	13,798,138.00	14,085,184.00	14,694,123.00	13,059,492.00
7	冲压科	14,666,811.00	16,738,493.00	15,250,877.00	14,668,570.00
8	焊接科	18,222,839.00	12,695,326.00	14,149,069.00	10,602,779.00
9	组装科	13,077,505.00	12,319,090.00	14,519,982.00	15,107,042.00
10	品质科	15,643,542.00	13,077,754.00	15,349,121.00	16,238,324.00
11	设管科	17,122,577.00	13,192,928.00	12,293,865.00	15,704,406.00
12	技术科	10,641,972.00	14,396,514.00	14,196,089.00	10,853,598.00
13	营业科	14,075,528.00	15,705,309.00	15,361,156.00	14,891,348.00
14	财务科	14,546,531.00	13,568,645.00	13,534,992.00	16,768,406.00
15	合计	179,064,805.00	169,008,733.00	166,946,720.00	167,604,881.00

图 11-2 汇总计算结果

步骤 1：把需要加总的工作表全部移动到同一个工作簿中，工作表的顺序无关紧要，但在这些工作表之间不能有其他工作表。

步骤 2：插入一个工作表作为汇总表，并设计其结构。由于要加总的每个工作表的结构完全相同，最简便的办法就是把某个工作表复制一份，然后删除表格数据，如图 11-3 所示。

	A	B	C	D	E
1	科室	可控费用		不可控费用	
2		预算	实际	预算	实际
3	总务科				
4	采购科				
5	人事科				
6	生管科				
7	冲压科				
8	焊接科				
9	组装科				
10	品质科				
11	设管科				
12	技术科				
13	营业科				
14	财务科				
15	合计				

图 11-3 汇总表的结构

步骤 3：单击汇总表单元格 B3，插入 SUM 函数，然后单击要加总的第一个工作表标签，按住 Shift 键不放，再单击要加总的最后一个工作表标签，最后单击要加总的单元格 B3，即得到加总公式如下。

=SUM('1 月 :12 月 '!B3)

步骤 4：按 Enter 键，完成公式的输入。

步骤 5：将单元格 B3 的公式进行复制，即可得到汇总报表。

11.1.4 应用案例 2：对除当前工作表外的其他大量工作表求和

如果当前工作簿中有数十个甚至上百个结构相同的工作表，现在希望对除当前工作表外的其他所有工作表求和，可以使用通配符来解决。

在如图 11-4 所示的当前工作表中输入下面的公式。

=sum('*'!A1)

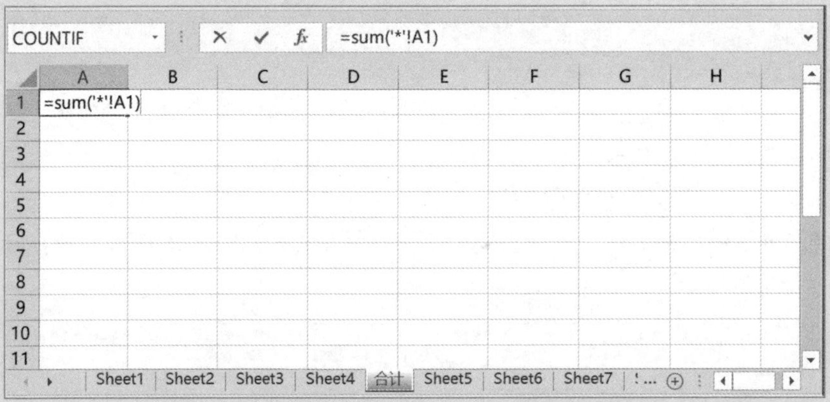

图 11-4 在当前工作表中输入公式

按 Enter 下键后，公式转换为如下形式。

=SUM(Sheet1:Sheet4!A1,Sheet5:Sheet21!A1)

结果如图 11-5 所示。

从以上公式可以看出，"'*'!"代表了除当前工作表外的其他所有工作表。利用这种输入方法，可以快速对几十个甚至上百个工作表进行求和。

图 11-5　公式自动转换

11.2 单条件求和

在实际工作中，经常会遇到这样的问题：如何对间隔 3 列或 5 行的数据进行求和？如何对工作表的所有小计进行相加？一个一个单元格相加不但烦琐，而且容易出错。

其实，这样的问题使用 SUMIF 函数就可以解决。

11.2.1 SUMIF 函数：基本原理与注意事项

SUM 函数是无条件求和，再加上一个限制条件 IF，即只对符合条件的数据求和，忽略不符合条件的数据，这就是 SUMIF 函数的意义。

SUM + IF = SUMIF

SUMIF 函数的本质也是筛选求和，即先进行条件筛选，再进行求和。SUMIF 函数既可以在当前列求和（如筛选条件是数字区域，求和也是这个数字区域），也可以在另外一列求和。

SUMIF 函数的用法如下。

=SUMIF(判断区域 , 条件值 , 求和区域)

与 COUNTIF 函数相比，SUMIF 函数多了"求和区域"这个参数。

在使用 SUMIF 函数时，要注意以下几点。

（1）判断区域与求和区域必须是工作表中真实存在的单元格区域，而不能是公式里得到的数组。

（2）判断区域与求和区域必须一致。也就是说，如果判断区域选择了整列，求和区域也要选择整列；如果判断区域选择了单元格区域 B2:B100，则求和区域（假如在 D 列）也必须选择单元格区域 D2:D100，不能一个多一个少，不然就会出现错误结果。

（3）条件值可以是一个具体的精确值，也可以是大于或小于某个值的条件，还可以是诸如开头是、结尾是、包含、不包含等模糊匹配。

（4）如果判断区域与求和区域是同一个区域，则可以省略第 3 个参数"求和区域"。

11.2.2　基本应用：精确条件下求和

当 SUMIF 函数的第 2 个参数是一个精确的条件值时，就是精确条件下的求和。

案例 11-2

图 11-6 所示是一个销售数据清单，现在要求计算各个月的总销售额、销售成本和毛利。

	A	B	C	D	E	F	G	H	I	J	K	L	M	N
								=SUMIF($A:$A,$K2,F:F)						
1	月份	客户名称	业务员	产品名称	销售量	销售额	销售成本	毛利			月份	销售额	销售成本	毛利
2	1月	客户02	吴小莉	产品13	516	24,872.97	19,400.92	5,472.05			1月	1,336,391.80	1,026,350.54	310,041.26
3	1月	客户09	梁红梅	产品22	177	4,973.86	2,586.41	2,387.45			2月	6,912,613.69	5,375,129.09	1,537,484.60
4	1月	客户11	马新华	产品06	167	6,821.82	3,649.67	3,172.15			3月	6,010,632.41	4,378,034.74	1,632,597.67
5	1月	客户25	钱诚真	产品25	741	21,875.39	16,734.67	5,140.72			4月	2,884,304.43	2,046,981.71	837,322.72
6	1月	客户20	钱诚真	产品04	1464	75,704.09	49,745.99	25,958.10			5月	5,767,539.05	4,082,022.27	1,685,516.78
7	1月	客户20	李玉萌	产品07	884	45,902.27	25,475.76	20,426.51			6月	4,002,101.32	2,980,716.68	1,021,384.64
8	1月	客户23	马诚真	产品05	571	16,169.35	11,641.93	4,527.42			7月	5,078,969.64	3,978,941.03	1,100,028.61
9	1月	客户25	钱诚真	产品10	34	2,184.48	1,626.37	558.11			8月	4,917,089.15	3,754,540.34	1,162,548.81
10	1月	客户26	马新华	产品19	6512	174,693.27	169,452.47	5,240.80			9月	6,312,710.14	4,417,732.19	1,894,977.95
11	1月	客户09	梁红梅	产品09	2134	107,729.30	73,255.92	34,473.38			10月	4,522,971.72	2,969,548.93	1,553,422.79
12	1月	客户27	梁红梅	产品13	351	17,122.10	9,245.93	7,876.17			11月	4,538,097.89	3,446,431.54	1,091,666.35
13	1月	客户27	李玉萌	产品22	245	11,524.44	10,775.35	749.09			12月	5,364,614.69	4,103,012.29	1,261,602.40
14	1月	客户36	李玉萌	产品22	28	6,828.53	4,619.72	2,208.81						
15	1月	客户39	崔晓铭	产品13	16	460.14	356.61	103.53						
16	1月	客户42	梁红梅	产品16	1079	55,093.55	36,202.58	18,890.97						
17	1月	客户45	马新华	产品12	21	1,182.19	750.69	431.50						
18	1月	客户49	钱诚真	产品17	4482	126,156.66	112,279.43	13,877.23						
19	1月	客户50	李玉萌	产品06	839	64,067.09	43,885.96	20,181.13						

图 11-6　销售数据清单

单击单元格 L2，打开"函数参数"对话框，如图 11-7 所示，在该对话框中输入如下公式，然后向右、向下复制即可。

=SUMIF($A:$A,$K2,F:F)

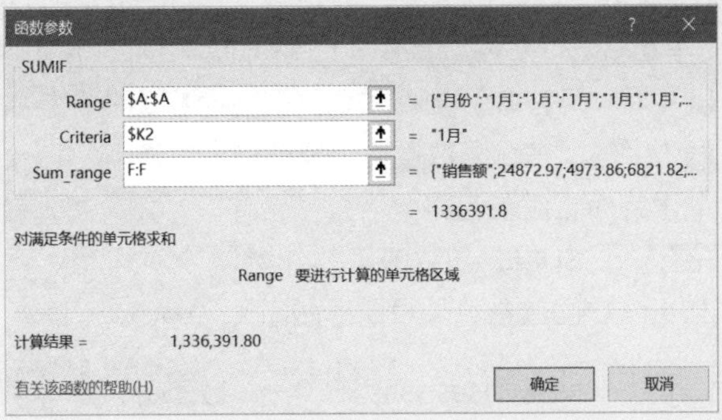

图 11-7 “函数参数”对话框

11.2.3 灵活应用 1：快速加总所有小计数

案例 11-3

图 11-8 所示是一个常见的汇总表格结构，现在要计算所有地区的总计数，也就是把所有地区的合计数相加，应该如何处理呢？

C25 =C5+C10+C16+C19+C24

	A	B	C	D	E	F	G	H	I	J
1	地区	省份	产品1	产品2	产品3	产品4	产品5	产品6	产品7	产品8
2	华北	北京	882	644	993	881	980	1172	156	573
3		河北	1040	878	1033	654	1057	355	1035	299
4		山东	1172	951	293	337	293	1107	616	702
5		合计	3094	2473	2319	1872	2330	2634	1807	1574
6	华东	上海	534	648	722	303	100	504	182	391
7		江苏	1119	117	318	272	673	752	163	856
8		浙江	978	642	331	559	379	934	554	790
9		安徽	864	821	275	896	789	730	413	466
10		合计	3495	2228	1646	2030	1941	2920	1312	2503
11	华南	广东	652	464	1063	465	928	1056	786	405
12		深圳	710	133	821	830	814	289	411	827
13		广西	311	255	874	793	365	714	300	884
14		福建	244	1123	118	243	338	572	402	265
15		湖南	804	610	209	526	948	587	1194	888
16		合计	2721	2585	3085	2857	3393	3218	3093	3269
17	西南	云南	215	1116	1132	1149	896	1105	1026	542
18		贵州	1122	517	872	1030	942	567	800	846
19		合计	1337	1633	2004	2179	1838	1672	1826	1388
20	西北	陕西	598	1169	346	579	203	753	1128	1198
21		新疆	773	265	462	218	142	766	755	707
22		宁夏	617	326	1138	581	127	827	561	804
23		青海	834	224	523	730	124	160	672	951
24		合计	2822	1984	2469	2108	596	2506	3116	3660
25	总计		13469	10903	11523	11046	10098	12950	11154	12394

图 11-8 计算各个产品的小计数汇总

可能有人会直接在表格中寻找目标单元格，然后相加。其公式如下。

```
=C5+C10+C16+C19+C24
```

在本例中，因为表格数据较少，只涉及 5 个单元格，可以使用以上方法解决。但在实际中，经常会对数十个甚至上百个单元格进行处理，显然以上这种简单相加的方法不仅烦琐，而且容易出错。

通过观察工作表可以发现，只有 B 列里有"合计"两个字的所在行的数据才是需要加总的，而 B 列中没有"合计"两个字的所在行的数据是不需要的。

此时，只需要在 B 列里判断相应单元格是否是"合计"，如果是，就将所在行的数据相加。因此要解决这个问题，只需一个 SUMIF 函数即可。

单元格 C25 的公式如下。"函数参数"对话框如图 11-9 所示。

$$=SUMIF(\$B\$2:\$B\$24," 合计 ",C2:C24)$$

图 11-9　"函数参数"对话框

11.2.4　灵活应用 2：每隔几列相加

案例 11-4

在实际工作中，也经常会遇到如图 11-10 所示结构的表格，在该工作表中要求计算全年 12 个月的合计数。

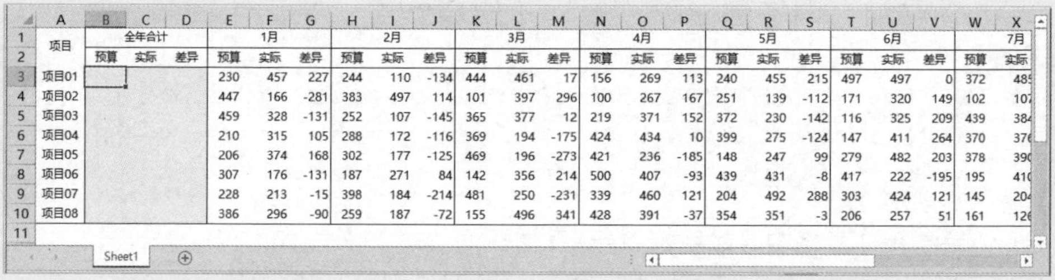

图 11-10　要求计算 12 个月的合计数

解决此问题，可以采用每隔两列进行相加的方法，B3 单元格公式如下。

```
=E3+H3+K3+N3+Q3+T3+W3+Z3+AC3+AF3+AI3+AL3
```

观察以上公式，会发现所加的每一个单元格其实都是对表格第 2 行的标题进行判断。如果标题文字是“预算”，则对当前列对应行的单元格进行相加，否则就不相加。实际数和差异数的全年合计的计算原理也是如此。此时使用 SUMIF 函数更简单。

在单元格 B3 中输入下面的公式，然后向右、向下复制，即可计算出预算、实际、差异的全年合计数，如图 11-11 所示。

```
=SUMIF($E$2:$AN$2,B$2,$E3:$AN3)
```

项目	全年合计			1月			2月			3月			4月			5月			6月			7月	
	预算	实际	差异	预算	实际	差异	预算	实际	差异	预算	实际	差异	预算	实际	差异	预算	实际	差异	预算	实际	差异	预算	实际
项目01	3275	3932	657	230	457	227	244	110	-134	444	461	17	156	269	113	240	455	215	497	497	0	372	48
项目02	3552	2826	-726	447	166	-281	383	497	114	101	397	296	100	267	167	251	139	-112	171	320	149	102	10
项目03	3811	3535	-276	459	328	-131	252	107	-145	365	377	12	219	371	152	372	230	-142	116	325	209	439	38
项目04	3416	3718	302	210	315	105	288	172	-116	369	194	-175	424	434	10	399	275	-124	147	411	264	370	37
项目05	3724	3525	-199	206	374	168	302	177	-125	469	196	-273	421	236	-185	148	247	99	279	482	203	378	39
项目06	3261	3624	363	307	176	-131	187	271	84	142	356	214	500	407	-93	439	431	-8	417	222	-195	195	41
项目07	3649	4000	351	228	213	-15	398	184	-214	481	250	-231	339	460	121	204	492	288	303	424	121	145	20
项目08	3476	3608	132	386	296	-90	259	187	-72	155	496	341	428	391	-37	354	351	-3	206	257	51	161	12

图 11-11　使用 SUMIF 函数快速计算 12 个月的合计数

SUMIF“函数参数”对话框如图 11-12 所示。

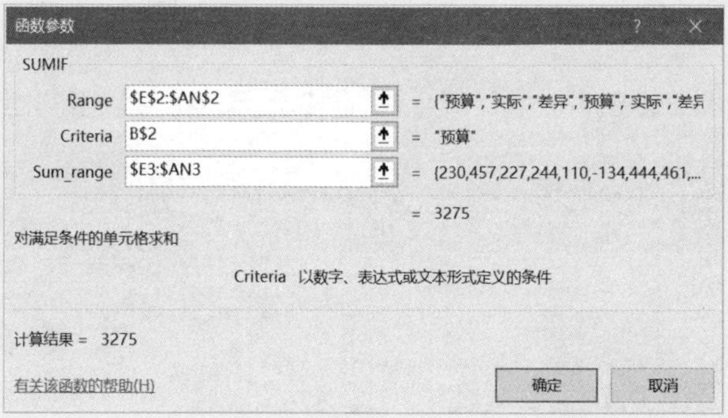

图 11-12　SUMIF“函数参数”对话框

11.2.5　灵活应用 3：数值比较条件下的单条件模糊匹配求和

如果把 SUMIF 函数的第 2 个参数条件值使用比较运算符构建比较条件，就可以实现对数值进行大小判断的单条件求和。

图 11-13 所示的工作表就是从正数和负数混合的区域里分别计算正数合计和负数合计。

	A	B	C	D	E	F
1						
2		100				
3		-100				公式
4		1000		正数合计	1300	=SUMIF(B2:B7,">0")
5		0		负数合计	-600	=SUMIF(B2:B7,"<0")
6		200				
7		-500				

图 11-13　分别计算正数和负数合计

正数合计计算公式如下。

```
=SUMIF(B2:B7,">0")
```

负数合计计算公式如下。

```
=SUMIF(B2:B7,"<0")
```

案例 11-3 是使用 SUMIF 函数进行精确匹配求和的。当然，也可以使用 SUMIF 函数进行模糊匹配求和，即把那些不是“合计”的数据（明细数据）相加，这就是总计。因为“合计”也是这些明细数据的总和。此时，公式如下。

```
=SUMIF($B$2:$B$24,"<> 合计 ",C2:C24)
```

案例 11-5

在如图 11-14 所示的工作表中分别计算毛利在 10 万元以上及以下的店铺的毛利总额。

	A	B	C	D	E	F	G	H
1	地区	城市	性质	店名	本月指标	实际销售金额	销售成本	毛利
2	东北	大连	自营	AAAA-001	150000	57062	20972	36090
3	东北	大连	加盟	AAAA-002	280000	130193	46208	83984
4	东北	大连	自营	AAAA-003	190000	86772	31356	55416
5	东北	沈阳	自营	AAAA-004	90000	103890	39519	64371
6	东北	沈阳	加盟	AAAA-005	270000	107766	38358	69408
7	东北	沈阳	加盟	AAAA-006	180000	57502	20867	36635
8	东北	沈阳	自营	AAAA-007	280000	116300	40945	75355
9	东北	沈阳	自营	AAAA-008	220000	80036	28736	51300
10	东北	沈阳	自营	AAAA-009	120000	73687	23880	49807
11	东北	哈尔滨	自营	AAAA-010	500000	485874	39592	446282
12	华北	北京	自营	AAAA-011	2200000	1689284	663000	1026284
13	华北	北京	加盟	AAAA-012	260000	57256	19604	37651
14	华北	天津	加盟	AAAA-013	320000	51086	17406	33679
15	华北	北京	自营	AAAA-014	200000	59378	21061	38317
16	华北	北京	自营	AAAA-015	100000	48519	18182	30337

	J	K	L	M
1	统计分析			
2		店铺数	毛利总额	占比
3	毛利10万元以上	14	3239839	27.45%
4	毛利10万元以下	184	8561772	72.55%

Sheet1

图 11-14　分别计算毛利 10 万元以上及以下的店铺的毛利总额

毛利 10 万元以上店铺的毛利总额计算公式如下。

```
=SUMIF(H:H,">=100000")
```

毛利 10 万元以下店铺的毛利总额计算公式如下。

```
=SUMIF(H:H,"<100000")
```

11.2.6 灵活应用 4：包含关键词条件下的单条件模糊匹配求和

与 COUNTIF 函数一样，SUMIF 函数的条件值也可以使用通配符（*）进行关键词的匹配。

案例 11-6

从系统导出的管理费用明细表如图 11-15 左侧所示，现在要求计算各个部门的总金额。

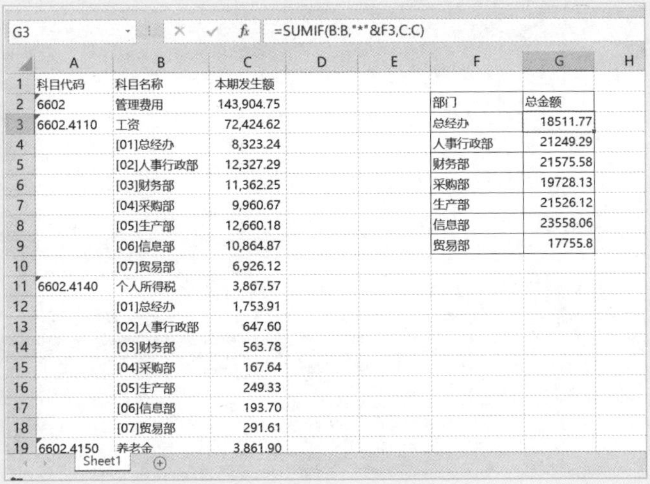

G3 =SUMIF(B:B,"*"&F3,C:C)

	A	B	C	D	E	F	G
1	科目代码	科目名称	本期发生额				
2	6602	管理费用	143,904.75			部门	总金额
3	6602.4110	工资	72,424.62			总经办	18511.77
4		[01]总经办	8,323.24			人事行政部	21249.29
5		[02]人事行政部	12,327.29			财务部	21575.58
6		[03]财务部	11,362.25			采购部	19728.13
7		[04]采购部	9,960.67			生产部	21526.12
8		[05]生产部	12,660.18			信息部	23558.06
9		[06]信息部	10,864.87			贸易部	17755.8
10		[07]贸易部	6,926.12				
11	6602.4140	个人所得税	3,867.57				
12		[01]总经办	1,753.91				
13		[02]人事行政部	647.60				
14		[03]财务部	563.78				
15		[04]采购部	167.64				
16		[05]生产部	249.33				
17		[06]信息部	193.70				
18		[07]贸易部	291.61				
19	6602.4150	养老金	3,861.90				

图 11-15 管理费用明细表

各个部门保存在 B 列里，但部门名称前面都有方括号和部门编码，此时根据“部门”关键词进行匹配并汇总。

单元格 G3 公式如下。

```
=SUMIF(B:B,"*"&F3,C:C)
```

SUMIF"函数参数"对话框如图 11-16 所示。

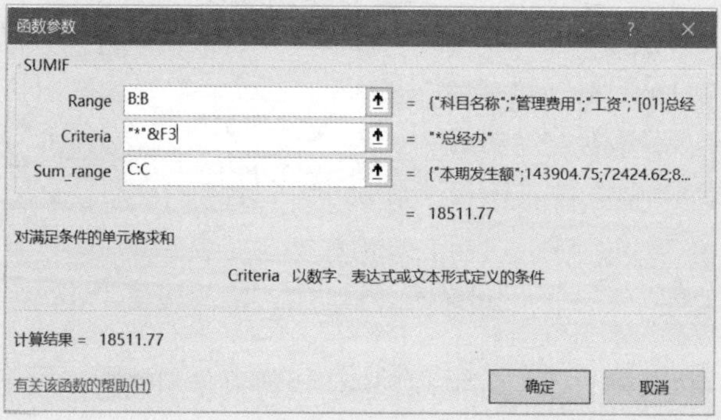

图 11-16　SUMIF"函数参数"对话框

11.2.7　灵活应用 5：指定字符个数的单条件模糊匹配求和

某些情况下需要根据字符个数来计算，而不用关心具体字符，此时可以使用通配符（?）作为匹配条件。

案例 11-7

在如图 11-17 所示的工作表中使用通配符（?）匹配字符个数进行求和。A 列是科目编码，其中 4 位编码是总账科目，按照收入为正、支出为负的格式输入金额，将这些总账科目数据相加就是净利润。此时可以使用问号来匹配 4 位编码进行求和。其公式如下。

图 11-17　使用通配符（?）匹配字符个数进行求和

11.3 | 多条件求和

在一列或者几列里判断单元格数据是否满足多个指定条件，如果满足，就相加；否则就不相加，这样的问题就是多条件求和。多条件求和可以使用 SUMIFS 函数。

11.3.1 SUMIFS 函数：基本用法与注意事项

SUMIFS 函数用于统计满足多个指定条件的单元格数据的合计数，也就是多条件求和。

从函数名称上看，SUM 是求和，IFS 是多个条件，SUM+IFS=SUMIFS，所以这个函数的基本原理就是先 IFS，再 SUM，即先判断是否满足指定的多个条件，再将满足条件的数据求和。

SUMIFS 函数的本质是多条件筛选下的求和，就是先在某列或几列里设置筛选条件，只有同时满足这些条件，才能进行求和。

SUMIFS 函数用法如下。

```
=SUMIFS( 求和区域 ,
         判断区域 1, 条件值 1,
         判断区域 2, 条件值 2,
         判断区域 3, 条件值 3,
         ......)
```

在使用 SUMIFS 函数时，需要注意以下几点。

（1）求和区域与所有的判断区域都必须是表格真实存在的单元格区域。

（2）所有的条件值既可以是一个精确的具体值，也可以是大于或小于某个值的条件，或者是诸如开头是、结尾是、包含等模糊匹配条件。

（3）所有的条件必须是"与"条件，而不能是"或"条件。

建议在输入 SUMIFS 函数时，最好打开其"函数参数"对话框，将参数依次输入，这样不容易出错。

11.3.2 精确条件下的多条件求和

案例 11-8

在如图 11-18 所示的工作表中计算各个产品在各个月的销售额，单元格 L3 的公式如下。

=SUMIFS($F:$F,$D:$D,$K3,$A:A,L2)

图 11-18　计算各个产品在各个月的销售额

SUMIFS"函数参数"对话框如图 11-19 所示。L3 公式输入完成后，向右、向下复制该公式，即可完成计算。

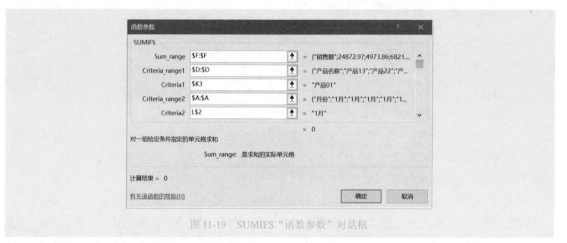

图 11-19　SUMIFS"函数参数"对话框

11.3.3　灵活应用 1：数值比较条件下的多条件模糊匹配求和

如果在 SUMIFS 函数的某个条件表达式中使用比较运算符，就可以实现对数值进行大小判断的多条件求和。

案例 11-9

图 11-20 所示的工作表是某工厂各个分厂的产品销售金额和退货金额，要求计算各个分厂的

正数金额和负数金额。

	A	B	C	D	E	F	G	H
1	日期	工厂	金额					
2	2020-5-2	一分厂	3,949			工厂	正数	负数
3	2020-5-3	一分厂	3,030			一分厂	31,958	-11,054
4	2020-5-4	二分厂	-19,390			二分厂	-	-25,290
5	2020-5-5	一分厂	-1,004			三分厂	9,085	-5,000
6	2020-5-6	一分厂	4,969					
7	2020-5-7	三分厂	7,500					
8	2020-5-8	三分厂	-5,000					
9	2020-5-9	二分厂	-5,900					
10	2020-5-10	三分厂	1,585					
11	2020-5-11	一分厂	20,010					
12	2020-5-12	一分厂	-10,050					
13								

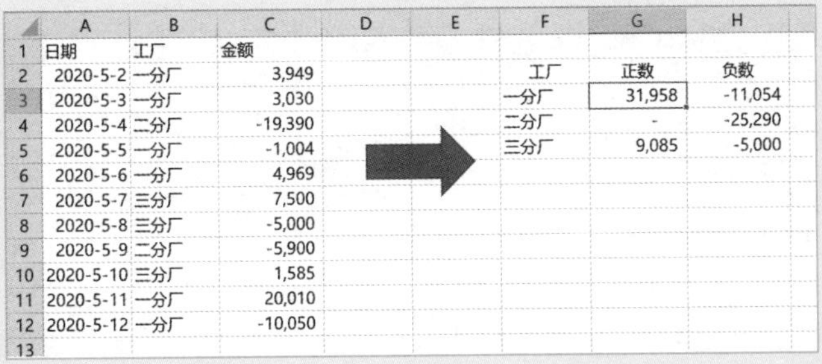

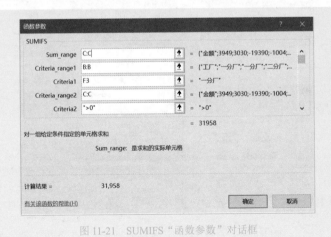

图 11-20　各个分厂的产品销售金额和退货金额

单元格 G3 计算公式如下。

```
=SUMIFS(C:C,B:B,F3,C:C,">0")
```

单元格 H3 计算公式如下。

```
=SUMIFS(C:C,B:B,F3,C:C,"<0")
```

SUMIFS“函数参数”对话框如图 11-21 所示。将公式向下复制即可完成所有的计算。

图 11-21　SUMIFS“函数参数”对话框

案例 11-10

图 11-22 所示的工作表是一个各种材料的采购记录表，要求制作右侧的指定时间内的各种材料的采购量和采购金额。

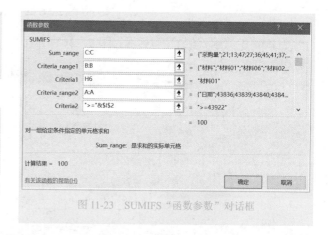

图 11-22　计算指定时间内的各种材料的和采购量和采购金额

材料是一个精确条件；指定时间则是模糊条件，只要是开始日期和截止日期期间内的都算，因此是两个模糊条件。但由于单元格 I2 的开始日期和单元格 I3 的截止日期是任意变化的，因此需要通过字符串连接的方式来构建条件。

单元格 I6 公式如下。

```
=SUMIFS(C:C,
        B:B,H6,A:A,">="&$I$2,
        A:A,"<="&$I$3)
```

单元格 J6 公式如下。

```
=SUMIFS(E:E,
        B:B,H6,A:A,">="&$I$2,
        A:A,"<="&$I$3)
```

单元格 I6 公式的"函数参数"对话框如图 11-23 所示。

图 11-23　SUMIFS"函数参数"对话框

11.3.4　灵活应用 2：包含关键词的多条件模糊匹配求和

如果在 SUMIFS 函数的某个或某几个条件值里使用通配符（*），就可以进行关键词的匹配。

案例 11-11

图 11-24 所示是工地使用材料的工作表，要求计算每个工地每种标号材料的总用量。

	A	B	C	D
1	日期	工地	材料	用量
2	2020-5-2	西环路大修	C25	10
3	2020-5-3	西山雅乐花园车库	C40	47
4	2020-5-4	东四环美菱仓库	C30强化	53
5	2020-5-5	东四环美菱仓库	C25强化速干	43
6	2020-5-6	西环路大修	C45	50
7	2020-5-7	西环路大修	C30强化	73
8	2020-5-8	西环路大修	C30强化	94
9	2020-5-9	西环路大修	C15	16
10	2020-5-10	东四环美菱仓库	C15	35
11	2020-5-11	东四环美菱仓库	C20	104
12	2020-5-12	北孟雅居花园内部	C20强胶强化	101
13	2020-5-13	北孟雅居花园内部	C35	89

工地	C15	C20	C25	C30	C35	C40	C45
西环路大修	16	28	118	577	175	64	114
西山雅乐花园车库	0	0	0	0	36	47	0
东四环美菱仓库	58	172	43	216	208	116	0
西环路大修	16	28	118	577	175	64	114
北孟雅居花园内部	0	101	64	35	227	0	50

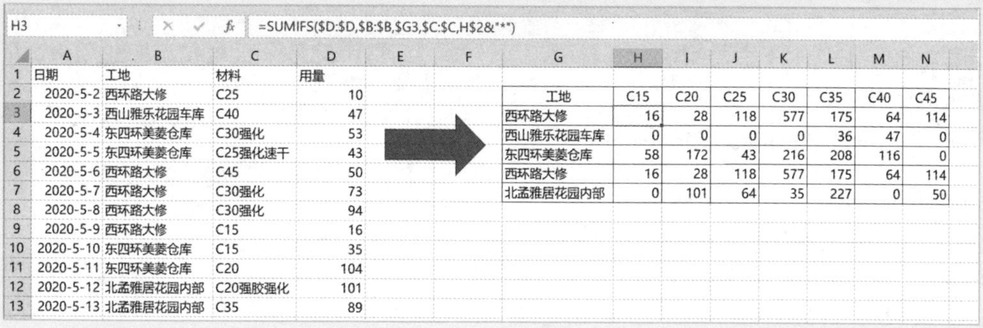

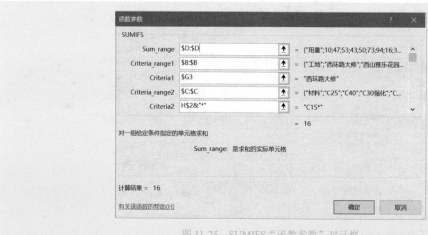

图 11-24　计算各个工地的每种标号材料的总用量

单元格 H3 公式如下。

```
=SUMIFS($D:$D,
        $B:$B,$G3,
        $C:$C,H$2&"*")
```

工地是精确匹配，材料标号是关键词模糊匹配（以标号开头）。SUMIFS 函数的“函数参数”对话框如图 11-25 所示。

图 11-25　SUMIFS“函数参数”对话框

11.3.5　灵活应用 3：指定字符个数的多条件模糊匹配求和

在 SUMIFS 函数中也可以使用通配符（?）来匹配指定个数的字符。

案例 11-12

例如，在案例 11-11 中，如果只计算添加了一种附加材料的各个标号材料的总用量，应该如何设计汇总公式呢？

工作表如图 11-26 所示。单元格 H4 公式如下。

```
=SUMIFS($D:$D,
        $B:$B,$G4,
        $C:$C,H$3&"*",
        $C:$C,"?????")
```

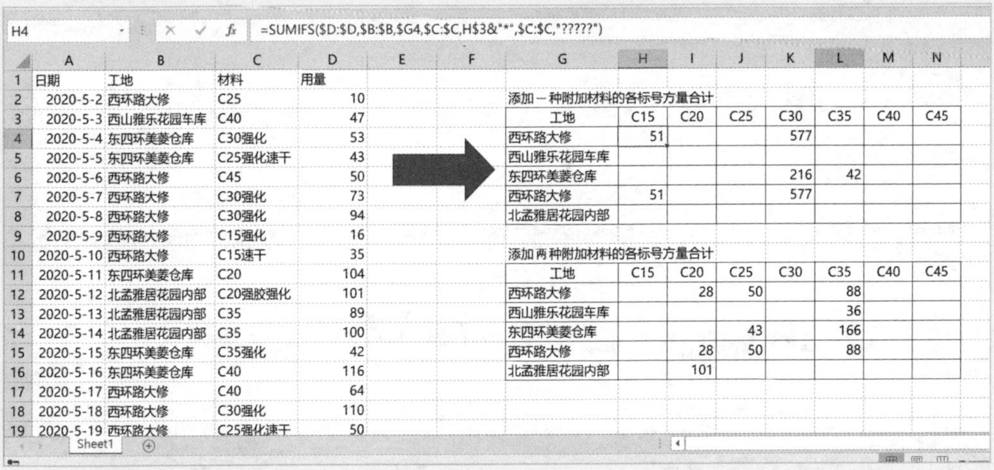

H4 =SUMIFS($D:$D,$B:$B,$G4,$C:C,H3&"*",$C:$C,"?????")

	A	B	C	D
1	日期	工地	材料	用量
2	2020-5-2	西环路大修	C25	10
3	2020-5-3	西山雅乐花园车库	C40	47
4	2020-5-4	东四环美菱仓库	C30强化	53
5	2020-5-5	东四环美菱仓库	C25强化速干	43
6	2020-5-6	西环路大修	C45	50
7	2020-5-7	西环路大修	C30强化	73
8	2020-5-8	西环路大修	C30强化	94
9	2020-5-9	西环路大修	C15强化	16
10	2020-5-10	西环路大修	C15速干	35
11	2020-5-11	东四环美菱仓库	C20	104
12	2020-5-12	北孟雅居花园内部	C20强胶强化	101
13	2020-5-13	北孟雅居花园内部	C35	89
14	2020-5-14	北孟雅居花园内部	C35	100
15	2020-5-15	东四环美菱仓库	C35强化	42
16	2020-5-16	东四环美菱仓库	C40	116
17	2020-5-17	西环路大修	C40	64
18	2020-5-18	西环路大修	C30强化	110
19	2020-5-19	西环路大修	C25强化速干	50

添加一种附加材料的各标号方量合计

工地	C15	C20	C25	C30	C35	C40	C45
西环路大修	51			577			
西山雅乐花园车库							
东四环美菱仓库				216	42		
西环路大修	51			577			
北孟雅居花园内部							

添加两种附加材料的各标号方量合计

工地	C15	C20	C25	C30	C35	C40	C45
西环路大修		28	50		88		
西山雅乐花园车库					36		
东四环美菱仓库			43		166		
西环路大修		28	50		88		
北孟雅居花园内部		101					

图 11-26　计算添加了一种附加材料的各个标号材料的总方量

这是以下 3 个条件的求和。

◎ 条件 1：判断工地，是精确条件。

◎ 条件 2：判断标号，是模糊条件，使用星号（*）构建以标号开头的关键词匹配。

◎ 条件 3：判断字符数，是模糊条件，使用问号（?）构建是否为 5 位数（标号是 3 位，附加材料统一是两个汉字）。

如果要计算添加了两种附加材料的各个标号材料的方量，则计算公式如下。

```
=SUMIFS($D:$D,
        $B:$B,$G12,
        $C:$C,H$3&"*",
        $C:$C,"???????")
```

11.4 SUMIF 和 SUMIFS 函数的注意问题

SUMIF 和 SUMIFS 函数的使用方法很简单，其灵活性主要体现在条件值的设置上。只要掌握了各种条件值的构建方法，就可以灵活运用这两个函数。

但是，这两个函数的运用也要注意以下问题，否则就会出现错误。

11.4.1 判断区域和求和区域只能是工作表单元格区域

在介绍函数的基本语法和原理时，一再强调实际求和区域与所有的判断区域必须是表格内真实存在的单元格区域，不能是数组。

因为，实际求和区域与所有的判断区域英文名称都带有 Range 单词，而这个单词的意思就是工作表的单元格区域。

11.4.2 条件值可以是精确条件，也可以是模糊条件

所有的条件值，既可以是一个精确的具体值，也可以是大于或小于某个值的条件，或者是诸如开头是、结尾是、包含等模糊匹配，还可以是匹配字符个数的模糊匹配。要善于根据具体表格，构建灵活的匹配条件，解决复杂的汇总问题。

11.4.3 联合使用 SUM 和 SUMIF 函数，解决"或"条件求和

SUMIFS 函数的所有条件必须是"与"条件，而不能是"或"条件，也就是说，指定的几个条件必须同时满足才进行求和。

那么，如果要对"或"条件的情况求和计算时，就可以联合使用 SUM 和 SUMIF 函数构建数组公式。

案例 11-13

在如图 11-27 所示的产品销售工作表中，要求计算彩电、空调、冰箱、相机的销售额合计。通常情况下，会输入如下公式。

```
=SUMIF(B:B," 彩电 ",C:C)
+ SUMIF(B:B," 空调 ",C:C)
+ SUMIF(B:B," 冰箱 ",C:C)
+ SUMIF(B:B," 相机 ",C:C)
```

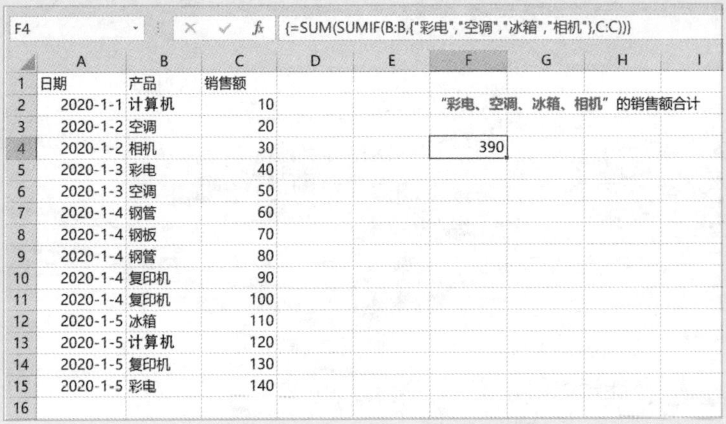

F4 {=SUM(SUMIF(B:B,{"彩电","空调","冰箱","相机"},C:C))}

	A	B	C	D	E	F	G	H	I
1	日期	产品	销售额						
2	2020-1-1	计算机	10			"彩电、空调、冰箱、相机"的销售额合计			
3	2020-1-2	空调	20						
4	2020-1-2	相机	30			390			
5	2020-1-3	彩电	40						
6	2020-1-3	空调	50						
7	2020-1-4	钢管	60						
8	2020-1-4	钢板	70						
9	2020-1-4	钢管	80						
10	2020-1-4	复印机	90						
11	2020-1-4	复印机	100						
12	2020-1-5	冰箱	110						
13	2020-1-5	计算机	120						
14	2020-1-5	复印机	130						
15	2020-1-5	彩电	140						
16									

图 11-27　计算几个“或”条件下的总和

上述公式比较烦琐。

其实，无论是 SUMIF 函数，还是 SUMIFS 函数，其条件值参数都可以使用数组，这样的数组会得到几个条件值下的求和数，构成一个数组，然后用 SUM 函数进行求和即可。

因此，更高效的公式（数组公式）如下。

```
=SUM(SUMIF(B:B,{" 彩电 "," 空调 "," 冰箱 "," 相机 "},C:C))
```

这里，SUMIF(B:B,{" 彩电 "," 空调 "," 冰箱 "," 相机 "},C:C) 的结果就是由彩电、空调、冰箱、相机各自的合计数组成的数组，如下所示。而 SUM 函数就是将这 4 个合计数加起来。

```
{180,70,110,30}
```

11.4.4　数据源是另一个工作簿时，必须打开源工作簿才能更新计算

与 COUNTIF 和 COUNTIFS 函数一样，当数据源是另一个工作簿时，必须打开源工作簿才能更新 SUMIF 和 SUMIFS 函数的计算结果；否则，汇总表是无法更新链接的，即使强制更新，公式结果也是错误值 #VALUE!。

其实，这个问题也很好理解，因为 SUMIF 和 SUMIFS 是筛选求和函数，如果不打开源工作簿，则无法进行筛选求和。

11.4.5 直接使用文本型数字

如果条件区域的数据是文本型数字，则条件值不一定必须是文本型数字。SUMIF 和 SUMIFS 函数会自动对数字格式进行转换，从而得到正确的结果。

例如，如图 11-28 所示工作表的 A 列数据是文本型数字编码，单元格 F2 是数值型编码，那么下面公式的结果是正确的。

=SUMIF(A:A,F2,B:B)

反过来，如果统计区域是数字，条件值是文本型数字，结果也是正确的，如图 11-29 所示。

	编码	金额			编码	1002
	1002	100				
	1002	200				
	1003	300			合计数	1800

图 11-28 直接使用文本型数字（1）　　　　图 11-29 直接使用文本型数字（2）

11.4.6 超过 15 位数字编码的求和，必须使用通配符予以文本化

如果数字编码长度超过 15 位，那么，使用 SUMIF 和 SUMIFS 函数就不能得到正确结果了，因为 Excel 只能处理 15 位以内的数字。

在如图 11-30 所示的工作表中统计编码的合计数。下面公式得到的 4 个编码的合计数都是 2800，这是因为这 4 个编码的前 15 位相同，而 15 位以后的数字被直接忽略了，因此这 4 个编码数被默认为相同的数字。

=SUMIF(A:A,E2,B:B)

与 COUNTIF 和 COUNTIFS 函数类似，要解决这样的问题，可以在条件值前面使用通配符（*）将条件值予以文本化。其公式如下。

=SUMIF(A:A,"*"&E2,B:B)

此时，得到了正确结果，如图 11-31 所示。

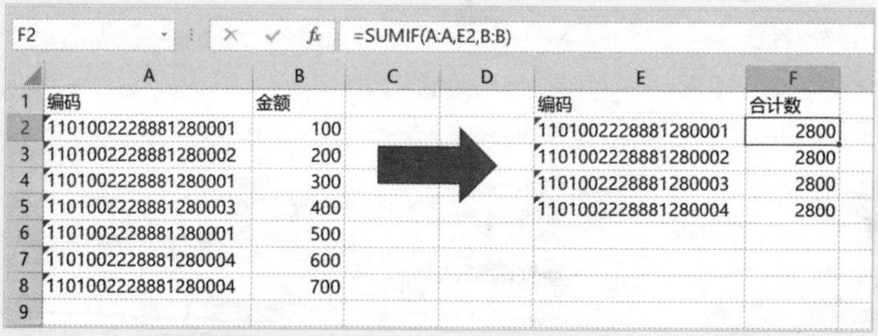

图 11-30　统计超过 15 位数字的编码合计数

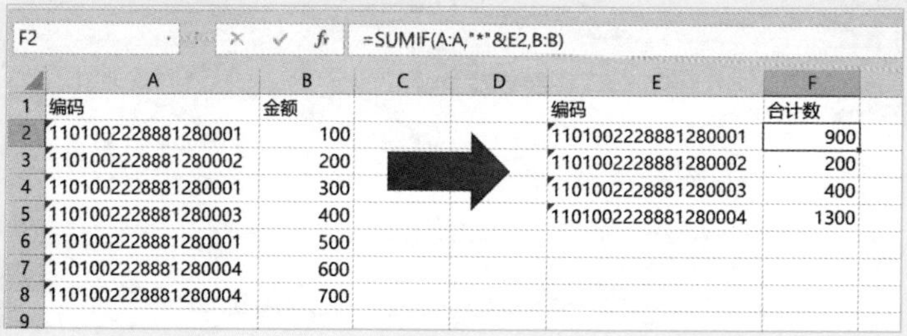

图 11-31　公式中使用通配符（*）得到了正确结果

11.5 ┃ SUBTOTAL 函数：分类汇总和筛选求和

SUBTOTAL 函数是用于筛选和智能表格中的一个分类汇总函数，用于对数据进行各种分类汇总计算，如求和、计算平均值、计算最大值、计算最小值、计数等。这个函数用得并不多，仅是在某些特殊表格中才有使用。本节就这个函数做一个简单的介绍。

11.5.1　基本原理与注意事项

一个 SUBTOTAL 函数就代表了 22 个功能不同的函数，其区别就在该函数的第 1 个参数"分类汇总计算编号"。

SUBTOTAL 函数的基本语法如下。

= SUBTOTAL(分类汇总计算编号 , 数据区域 1, 数据区域 2,...)

当公式中插入 SUBTOTAL 函数后，可以随时通过修改第 1 个参数，把函数目前的汇总方式改变为另一种方式。

使用 SUBTOTAL 函数时，要注意该函数适用于数据列或垂直区域，不适用于数据行或水平区域。该函数的第 1 个参数“分类汇总计算编号”的值及其功能如表 11-1 所示。

表 11-1　SUBTOTAL 函数的参数“分类汇总计算编号”的值及其功能

分类汇总计算编号		函　数	功　能
包含隐藏值	忽略隐藏值		
1	101	AVERAGE	计算平均值
2	102	COUNT	统计数字单元格个数
3	103	COUNTA	统计不为空的单元格个数
4	104	MAX	计算最大值
5	105	MIN	计算最小值
6	106	PRODUCT	计算所有单元格数据的乘积
7	107	STDEV	估算基于样本的标准偏差
8	108	STDEVP	估算基于整个样本总体的标准偏差
9	109	SUM	求和
10	110	VAR	估算基于样本的方差
11	111	VARP	估算基于整个样本总体的方差

11.5.2　在普通区域中使用 SUBTOTAL 函数

对一个数据清单建立筛选，然后对任意一个字段进行筛选，那么在数据区域底部单击功能区的“自动求和”按钮，就会自动插入 SUBTOTAL 函数，如图 11-32 所示。

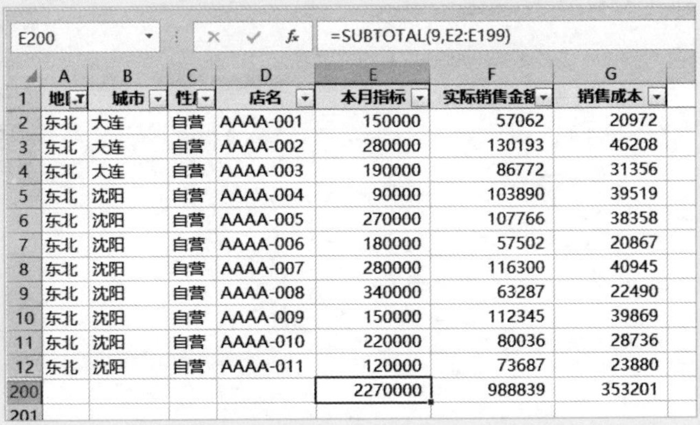
E200　=SUBTOTAL(9,E2:E199)

	A	B	C	D	E	F	G
1	地[	城市	性	店名	本月指标	实际销售金	销售成本
2	东北	大连	自营	AAAA-001	150000	57062	20972
3	东北	大连	自营	AAAA-002	280000	130193	46208
4	东北	大连	自营	AAAA-003	190000	86772	31356
5	东北	沈阳	自营	AAAA-004	90000	103890	39519
6	东北	沈阳	自营	AAAA-005	270000	107766	38358
7	东北	沈阳	自营	AAAA-006	180000	57502	20867
8	东北	沈阳	自营	AAAA-007	280000	116300	40945
9	东北	沈阳	自营	AAAA-008	340000	63287	22490
10	东北	沈阳	自营	AAAA-009	150000	112345	39869
11	东北	沈阳	自营	AAAA-010	220000	80036	28736
12	东北	沈阳	自营	AAAA-011	120000	73687	23880
200					2270000	988839	353201
201							

图 11-32　筛选后，自动插入 SUBTOTAL 函数

在筛选情况下，SUBTOTAL 函数的第 1 个参数不论是设置为哪个数字（1 ～ 11 或者 101 ～ 111），都会忽略隐藏的行而只计算筛选出来的行。但如果是手动隐藏的行，那么就要认真设置第 1 个参数了。

11.5.3 在智能表格中使用 SUBTOTAL 函数

在一个标准的数据清单中，执行"插入"→"表格"命令，如图 11-33 所示，就会给数据区域建立一个智能表格，如图 11-34 所示。此表格已不同于普通的表格，它具有自动筛选、自动向下复制公式、设置表格样式、自动汇总计算等功能。

例如，选中表格的"设计"工具中的"汇总行"复选框，如图 11-35 所示，就会在表格底部插入一个汇总行。

图 11-33 "表格"命令　　图 11-34 普通数据区域变成了智能表格　　图 11-35 为表格添加汇总行

单击底部汇总行单元格右侧的下拉箭头，就可以选择某个汇总方式，从而快速对数据进行简单的汇总计算，如图 11-36 所示。

在智能表格中，SUBTOTAL 函数所引用的单元格区域已经不是常规的单元格地址表达方式了，而是用方括号括起来的表格标题（字段名称）。其公式如下。

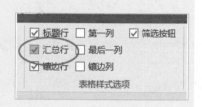

=SUBTOTAL(109,[一季度])

这点要比普通的公式简单得多，也不用考虑行数的多少。

图 11-36 选择汇总方式

SUMPRODUCT 函数：
强大的多种计算功能

Excel

不论是 COUNTIF 和 COUNTIFS 函数，还是 SUMIF 和 SUMIFS 函数，在进行条件判断时，工作表必须存在判断区域，否则这几个函数是不能使用的。

但是，在实际工作中，原始数据往往是各种各样的。条件隐含在数据中的情况比比皆是，有些情况可以使用通配符（*）匹配关键词，但有些情况却无法实现。那么，在这种情况下，如何根据原始数据直接得到需要的结果呢？

12.1 原理、用法与注意事项

SUMPRODUCT 从字面上来理解，SUMPRODUCT = SUM + PRODUCT，也就是说，要把乘积（PRODUCT）进行相加（SUM）。

那么，这个函数到底是什么？如何使用？有哪些注意事项呢？

12.1.1 问题的提出

在如图 12-1 所示的工作表中，左侧的 3 列是原始数据，右侧是需要的汇总报表，要求按照产品类别和月份进行汇总。

	A	B	C	D	E	F	G	H	I	J	K	L	M	N	O
1	日期	产品编码	销售额			月份	QU	CM	SR	CU	WA	PR	AP	CR	合计
2	200101	QU65582	534	QU		1月									
3	200101	CM84470	792	CM		2月									
4	200102	SR17502	1119	SR		3月									
5	200103	CU20714	381	CU		4月									
6	200103	WA16150	645	WA		5月									
7	200104	CU27901	525	CU		6月									
8	200105	PR85078	871	PR		7月									
9	200105	AP42101	672	AP		8月									
10	200106	CR82331	1220	CR		9月									
11	200106	WA19097	1327	WA		10月									
12	200106	SR58719	1155	SR		11月									
13	200106	SR35809	928	SR		12月									
14	200108	PR58970	1155	PR		合计									
15	200109	CM89394	1148	CM											
16	200109	PR62489	441	PR											
17	200109	QU32341	624	QU											
18	200110	CM64566	836	CM											
19	200110	WA71411	641	WA											

图 12-1　按照产品类别和月份进行汇总

在这个工作表中并没有单独的一列来保存产品类别数据，也没有单独的一列来保存月份数据，因此，如果要使用 SUMIFS 函数求和，就必须设计两个辅助列：①把 B 列产品编码的前两位代表产品类别的字母提取出来，保存在工作表的一列中。②把 A 列日期（实际上并不是真正的日期）中间的两位数字取出来，转换为月份，单独保存在另外一列中。

但是，这样的操作显然违背了高效数据分析的基本原则。那么，能不能在不使用辅助列的情况下使用一个综合的公式来解决这个问题呢？答案是肯定的，就是使用 SUMPRODUCT 函数。

12.1.2 基本原理与注意事项

SUMPRODUCT 函数的基本原理是对多个数组的各个对应的元素进行相乘，再把这些乘积相加。其语法如下。

> =SUMPRODUCT(数组 1, 数组 2, 数组 3,...)

用行列式的形式表示，如图 12-2 所示。

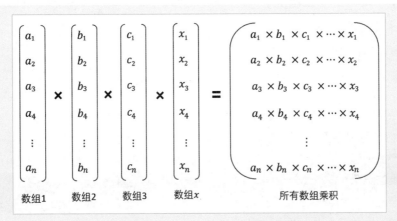

图 12-2　SUMPRODUCT 函数的基本原理

在使用这个函数时，要注意以下几点。

◎ 各个数组必须具有相同的维数。

◎ 非数值型的数组元素（文本、逻辑值）都作为 0 处理。例如，逻辑值 TRUE 和 FALSE 都
会被处理成数值 0。但是，将它们都乘以 1，即 TRUE*1、FALSE*1，就能够把 TRUE 转
换为数字 1，把 FALSE 转换为数字 0。

◎ 数组的元素中不能有错误值。

◎ 如果只有一组数，就是加总数组的每个元素，相当于 SUM 函数。

12.1.3　基本应用案例

了解了 SUMPRODUCT 函数的基本原理后，下面介绍几个 SUMPRODUCT
函数基本应用的案例，充分了解这个函数。

案例 12-1

图 12-3 所示的工作表是一个含有各个产品销售单价、销售量和折扣率的数
据表，现在要求计算所有产品的销售总额和折扣额和销售净额。

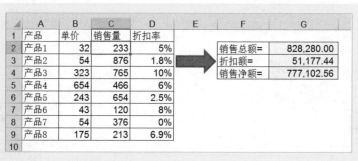

图 12-3　计算所有产品的销售总额、折扣额和销售净额

对于这样的问题，可以采用这样的做法：在数据区域的右侧插入两个辅助列，分别计算出每个产品的销售额和折扣额，再使用 SUM 函数求和。

◎ 每个产品的销售额就是每个产品单价和销售量相乘的结果，也就是 B 列单价与 C 列销售量相乘的结果。

◎ 每个产品的折扣额就是每个产品单价、销售量和折扣率相乘的结果，也就是 B 列单价与 C 列销售量及 D 列折扣率相乘的结果。

这种先把几列（或者几行）数据分别相乘，再把这些乘积相加的计算问题，可以利用 SUMPRODUCT 函数来解决。

在本例中，利用 SUMPRODUCT 函数计算所有产品的销售总额、折扣额、销售净额的公式分别如下。

销售总额公式如下。

=SUMPRODUCT(B2:B9,C2:C9)

折扣额公式如下。

=SUMPRODUCT(B2:B9,C2:C9,D2:D9)

销售净额公式如下。

=SUMPRODUCT(B2:B9,C2:C9,1-D2:D9)

案例 12-2

图 12-4 所示是一个评分表，有 5 个评价指标，每个指标的权重不同。现在要计算每个人的加权平均分数，则单元格 G5 的计算公式如下。

=SUMPRODUCT($B$2:$F$2,B5:F5)

	A	B	C	D	E	F	G
1							
2	指标权重	0.15	0.35	0.25	0.20	0.05	
3							
4	姓名	指标1	指标2	指标3	指标4	指标5	评分
5	A001	95	81	90	88	76	86.50
6	A002	92	85	84	65	60	80.55
7	A003	58	65	57	62	87	62.45
8	A004	85	79	87	84	63	82.10
9	A005	53	48	89	96	70	69.70
10	A006	99	81	50	80	34	73.40
11	A007	54	33	98	74	49	61.40
12	A008	72	56	60	90	55	66.15
13							

图 12-4　评分表

案例 12-3

SUMPRODUCT 函数不仅可以对 *N* 个一维数组进行计算，也可以对 *N* 个多维数组进行计算。图 12-5 所示是求两个多维数组的乘积和的工作表。其公式如下。

=SUMPRODUCT(B3:C7,E3:F7)

将这个公式拆开，即为

=1*11+2*12+3*13+4*14+5*15+6*16+7*17+8*18+9*19+10*20

由此可以明白 SUMPRODUCT 函数的基本原理。

	A	B	C	D	E	F	G
1							
2		数组1			数组2		
3		1	6		11	16	
4		2	7		12	17	
5		3	8		13	18	
6		4	9		14	19	
7		5	10		15	20	
8							
9							
10		两组数乘积的和为		935			
11							
12				=SUMPRODUCT(B3:C7,E3:F7)			
13							

图 12-5　两个多维数组的乘积和

12.2 │ 用于条件计数汇总

SUMPRODUCT 函数可以替代 COUNT、COUNTA、COUNTBLANK、COUNTIF、COUNTIFS 等函数进行多条件计数与多条件求和。其原理就是使用条件表达式构建只有 0 和 1 的数组，将这个数组中所有的 1 和 0 相加，就是满足条件的单元格个数。

但是，条件表达式的结果是两个逻辑值 TRUE 和 FALSE，而 SUMPRODUCT 会把这两个逻辑值都当作数值 0 处理，因此，条件表达式需要乘以 1，或者除以 1，或者输入两个负号，使其转换为数字 1 和 0。参考如下表达式。

◎ (A1:A100=" 差旅费 ")*1。

◎ (A1:A100=" 差旅费 ")/1。

◎ -- (A1:A100=" 差旅费 ")。

这样把由 1 和 0 组成的数组元素相加，结果就是满足条件的个数了。

12.2.1 统计公式值不为空的单元格个数

利用公式从原始数据中进行汇总计算，得到了一个汇总表，但当公式出现错误值时，可以使用 IFERROR 函数进行错误值处理。其公式如下。

=IFERROR(计算表达式 ,"")

此时，要想统计这个区域内有多少个单元格是有计算结果的，就不能直接使用 COUNTA 函数，因为 COUNTA 函数会把这样的"空值"单元格统计在内，但这样的"空值"单元格并不是真正的空值，而是零长度的字符串。

例如，如图 12-6 所示的汇总表是使用 VLOOKUP 和 INDIRECT 函数制作滚动汇总公式得到的，单元格 C4 的公式如下。

=IFERROR(VLOOKUP($B4,INDIRECT(C$3&"!A:B"),2,0),"")

在这个公式中，如果某个月工作表不存在，就会出现错误值，因此可以使用 IFERROR 函数将错误值处理为空值。

此时，统计目前的月份工作表个数（也是当前月份）的公式如下。

=SUMPRODUCT((C11:N11<>"")*1)

C2 =SUMPRODUCT((C11:N11<>"")*1)

	A	B	C	D	E	F	G	H	I	J	K	L	M	N	O
1															
2		当前月份:	4												
3		项目	1月	2月	3月	4月	5月	6月	7月	8月	9月	10月	11月	12月	合计
4		项目1	266	302	595	135									1298
5		项目2	460	479	319	279									1537
6		项目3	226	469	272	482									1449
7		项目4	137	244	288	539									1208
8		项目5	261	253	318	465									1297
9		项目6	397	418	525	554									1894
10		项目7	366	562	334	190									1452
11		合计	2113	2727	2651	2644									10135
12															

汇总 | 1月 | 2月 | 3月 | 4月

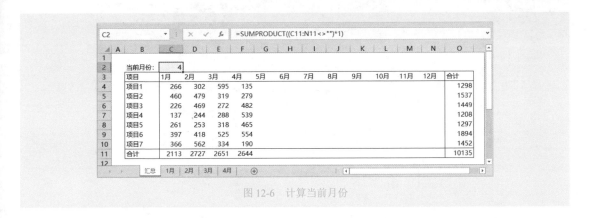

图 12-6　计算当前月份

12.2.2　单条件计数：基本用法

图 12-7 所示的工作表是使用 SUMPRODUCT 函数来替代 COUNT、COUNTA、COUNTBLANK 函数的示例。

	A	B	C	D	E	F
1						
2		1000		本区域中		
3		200				
4		0		数字单元格个数：	9	=SUMPRODUCT((ISNUMBER(B2:B17)*1))
5		-100		文本单元格个数：	4	=SUMPRODUCT((ISTEXT(B2:B17)*1))
6		0		空单元格个数：	3	=SUMPRODUCT((B2:B17="")*1)
7		AAA		不为空单元格个数：	13	=SUMPRODUCT((B2:B17<>"")*1)
8		-200				
9		BBB				
10						
11		CCC				
12		-500				
13						
14		2000				
15		3000				
16						
17		DDD				
18						

图 12-7　利用 SUMPRODUCT 函数进行简单的计算

条件判断的表达式如下。

◎ 单元格是数字：ISNUMBER（B2:B17）。

◎ 单元格是文字：ISTEXT（B2:B17）。

◎ 单元格是空值：B2:B17=""。

◎ 单元格不为空：B2:B17<>""。

下面再介绍几个利用SUMPRODUCT函数直接从原始数据中进行单条件计数的实际应用案例。

12.2.3 单条件计数：利用入职日期直接计算每月入职人数

案例 12-4

图 12-8 所示的工作表是 2020 年新入职员工登记表。现在要求统计各月的新入职人数。

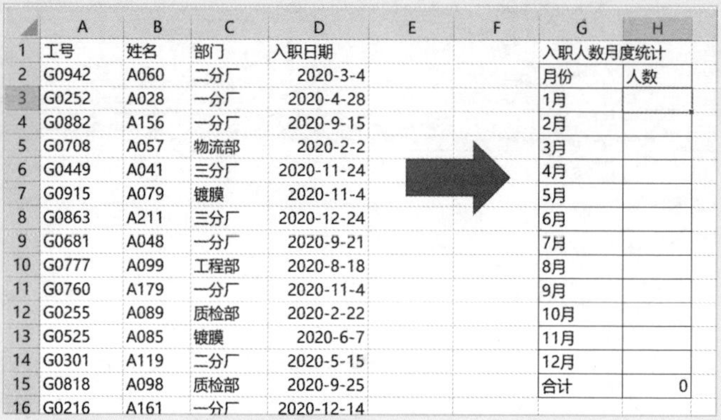

	A	B	C	D	E	F	G	H
1	工号	姓名	部门	入职日期			入职人数月度统计	
2	G0942	A060	二分厂	2020-3-4			月份	人数
3	G0252	A028	一分厂	2020-4-28			1月	
4	G0882	A156	一分厂	2020-9-15			2月	
5	G0708	A057	物流部	2020-2-2			3月	
6	G0449	A041	三分厂	2020-11-24			4月	
7	G0915	A079	镀膜	2020-11-4			5月	
8	G0863	A211	三分厂	2020-12-24			6月	
9	G0681	A048	一分厂	2020-9-21			7月	
10	G0777	A099	工程部	2020-8-18			8月	
11	G0760	A179	一分厂	2020-11-4			9月	
12	G0255	A089	质检部	2020-2-22			10月	
13	G0525	A085	镀膜	2020-6-7			11月	
14	G0301	A119	二分厂	2020-5-15			12月	
15	G0818	A098	质检部	2020-9-25			合计	0
16	G0216	A161	一分厂	2020-12-14				

图 12-8　新入职员工登记表

这个问题最简单的解决方法是使用数据透视表。不过，如果不允许使用数据透视表，该如何从原始的 4 列数据中统计出各月的人数呢？

使用 SUMPRODUCT 函数就可以了。单元格 H3 的公式如下。汇总结果如图 12-9 所示。

```
=SUMPRODUCT((TEXT($D$2:$D$212,"m 月 ")=G3)*1)
```

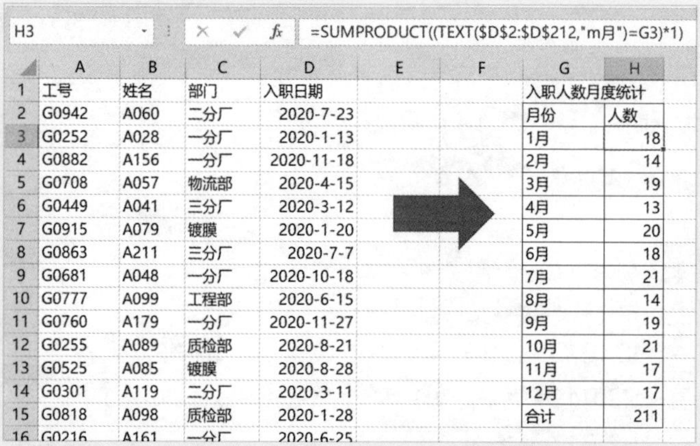

H3　=SUMPRODUCT((TEXT($D$2:$D$212,"m月")=G3)*1)

	A	B	C	D	E	F	G	H
1	工号	姓名	部门	入职日期			入职人数月度统计	
2	G0942	A060	二分厂	2020-7-23			月份	人数
3	G0252	A028	一分厂	2020-1-13			1月	18
4	G0882	A156	一分厂	2020-11-18			2月	14
5	G0708	A057	物流部	2020-4-15			3月	19
6	G0449	A041	三分厂	2020-3-12			4月	13
7	G0915	A079	镀膜	2020-1-20			5月	20
8	G0863	A211	三分厂	2020-7-7			6月	18
9	G0681	A048	一分厂	2020-10-18			7月	21
10	G0777	A099	工程部	2020-6-15			8月	14
11	G0760	A179	一分厂	2020-11-27			9月	19
12	G0255	A089	质检部	2020-8-21			10月	21
13	G0525	A085	镀膜	2020-8-28			11月	17
14	G0301	A119	二分厂	2020-3-11			12月	17
15	G0818	A098	质检部	2020-1-28			合计	211
16	G0216	A161	一分厂	2020-6-25				

图 12-9　汇总结果

📢 注意：这里的区域不能选择多了，因为空单元格使用表达式"TEXT(单元格 ,"m 月 ")"进行转换时，会被处理成 1 月 （Excel 中的空单元格在被处理成日期时，被认为了是 0。但是 Excel 中的 0 表示 1900 年 1 月 0 日，月份是 1 月）。

如果这个表格的数据会随时变动并更新，最好的方法是使用 OFFSET 函数构建一个动态的数据区域。此时的统计公式如下。

=SUMPRODUCT((TEXT(OFFSET($D$2,,,COUNTA($D$2:$D$1000),1),"m 月 ")=H3)*1)

这里的 OFFSET 函数就是获取动态日期数据区域。

OFFSET($D$2,,,COUNTA($D$2:$D$1000),1)

12.2.4　单条件计数：直接从系统导出数据统计每周订单数

案例 12-5

图 12-10 所示是从系统导出的订单流水记录，现在要求直接统计每周的订单数，并制作订单周报。

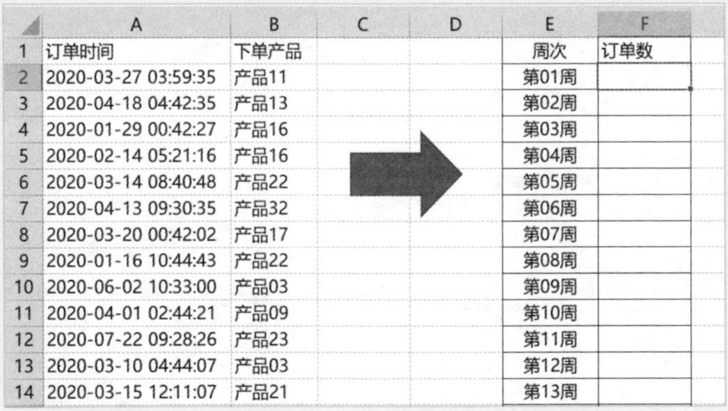

图 12-10　从系统导出订单流水记录制作订单周报

周次名称可以从左侧 A 列日期中，用 WEEKNUM 函数和 TEXT 函数来提取，这样，单元格 F2 公式可以设计如下。

=SUMPRODUCT((TEXT(WEEKNUM(DATEVALUE($A$2:$A$573),2)," 第 00 周 ")=E2)*1)

这个公式稍微复杂些，基本原理如下。

（1）使用 DATEVALUE 函数将 A 列的文本型日期时间转换为数值型日期时间。

（2）使用 WEEKNUM 函数从日期中提取出周次数字。

（3）再使用 TEXT 函数将这个数字转换为"第 00 周"的周次名称。

（4）将周次名称与报表的标题进行比较，并将比较结果变为 1 和 0。

（5）使用 SUMPRODUCT 函数将比较结果 1 和 0 相加。

最后结果如图 12-11 所示。

	A	B	C	D	E	F	G	H	I	J
	F2			fx	=SUMPRODUCT((TEXT(WEEKNUM(DATEVALUE($A$2:$A$573),2),"第00周")=E2)*1)					
1	订单时间	下单产品			周次	订单数				
2	2020-03-27 03:59:35	产品11			第01周	20				
3	2020-04-18 04:42:35	产品13			第02周	21				
4	2020-01-29 00:42:27	产品16			第03周	16				
5	2020-02-14 05:21:16	产品16			第04周	22				
6	2020-03-14 08:40:48	产品22			第05周	8				
7	2020-04-13 09:30:35	产品32			第06周	22				
8	2020-03-20 00:42:02	产品17			第07周	24				
9	2020-01-16 10:44:43	产品22			第08周	18				
10	2020-06-02 10:33:00	产品09			第09周	22				
11	2020-04-01 02:44:21	产品09			第10周	10				
12	2020-07-22 09:28:26	产品23			第11周	30				
13	2020-03-10 04:44:07	产品03			第12周	18				
14	2020-03-15 12:11:07	产品21			第13周	19				
15	2020-05-01 11:04:00	产品26			第14周	13				
16	2020-06-19 06:39:33	产品06			第15周	22				

图 12-11　订单周报结果

12.2.5　多条件计数：基本用法

使用 SUMPRODUCT 函数进行多条件计数更加普遍，因为假若条件有多个，在工作表上做很多个辅助列并不现实。

案例 12-6

使用 SUMPRODUCT 函数进行多条件计数有两种写法，接下来以如图 12-12 所示的示例数据介绍这两种方法。

	A	B	C
1	日期	产品	地区
2	2020-1-23	前轴	华东
3	2020-2-12	前轴	华东
4	2020-3-28	控制阀	华东
5	2020-5-8	前轴	华东
6	2020-1-19	前轴	华东
7	2020-1-5	后盖	华南
8	2020-1-25	前轴	华南
9	2020-4-18	前轴	华东
10	2020-1-16	前轴	华东
11			

图 12-12　SUMPRODUCT 函数多条件计数示例数据

1. 几组条件连乘

几组条件连乘的写法如下。

=SUMPRODUCT((条件 1)*(条件 2)*(条件 3)*...*(条件 n))

请看下面的公式。

=SUMPRODUCT((TEXT(A2:A10,"m 月 ")= "1 月 ")

　　　　　*(LEFT(B2:B10,2)= " 前轴 ")

　　　　　*(C2:C10=" 华东 "))

这里有 3 个条件写成了连乘。

(TEXT(A2:A10, "m 月 ")= "1 月 ")*(LEFT(B2:B10,2)= " 前轴 ")*(C2:C10=" 华东 ")

如果将这 3 个条件分别写成 3 列条件值列，其结果如图 12-13 所示。

图 12-13　3 个条件的结果：逻辑值 TRUE 和 FALSE

第 1 个条件：(TEXT(A2:A10,"m 月 ")="1 月 ")，结果是下面的数组。

{TRUE;FALSE;FALSE;FALSE;TRUE;TRUE;TRUE;FALSE;TRUE}

第 2 个条件：(LEFT(B2:B10,2)= " 前轴 ")，结果是下面的数组。

{TRUE,TRUE,FALSE,TRUE,TRUE,FALSE,TRUE,TRUE,TRUE }

第 3 个条件：(C2:C10=" 华东 ")，结果是下面的数组。

{TRUE,TRUE,TRUE,TRUE,TRUE,FALSE,FALSE,TRUE,TRUE}

那么，这三组逻辑值数组连乘的结果就是由 1 和 0 组成的数组（因为 TRUE*TRUE=1，TRUE*FALSE=0），如下所示。

$$\{1;0;0;0;1;0;0;0;1\}$$

最后使用 SUMPRODUCT 函数将数组的各个元素相加，结果是 3，也就是 1 月份华东地区前轴的个数。

2. 每个条件单独作为一组 1 和 0 的数组

此时，使用乘以 1 的方法将 TRUE 转换为 1，将 FALSE 转换为 0。

其写法如下。

```
=SUMPRODUCT(( 条件 1)*1,
            ( 条件 2)*1,
            ( 条件 3)*1,
            ...
            ( 条件 n)*1)
```

请看下面的公式。

```
=SUMPRODUCT((TEXT(A2:A10,"m 月 ")="1 月 ")*1,
            (LEFT(B2:B10,2)=" 前轴 ")*1,
            (C2:C10=" 华东 ")*1)
```

这里的 3 个条件分别单独书写，并乘以 1。

如果将这 3 个条件分别写成 3 列条件值列，其结果如图 12-14 所示。

	A	B	C	D	E	F
				fx	{=(TEXT(A2:A10, "m月")= "1月")*1}	
1	日期	产品	地区	条件1	条件2	条件3
2	2020-1-23	前轴	华东	1	1	1
3	2020-2-12	前轴	华东	0	1	1
4	2020-3-28	控制阀	华东	0	0	1
5	2020-5-8	前轴	华东	0	1	1
6	2020-1-19	前轴	华东	1	1	1
7	2020-1-5	后盖	华南	1	0	0
8	2020-1-25	前轴	华南	1	1	0
9	2020-4-18	前轴	华东	0	1	1
10	2020-1-16	前轴	华东	1	1	1
11						

图 12-14　3 个条件的结果：数字 1 和 0

第 1 个条件：(TEXT(A2:A10,"m 月 ")="1 月 ")*1，结果是下面的数组。

{1;0;0;0;1;1;1;0;1}

第 2 个条件：(LEFT(B2:B10,2)=" 前轴 ")*1，结果是下面的数组。

{1;1;0;1;1;0;1;1;1}

第 3 个条件：(C2:C10=" 华东 ")*1，结果是下面的数组。

{1;1;1;1;1;0;0;1;1}

那么，用 SUMPRODUCT 函数将这 3 组数相乘相加，结果就是 3。

1*1*1+0*1*1+0*0*1+0*1*1+1*1*1+1*0*0+1*1*0+0*1*1+1*0*0+1*1*1

在实际工作中，建议采用第二种写法，这种写法一方面阅读性好；另一方面，当某个条件设置有错时，可以很快检查并修改过来。

12.2.6 多条件计数：统计每个部门、每个月的新入职人数

案例 12-7

在案例 12-4 所使用的工作表中，要再次统计各部门、各月的新入职的人数，如图 12-15 所示。

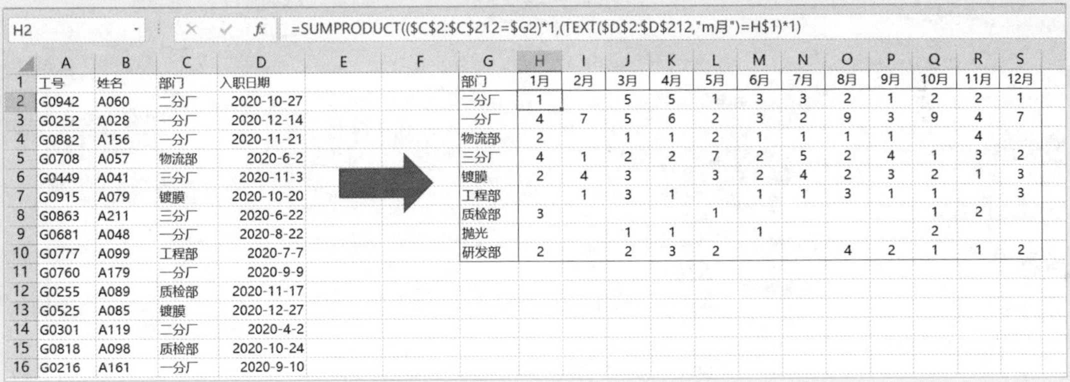

	A	B	C	D	E	F	G	H	I	J	K	L	M	N	O	P	Q	R	S
1	工号	姓名	部门	入职日期			部门	1月	2月	3月	4月	5月	6月	7月	8月	9月	10月	11月	12月
2	G0942	A060	二分厂	2020-10-27			二分厂	1		5	5	1	3	3	2	1	2	2	1
3	G0252	A028	一分厂	2020-12-14			一分厂	4	7	5	6	2	3	2	9	3	9	4	7
4	G0882	A156	一分厂	2020-11-21			物流部	2		1	5	2	1	1	1		4		
5	G0708	A057	物流部	2020-6-2			三分厂	4	1	2	7	2	5	2	4	1	3	2	
6	G0449	A041	三分厂	2020-11-3			镀膜	2	4	3		3	2	1	1	1	1		3
7	G0915	A079	镀膜	2020-10-20			工程部		1	3	1		1	1	3	1	1		3
8	G0863	A211	三分厂	2020-6-22			质检部	3			1						1	2	
9	G0681	A048	一分厂	2020-8-22			抛光			1	1		1			2			
10	G0777	A099	工程部	2020-7-7			研发部	2		2	3	2		4	2	1	1	2	
11	G0760	A179	一分厂	2020-9-9															
12	G0255	A089	质检部	2020-11-17															
13	G0525	A085	镀膜	2020-12-27															
14	G0301	A119	二分厂	2020-4-2															
15	G0818	A098	质检部	2020-10-24															
16	G0216	A161	一分厂	2020-9-10															

H2 单元格公式：=SUMPRODUCT(($C$2:$C$212=$G2)*1,(TEXT($D$2:$D$212,"m月")=H$1)*1)

图 12-15 统计各部门、各月的新入职的人数

这样的问题涉及两个条件的计数。

（1）判断部门。

（2）判断月份。

单元格 H2 公式如下。

```
=SUMPRODUCT(($C$2:$C$212=$G2)*1,
            (TEXT($D$2:$D$212,"m 月 ")=H$1)*1)
```

也可以写成如下公式。

```
=SUMPRODUCT(($C$2:$C$1000=$G2)*1,
            (TEXT($D$2:$D$1000,"m 月 ")=H$1)*1)
```

第 2 个公式更通用些。因为考虑到数据会不断增加，所以选择了 1000 行。尽管 TEXT 函数在处理空单元格时仍然会处理为 1 月，但是由于增加了一个部门条件，因此仍能得到正确的结果。

12.2.7 多条件计数：制作员工流动统计报表

案例 12-8

本例是案例 12-7 的扩展应用。员工清单如图 12-16 所示，该工作表中有以前入职的和当年入职的员工的信息，还有离职员工信息及其离职原因。现要求分别统计指定年份下各个部门各个月的入职和离职人数，制作成如图 12-17 所示的员工流动统计表。

	A	B	C	D	E	F	G	H	I	J	K
1	工号	姓名	性别	部门	学历	出生日期	年龄	进公司时间	本公司工龄	离职时间	离职原因
2	0062	AAA62	男	后勤部	本科	1956-3-29	64	2009-11-15	10		
3	0035	AAA35	男	生产部	本科	1957-8-14	62	2009-4-29	11		
4	0022	AAA22	女	技术部	本科	1961-8-8	58	2009-8-14	10		
5	0028	AAA28	女	国际贸易部	硕士	1952-4-30	68	2009-4-8	11		
6	0014	AAA14	女	财务部	硕士	1960-7-15	59	2009-12-21	8	2018-6-10	因个人原因辞职
7	0001	AAA1	男	总经理办公室	博士	1968-10-9	51	2009-4-8	11		
8	0002	AAA2	男	总经理办公室	本科	1969-6-18	50	2009-1-8	11		
9	0016	AAA16	女	财务部	本科	1967-8-9	52	2009-4-28	11	2020-5-24	因公司原因辞职
10	0015	AAA15	男	财务部	本科	1968-6-6	51	2009-10-18	10		
11	0052	AAA52	男	销售部	硕士	1960-4-7	60	2009-8-25	10		
12	0036	AAA36	男	生产部	本科	1969-12-21	50	2009-3-2	11		
13	0059	AAA59	女	后勤部	本科	1972-12-2	47	2009-5-16	11		
14	0012	AAA12	女	人力资源部	本科	1971-8-31	48	2009-5-22	11		
15	0021	AAA21	男	技术部	硕士	1969-4-24	51	2009-5-24	11		
16	0008	AAA8	男	人力资源部	本科	1972-3-19	48	2009-4-19	8	2018-1-18	因公司原因辞职
17	0018	AAA18	女	财务部	本科	1971-5-24	49	2009-7-21	8	2018-6-10	因个人原因辞职
18	0045	AAA45	男	销售部	本科	1974-4-4	46	2010-1-14	10		
19	0076	AAA76	男	销售部	大专	1952-9-6	67	2010-7-1	9		
20	0041	AAA41	女	生产部	本科	1974-8-12	45	2010-7-19	9		

员工清单 员工流动性分析表

图 12-16 员工清单

员工流动统计表

指定分析年份：2020

部门	1月		2月		3月		4月		5月		6月		7月		8月		9月		10月		11月		12月		全年	
	新进	离职	新进	离职	新进	离职	新进	离职	新进	离职	新进	离职	新进	离职	新进	离职	新进	离职	新进	离职	新进	离职	新进	离职	新进	离职
总经理办公室																										
财务部																										
人力资源部																										
国际贸易部																										
后勤部																										
技术部																										
生产部																										
销售部																										
信息部																										
生产部																										
合计																										

图 12-17　员工流动统计表

指定部门是图 12-16 中 D 列确定的条件，直接判断即可。

当要计算指定年份下各个月的新入职员工人数时，判断条件是在 H 列的“进公司时间”里判断是否为指定的年份和月份。由于 H 列保存的是一个完整的日期，并不是年份数字和月份文字，因此需要先使用 YEAR 函数和 TEXT 函数从“进公司时间”列里提取年份数字和月份文字，再进行判断。

同样的道理，当要计算指定年份下各个月的离职员工人数时，判断条件是在 J 列的“离职时间”里判断是否为指定的年份和月份。但是 J 列里保存的也是一个完整的日期，也不是年份数字和月份文字，因此也是先使用 YEAR 函数和 TEXT 函数从“离职时间”列里提取年份数字和月份文字，再进行判断。

单元格 B5 公式如下。

```
=SUMPRODUCT((YEAR( 员工清单 !$H$2:$H$1000)=$B$2)*1,
            (TEXT( 员工清单 !$H$2:$H$1000,"m 月 ")=B$3)*1,
            ( 员工清单 !$D$2:$D$1000=$A5)*1)
```

单元格 C5 公式如下。

```
=SUMPRODUCT((YEAR( 员工清单 !$J$2:$J$1000)=$B$2)*1,
            (TEXT( 员工清单 !$J$2:$J$1000,"m 月 ")=B$3)*1,
            ( 员工清单 !$D$2:$D$1000=$A5)*1)
```

计算结果如图 12-18 所示。

员工流动统计表

部门	1月新进	1月离职	2月新进	2月离职	3月新进	3月离职	4月新进	4月离职	5月新进	5月离职	6月新进	6月离职	7月新进	7月离职	8月新进	8月离职	9月新进	9月离职	10月新进	10月离职	11月新进	11月离职	12月新进	12月离职	全年新进	全年离职
指定分析年份 2020																										
总经理办公室						1			1																1	1
财务部										1																1
人力资源部																										
国际贸易部				1																						1
后勤部																										
技术部										1																1
生产部																										
销售部				1	1	1		1		1															1	4
信息部						1																				1
生产部	5		2		4	1																			11	1
合计	5		2	2	6	3	1	1	1	3															14	9

图 12-18　员工流动统计表计算结果

12.3 用于求和汇总

使用 SUMPRODUCT 函数进行单条件求和，无非就是在指定条件的基础上增加了需要求和的区域。因此计算方法与计数问题相同。

12.3.1　单条件求和：简单应用

例如，在如图 12-19 所示的工作表中计算 1 月份的总金额。

	A	B	C	D
1	日期	产品	地区	金额
2	2020-1-23	前轴	华东	12
3	2020-2-12	前轴	华东	45
4	2020-3-28	控制阀	华东	38
5	2020-5-8	前轴	华东	67
6	2020-1-19	前轴	华东	9
7	2020-1-5	后盖	华南	34
8	2020-1-25	前轴	华南	11
9	2020-4-18	前轴	华东	55
10	2020-1-16	前轴	华东	23
11				

图 12-19　SUMPRODUCT 函数条件求和示例

计算公式如下。

$$=SUMPRODUCT((TEXT(A2:A10,"m 月 ")="1 月 ")*1,D2:D10)$$

这个公式中，表达式 (TEXT(A2:A10,"m 月 ")="1 月 ")*1 的结果如下。

$$\{1;0;0;0;1;1;1;0;1\}$$

引用单元格区域 D2:D10 的数据如下。

$$\{12;45;38;67;9;34;11;55;23\}$$

那么，将这两组数对应的元素相乘相加，就是 1 月份的合计数了。

$$1*12+0*45+0*38+0*67+1*9+1*34+1*11+0*55+1*23$$

上述公式还可以写为

$$=SUMPRODUCT((TEXT(A2:A10,"m 月 ")="1 月 ")*D2:D10)$$

这个公式实际上是下面两组数相乘相加的结果。
◎ 数组 1（判断月份）：{TRUE;FALSE;FALSE;FALSE;TRUE;TRUE;TRUE;FALSE;TRUE}。
◎ 数组 2（实际数据）：{12;45;38;67;9;34;11;55;23}。
相乘相加的过程为

$$TRUE*12+ FALSE*45+ FALSE*38+ FALSE*67+ TRUE*9$$
$$+ TRUE*34+ TRUE*11+ FALSE*55+ TRUE*23$$

逻辑值 TRUE 乘以一个数字得到的还是这个数字，逻辑值 FALSE 乘以一个数字则是 0。因此，上述逻辑值数组和实际值数组相乘相加的结果就是 1 月份总金额。

12.3.2　多条件求和："与"条件

将条件设置为条件表达式，并将这些条件表达式设置为 SUMPRODUCT 函数的每个参数，或者将这些条件用乘号（*）连接起来的过程就是多条件求和。

案例 12-9

在如图 12-20 所示的工作表中，要求计算每个类别产品每个月的合计数。
单元格 G2 的公式如下。

=SUMPRODUCT((LEFT($B$2:$B$1000,2)=$F2)*1,

```
(TEXT(MID($A$2:$A$1000,3,2),"0 月 ")=G$1)*1,
$C$2:$C$1000)
```

G2		:	×	✓	fx	=SUMPRODUCT((LEFT($B$2:$B$1000,2)=$F2)*1, (TEXT(MID($A$2:$A$1000,3,2),"0月")=G$1)*1, $C$2:$C$1000)				

	A	B	C	D	E	F	G	H	I	J	K
1	日期	产品编码	金额			产品类别	1月	2月	3月	4月	5月
2	200421	GH26699	103,297.70			GH	173,824.22	316,781.94	96,552.80	216,857.20	163,882.59
3	200516	MA22971	31,298.37			MA	69,908.54	10,114.40	46,258.00	160,345.00	161,888.75
4	200129	BP13415	11,896.00			BP	22,370.87	66,103.67	60,715.65	106,768.00	52,020.00
5	200322	BP43253	10,000.00			WQ	196,075.00	41,928.00	133,009.86	124,644.36	47,198.00
6	200512	WQ30678	7,000.00			SU	210,969.21	16,733.00	34,506.93	161,883.44	69,871.69
7	200504	SU71314	45,500.00			EV	204,408.97	216,195.16	312,432.61	50,677.17	212,596.50
8	200116	WQ58443	95,281.00			QA	234,143.76	48,860.81	154,658.53	82,000.00	492,646.54
9	200228	EV76212	58,828.50			SA	352,641.30	28,186.00	167,930.08	208,580.24	91,976.11
10	200302	MA31283	40,400.00			CR	177,829.46	160,581.20	124,583.81	96,234.70	440,451.67
11	200120	QA60624	1,093.76			ZU	123,755.42	71,490.17	202,126.12	60,837.49	78,896.47
12	200205	QA28128	1,710.81								
13	200401	SA73906	65,590.20								
14	200328	EV61621	50,699.00								
15	200309	GH65065	4,847.80								
16	200311	CR13704	4,708.75								

图 12-20 多个"与"条件求和

在这个公式中，各个条件解释如下。

第 1 个条件：(LEFT($B$2:$B$1000,2)=$F2)*1。先用 LEFT 函数从 B 列的产品编码数据中的左侧取出两位字母（即产品类别），然后与报告中的指定类别名称进行比较。

第 2 个条件：(TEXT(MID($A$2:$A$1000,3,2),"0 月 ")=G$1)*1。先用 MID 函数把日期数据的中间两位数字取出来（即月份），再用 TEXT 函数把取出的数字转换成报告月份标题文字形式，最后与报告中的月份名称进行比较。

12.3.3 多条件求和："或"条件

将几个条件表达式用加号（+）连接起来，就可以构建"或"条件表达式，从而解决"或"条件下的多条件求和问题。

案例 12-10

在如图 12-21 所示的工作表中，按照产品类别汇总各月的销售总额。产品类别分类如下。

◎ 家电类：彩电、冰箱、空调。

◎ 数码类：计算机、相机。

◎ 运输类：轿车、重卡、货船。

	A	B	C	D	E	F	G	H	I
1	日期	产品	销售额			月份	家电类	数码类	运输类
2	2020-11-3	重卡	1338			1月			
3	2020-4-18	货船	2082			2月			
4	2020-10-18	彩电	1511			3月			
5	2020-11-20	彩电	2142			4月			
6	2020-5-14	轿车	703			5月			
7	2020-9-29	彩电	826			6月			
8	2020-8-10	相机	557			7月			
9	2020-6-1	相机	1683			8月			
10	2020-5-20	相机	1465			9月			
11	2020-7-26	彩电	1758			10月			
12	2020-1-9	相机	702			11月			
13	2020-7-14	货船	475			12月			
14	2020-5-22	重卡	1929						
15	2020-5-24	重卡	1079						
16	2020-11-27	计算机	1582						

图 12-21　"或"条件下多条件求和示例

单元格 G2（家电类）公式如下。

```
=SUMPRODUCT((TEXT($A$2:$A$754,"m 月 ")=F2)*1,
            ($B$2:$B$754=" 彩电 ")+($B$2:$B$754=" 冰箱 ")+($B$2:$B$754=" 空调 "),
            $C$2:$C$754)
```

单元格 H2（数码类）公式如下。

```
=SUMPRODUCT((TEXT($A$2:$A$754,"m 月 ")=F2)*1,
            ($B$2:$B$754=" 计算机 ")+($B$2:$B$754=" 相机 "),
            $C$2:$C$754)
```

单元格 I2（货运类）公式如下。

```
=SUMPRODUCT((TEXT($A$2:$A$754,"m 月 ")=F2)*1,
            ($B$2:$B$754=" 轿车 ")+($B$2:$B$754=" 重卡 ")+($B$2:$B$754=" 货船 "),
            $C$2:$C$754)
```

计算结果如图 12-22 所示。

以家电类公式为例，其中 3 个产品的条件是"或"条件，也就是这 3 个产品都要加总，因此这 3 个条件表达式用加号（+）连接。

```
($B$2:$B$754=" 彩电 ")+($B$2:$B$754=" 冰箱 ")+($B$2:$B$754=" 空调 ")
```

图 12-22　各类产品在各月的销售统计

当多个条件表达式相加时，逻辑值 TRUE 加 TRUE 就是 1，TRUE 加 FALSE 也是 1，只有
FALSE 相加才是 0。其结果如下。

　◎ 只要有一个条件是 TRUE，几个条件的连接结果就是 1。

　◎ 只有所有条件都不是 TRUE 时，几个条件的连接结果才是 0。

注意：每个条件表达式一定要用括号括起来再相加。

例如，下面两个表达式的写法所得到的结果是完全不同的。结果如图 12-23 所示。

图 12-23　每个条件表达式一定要用括号括起来

写法 1 如下。

A2:A5="a"+B2:C2>100

结果如下。

{#VALUE!,#VALUE!;#VALUE!,#VALUE!;#VALUE!,#VALUE!;#VALUE!,#VALUE!}

写法 2 如下。

(A2:A5="a")+(B2:C2>100)

结果如下。

{2,1;1,0;2,1;1,0}

12.4 | 其他妙用

SUMPRODUCT 函数还有很多其他的奇妙用途，这些应用的核心是构建数组，利用数组相乘相加的原理进行计算。

12.4.1 计算每个客户的销售总额

案例 12-11

图 **12-24** 所示的工作表是一种结构表格，每个产品下有两列，分别保存单价和销售量，现在要计算每个客户的销售总额。

	A	B	C	D	E	F	G	H	I	J	K	L	M	N	O	P	Q	R	S	T
1	客户	销售总额	产品1		产品2		产品3		产品4		产品5		产品6		产品7		产品8		产品9	
2			单价	销售量	单价	销售量	单价	销售量	单价	销售量	单价	销售量	单价	销售量	单价	销售量	单价	销售量	单价	销售量
3	客户1	12072	19	45	22	16	21	44	48	37	23	20	42	39	50	22	14	11	13	50
4	客户2	9923			27	20	7	46	31	8	35	44			46	46	46	18	39	20
5	客户3	8083	46	43			20	32			34	12	25	9	45	29	31	22	12	16
6	客户4	7825	10	25	9	40	14	49	16	13	25	37	26	30			32	17	23	38
7	客户5	7536			17	23	6	20	31	28			27	14			27	31	38	23
8	客户6	9676	29	35	16	45	36	43			46	27	50	19	11	43	19	15	7	44
9	客户7	6982	39	35					16	30	25	12	48	24	19	8	37	8	7	45
10	客户8	7871	35	9	22	8	13	30	20	16			48	13	36	41	32	27	8	15
11	客户9	9123	30	27	21	34	33	21	12	10	6	6	42	14			33	35	38	21
12	客户10	8368	20	6	32	9	8	30	31	47	15	43	28	12			45	8	42	34
13	客户11	6885					21	25	45	25	21	15	37	7	35	28	44	33	41	30
14	客户12	6693	40	24	14	13	13	28			25	14			11	34	33	12	28	14
15																				

应用之1

图 12-24 SUMPRODUCT 函数的奇妙用法

乍一看，这个问题似乎很复杂，一般人会使用如下公式。

=C3*D3+E3*F3+G3*H3+I3*J3+K3*L3+M3*N3+O3*P3+Q3*R3+S3*T3+U3*V3+W3*X3+Y3*Z3+AA3*AB3+AC3*AD3

这种公式不仅工作量大，而且极易造成操作失误，从而制造出错误的公式。

但是，如果根据第 2 行的标题进行判断，把每个客户的各个产品的单价和销售量分成两组数，再把两组数相乘相加，不就是想要的结果吗？此时，计算公式可以简化为

=SUMPRODUCT(($C$2:$AD$2=" 单价 ")*C3:AD3,($D$2:$AE$2=" 销售量 ")*D3:AE3)

公式含义解释如下。

（1）表达式 ($C$2:$AD$2=" 单价 ")*C3:AD3 ，就是根据第 2 行的标题，把每个客户所有产品的单价数据提取出来，生成一个单价数组（如果不是单价，就处理为 0）。

{19,0,22,0,21,0,48,0,23,0,42,0,50,0,14,0,13,0,30,0,16,0,7,0,32,0,27,0}

（2）表达式 ($D$2:$AE$2=" 销售量 ")*D3:AE3 ，就是根据第 2 行的标题，把每个客户所有产品的销售量数据提取出来，生成一个销售量数组（如果不是销售量，就处理为 0）。

注意：单价数据和销售量数据正好错开一列，此部分表达式的数据区域就要从第一个销售量所在列（即 D 列）开始选取。）此数组的结果如下。

{45,0,16,0,44,0,37,0,20,0,39,0,22,0,11,0,50,0,48,0,30,0,47,0,48,0,14,0}

（3）最后把这两组相乘相加，就是各个产品的单价乘以销售量，得到的就是销售总额。

12.4.2　替代查找函数

当给定多个条件查找数据，而查找的数据又是数字时，可以使用 SUMIFS 函数或者 SUMPRODUCT 函数。

案例 12-12

在如图 12-25 所示的工作表中，需要把指定国家、指定产品的数据查找出来。可以使用下面的公式。

=SUMPRODUCT((B3:B6=K2)*(C2:H2=K3)*C3:H6)

K4				×	✓	fx	=SUMPRODUCT((B3:B6=K2)*(C2:H2=K3)*C3:H6)			
	A	B	C	D	E	F	G	H	I	J	K
1											
2		国家	产品1	产品2	产品3	产品4	产品5	产品6		国家	美国
3		中国	47	78	76	65	16	50		产品	产品3
4		美国	54	12	70	48	33	10		数据	**70**
5		英国	78	11	16	23	40	24			
6		法国	48	40	46	57	79	77			
7											

图 12-25　多条件查找数据

这个二维表格数据的查找问题也可以通过联合使用 VLOOKUP 函数和 MATCH 函数来解决，这种方法最简单，也最好理解。

=VLOOKUP(K2,$B$2:$H$6,MATCH(K3,$B$2:$H$2,0),0)

12.4.3 匹配材料总价格

某些情况下，需要根据多个条件查找数据，并进行一些计算，以得到需要的数据，此时，使用查找函数不能显示结果，如果使用 SUMPRODUCT 函数，就很容易解决了。

案例 12-13

图 12-26 所示是一个材料采购记录表，其中左侧的"材料记录单"工作表中缺了一列价格数据，即每个日期下每种材料的价格。这里，每种材料的总价格是材料基本价加上各个附加项目的价格。

例如，第 7 行的"C30 强化速干"的总价格就是标号 C30 的基本价、强化和速干 3 个项目的价格合计数。

402+15+24.5=441.5

第 2 行的"C30"的总价格就是基本价 402，没有附加项目。

图 12-26 材料采购记录表

在单元格 C2 输入下面的公式，就得到各个日期下每种材料的价格。

```
=SUMPRODUCT(
    (ISNUMBER(FIND( 价格 !$A$2:$A$5,B2))+( 价格 !$A$2:$A$5=" 基本价 "))
```

```
*(LEFT(B2,3)= 价格 !$B$1:$G$1)
* 价格 !$B$2:$G$5)
```

计算结果如图 12-27 所示。

	A	B	C	D
1	日期	材料	价格	
2	2020-1-29	C30	402	
3	2020-2-27	C30速干	426.5	
4	2020-3-24	C30	402	
5	2020-3-25	C20强化速干	298.5	
6	2020-4-12	C30速干	426.5	
7	2020-4-25	C30强化速干	441.5	
8	2020-5-6	C25强化强胶速干	386	
9	2020-5-8	C30强化速干	441.5	
10	2020-5-10	C30	402	
11	2020-5-11	C35	430	
12	2020-5-16	C30强胶速干	437	
13				

图 12-27　材料总价格匹配结果

这个公式比较复杂，下面是这个公式的主要逻辑思路。

（1）ISNUMBER(FIND(价格 !$A$2:$A$5,B2)) 表示匹配是否含有某个附加项目。

（2）(价格 !$A$2:$A$5=" 基本价 ") 表示在 "价格" 表中判断是否为基本价项目。

（3）上述两个条件的结果就是基本价项目和其他附加项目的合计数。

（4）(LEFT(B2,3)= 价格 !$B$1:$G$1) 表示判断是否为某个标号。

（5）价格 !$B$2:$G$5 表示实际计算总价格的数据区域。

以单元格 C7 的公式为例，SUMPRODUCT 函数里面的表达式结果为下面的数组。

{0,0,402,0,0,0;0,0,15,0,0,0;0,0,0,0,0,0;0,0,24.5,0,0,0}

将这个数组的数字相加，就是该材料及附加项目的总价格。

第 13 章

VLOOKUP 函数：
从左往右查找数据

Excel

提起 VLOOKUP 函数，大多数人都觉得很熟悉，甚至会用 VLOOKUP 函数。然而，在实际工作中，使用 VLOOKUP 函数时总会出现各种问题。

那么，VLOOKUP 函数到底是什么？如何才能正确使用它呢？

13.1 | 基本原理与用法

作为最常用的查找引用函数之一，VLOOKUP 函数并不像想象得那样简单，要想灵活运用这个函数，首先要了解这个函数的基本原理与用法。

13.1.1 基本原理

VLOOKUP 函数是根据指定的条件，在指定的数据列表或区域内，在左边第一列里匹配指定的条件，然后从右边某列取出符合该条件的对应数据的函数。使用方法如下。

=VLOOKUP(匹配条件 , 查找列表或区域 , 取数的列号 , 匹配模式)

该函数的四个参数说明如下。

◎ 匹配条件：就是指定的查找条件，也就是常说的搜索值。
◎ 查找列表或区域：是一个至少包含一列数据的列表或单元格区域，并且该区域的第一列必须含有要匹配的数据，也就是说谁是匹配值，就把谁选为区域的第一列。这个参数可以是工作表的单元格区域，也可以是数组。
◎ 取数的列号：是指定从哪列里取数，列号按从左往右顺序排序。
◎ 匹配模式：是指精确定位单元格查找和模糊定位单元格查找。当为 TRUE、1 或者忽略时为模糊定位单元格查找；当为 FALSE 或者 0 时为精确定位单元格查找。

13.1.2 基本用法

VLOOKUP 函数的应用是有条件的，并不是任何查询问题都可以使用 VLOOKUP 函数。要使用 VLOOKUP 函数，必须满足以下五个条件。

◎ 查询区域必须是列结构的，即数据必须按列保存。这也是该函数的第一个字母是 V 的原因，V 就是英文单词 Vertical 的缩写。
◎ 匹配条件必须是单条件。
◎ 查询方向是从左往右的，也就是说，匹配条件在数据区域的左边某列，要取的数在匹配条件的右边某列。
◎ 在查找列表或区域中，匹配条件不允许有重复数据。
◎ 匹配条件不区分大小写。

把 VLOOKUP 函数的第 1 个参数设置为具体的值，从查询表中数出要取数的列号，并且第 4 个参数设置为 FALSE 或者 0，这是最常见、最基本的用法。

13.1.3 基本应用案例

案例 13-1

图 13-1 所示为一个工资表和一个考勤统计表。现在要求根据姓名，在考勤统计表中查找该员工的加班时间和请假时间，以便在工资表中计算加班费和请假扣款。

工资表：

	A	B	C	D	E	F	G	H	I
1	序号	姓名	部门	基本工资	补贴	加班时间	加班费	请假时间	请假扣款
2	1	王浩忌	财务部	11204	305				
3	2	马梓	行政部	7987	149				
4	3	舒思雨	技术部	8473	633				
5	4	蔡齐豫	销售部	7258	164				
6	5	毛利民	行政部	4965	651				
7	6	王雨燕	技术部	10142	257				
8	7	何欣	技术部	8351	1117				
9	8	彭然君	技术部	5861	910				
10	9	张丽莉	办公室	6764	935				
11	10	李萌	销售部	10814	261				
12	11	李然	技术部	5172	752				
13	12	秦玉邦	销售部	12044	920				
14	13	王玉成	财务部	10637	972				
15									
16									

考勤统计表：

	A	B	C	D	E
1	序号	姓名	部门	加班时间(小时)	请假时间(小时)
2	1	张丽莉	办公室	4	49
3	2	马梓	行政部		6
4	3	毛利民	行政部	17	52
5	4	王浩忌	财务部	19	
6	5	王玉成	财务部		20
7	6	蔡齐豫	销售部	19	
8	7	秦玉邦	销售部	22	30
9	8	李萌	销售部		52
10	9	何欣	技术部	11	
11	10	李然	技术部	16	16
12	11	彭然君	技术部	8	2
13	12	舒思雨	技术部		24
14	13	王雨燕	技术部	13	45
15					
16					

图 13-1　考勤统计表和工资表

以查找工资表中的第一个人“王浩忌”加班时间数据为例，VLOOKUP 函数查找数据的逻辑描述如下。

（1）姓名“王浩忌”是条件，是查找的依据（匹配条件），因此 VLOOKUP 函数的第 1 个参数是 B2 指定的具体姓名。

（2）搜索的方法是从考勤统计表的 B 列从上往下依次匹配哪个单元格是“王浩忌”，如果是，就不再往下搜索，转而往右到 D 列里取出王浩忌的加班时间，因此 VLOOKUP 函数的第 2 个参数是从考勤统计表的 B 列开始，E 列结束的单元格区域。

（3）如果提取“加班时间”这列的数，从“姓名”列算起，往右数到第 3 列是要提取的数据，因此 VLOOKUP 函数的第 3 个参数是数字 3。

（4）因为要在考勤统计表的 B 列里精确定位到有“王浩忌”姓名的单元格，所以 VLOOKUP 函数的第 4 个参数要输入 FALSE 或者 0。

这样，工资表的 F2 单元格的查找公式如下。

=VLOOKUP(B2, 考勤统计表 !B:E,3,0)

同样的道理，请假时间是从第 4 列取数。其查找公式如下。

=VLOOKUP(B2, 考勤统计表 !B:E,4,0)

查找结果如图 13-2 所示。VLOOKUP“函数参数”对话框如图 13-3 所示。

F2 =VLOOKUP(B2,考勤统计表!B:E,3,0)

	A	B	C	D	E	F	G	H	I
1	序号	姓名	部门	基本工资	补贴	加班时间	加班费	请假时间	请假扣款
2	1	王浩忌	财务部	11204	305	19		0	
3	2	马梓	行政部	7987	149	0		6	
4	3	舒思雨	技术部	8473	633	0		24	
5	4	蔡齐豫	销售部	7258	164	19		0	
6	5	毛利民	行政部	4965	651	17		52	
7	6	王雨燕	技术部	10142	257	13		45	
8	7	何欣	技术部	8351	1117	11		0	
9	8	彭然君	技术部	5861	910	8		2	
10	9	张丽莉	办公室	6764	935	4		49	
11	10	李萌	销售部	10814	261	0		52	
12	11	李然	技术部	5172	752	16		16	
13	12	秦玉邦	销售部	12044	920	22		30	
14	13	王玉成	财务部	10637	972	0		20	
15									

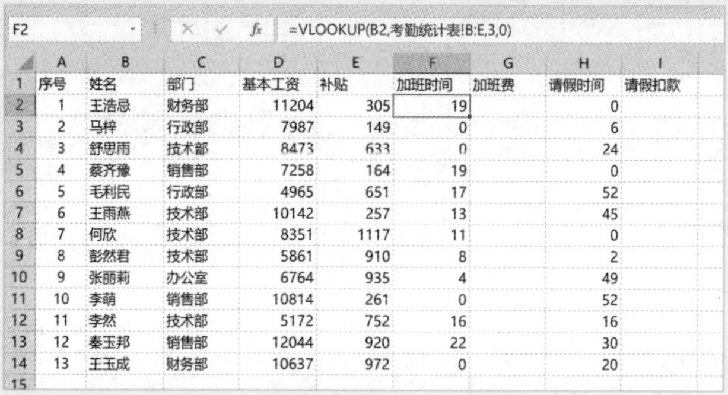

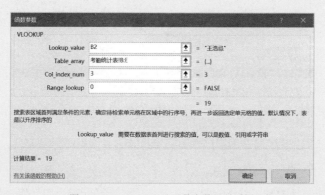

图 13-2　查找结果

图 13-3　VLOOKUP“函数参数”对话框

了解了 VLOOKUP 函数的基本用法后，就可以在很多表格中使用这个函数来快速准确地查找满足条件的数据了。

13.2 灵活应用 1：第 1 个参数使用通配符

VLOOKUP 函数的应用是非常灵活的，不仅限于大家普遍了解的基本用法。通过灵活设置函数的 4 个参数，可以将 VLOOKUP 函数的应用发挥到极致。

13.2.1 使用通配符（*）匹配条件

VLOOKUP 函数的第 1 个参数是匹配的条件，这个条件可以是精确的完全匹配，也可以是模糊的大致匹配。如果条件值是文本，就可以使用通配符（*）来匹配关键词。VLOOKUP 函数的这种用法非常强大。

案例 13-2

图 13-4 所示为一个工资表和一个补贴系数表，现在根据员工等级确定补贴系数。

工资表：

	A	B	C	D	E	F	G
1	序号	姓名	部门	级别	基本工资	补贴系数	补贴
2	1	王浩忌	财务部	1级	11204		
3	2	马梓	行政部	5级	7987		
4	3	舒思雨	技术部	12级	8473		
5	4	蔡齐豫	销售部	7级	7258		
6	5	毛利民	行政部	2级	4965		
7	6	王雨燕	技术部	4级	10142		
8	7	何欣	技术部	3级	8351		
9	8	彭然君	技术部	11级	5861		
10	9	张丽莉	办公室	9级	6764		
11	10	李萌	销售部	8级	10814		
12	11	李然	技术部	12级	5172		
13	12	秦玉邦	销售部	1级	12044		
14	13	王玉成	财务部	2级	10637		

补贴系数表：

	A	B	C
1	等级	补贴系数	
2	1级，2级，3级	1	
3	4级，5级	1.05	
4	6级，7级，8级，9级	1.1	
5	10级，11级	1.2	
6	12级	1.28	

图 13-4 VLOOKUP 函数的第 1 个参数使用通配符

由于补贴系数相同的几个等级名称被保存在了一个单元格中，此时，查找的条件就是从某个单元格中查找是否含有指定的等级名称了。在这种情况下，在查找条件里使用通配符（*）进行关键词匹配即可。

单元格 F2 公式如下。

```
=VLOOKUP("*"&D2&"*", 补贴系数表 !$A$2:$B$6,2,0)
```

F2 =VLOOKUP("*"&D2&"*",补贴系数表!$A$2:$B$6,2,0)

	A	B	C	D	E	F	G	H	I
1	序号	姓名	部门	级别	基本工资	补贴系数	补贴		
2	1	王浩忌	财务部	1级	11204	1			
3	2	马梓	行政部	5级	7987	1.05			
4	3	舒思雨	技术部	12级	8473	1.28			
5	4	蔡齐豫	销售部	7级	7258	1.1			
6	5	毛利民	行政部	2级	4965	1			
7	6	王雨燕	技术部	4级	10142	1.05			
8	7	何欣	技术部	3级	8351	1			
9	8	彭然君	技术部	11级	5861	1.2			
10	9	张丽莉	办公室	9级	6764	1.1			
11	10	李萌	销售部	8级	10814	1.1			
12	11	李然	技术部	12级	5172	1.28			
13	12	秦玉邦	销售部	1级	12044	1			
14	13	王玉成	财务部	2级	10637	1			

图 13-5 查找结果

查找结果如图 13-5 所示。

VLOOKUP 函数的“函数参数”对话框如图 13-6 所示。

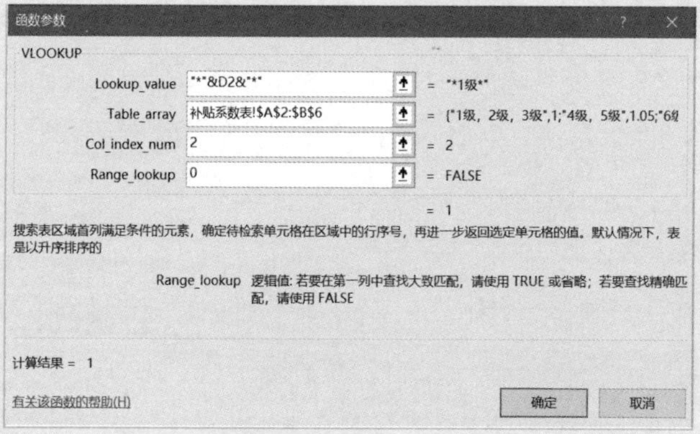

图 13-6　VLOOKUP"函数参数"对话框

13.2.2　使用通配符（?）匹配条件

通配符有两个：星号（*）和问号（?），前者匹配任意字符，后者匹配指定位数字符。因此，在 VLOOKUP 函数的第 1 个参数中，还可以使用问号来查找指定位数的字符数据。

示例如图 13-7 所示。查找公式如下。

$$=VLOOKUP("??????",A2:B8,2,0)$$

图 13-7　使用通配符（?）匹配字符位数来进行查找

13.3 灵活应用 2：第 2 个参数设置不同区域

VLOOKUP 函数的第 2 个参数是查找区域，这个区域可以是多个不同的区域，只要使用相关的函数（如 IF 函数、OFFSET 函数等）进行判断引用即可。

13.3.1 使用 IF 函数确定查找区域

案例 13-3

图 13-8 所示的工作表是 4 个业务部的销售数据，现在要分析指定业务部、指定产品在国内和国外的销售情况。

	业务一部			业务二部			业务三部			业务四部				指定业务部	业务三部
	产品	国内	国外	产品	国内	国外	产品	国内	国外	产品	国内	国外		指定产品	产品3
	产品1	323	392	产品1	246	223	产品1	214	363	产品1	476	293			
	产品2	217	276	产品3	270	227	产品3	356	220	产品6	255	286		查找结果：	
	产品3	285	500	产品4	199	313	产品4	274	490	产品2	484	340		国内	356
	产品4	213	279	产品5	445	486	产品5	380	190	产品3	143	178		国外	220
	产品5	448	219	产品2	417	212	产品6	409	242	产品4	318	138			
	产品6	270	453	产品6	400	163	产品2	158	151	产品5	492	221			
	产品7	489	464	产品7	121	436	产品7	153	424	产品7	125	257			
	产品8	196	267	产品8	430	243	产品8	330	435	产品8	207	107			

图 13-8 从多个区域中查找数据

使用 IF 函数根据指定的业务部名称进行判断，确定从哪个区域来查找数据，然后把 IF 函数的结果作为 VLOOKUP 函数的第 2 个参数，就能实现多个区域的查找。

单元格 O6 公式如下。

```
=VLOOKUP($O$3,
        IF($O$2=" 业务一部 ",$A$2:$C$10,
        IF($O$2=" 业务二部 ",$D$2:$F$10,
        IF($O$2=" 业务三部 ",
        $G$2:$I$10,$J$2:$L$10))),
        2,0)
```

VLOOKUP 函数的"函数参数"对话框如图 13-9 所示。在该对话框中，用 IF 函数确定要取数的单元格区域。

这个公式比较长，但逻辑非常清楚。如果将 IF 函数的结果定义为一个名称"业务部"，如图 13-10 所示，那么公式就可以简化为

```
=VLOOKUP($O$3, 业务部 ,2,0)
```

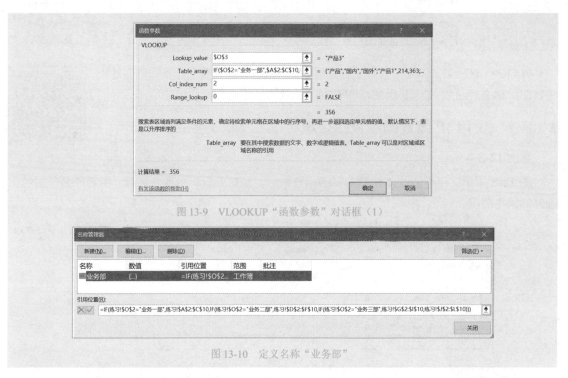

图 13-9　VLOOKUP "函数参数" 对话框（1）

图 13-10　定义名称 "业务部"

此时，VLOOKUP 函数的 "函数参数" 对话框如图 13-11 所示。在该对话框中，用定义的名称确定取数的单元格区域。

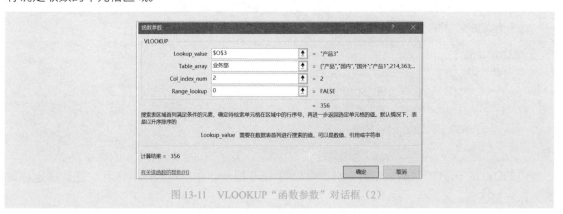

图 13-11　VLOOKUP "函数参数" 对话框（2）

13.3.2　使用 OFFSET 函数确定查找区域

13.3.1 小节中的例子比较简单，因为其区域个数一定，而且区域大小也是固定的。但在有些情况下，会面临着区域个数不定、区域大小也不定的问题，此时，可以使用 OFFSET 函数动态引用区域，并将这个区域作为 VLOOKUP 函数的第 2 个参数。关于 OFFSET 函数，将在第 19 章详细介绍。

案例 13-4

图 13-12 所示为各个地区、各个产品的销售数据，现在要求查找指定地区、指定产品的全年销售数据。

	A	B	C	D	E	F	G	J	K
1	地区	产品	一季度	二季度	三季度	四季度	全年		
2	华北	产品1	975	451	554	839	2819	指定地区	华东
3		产品3	683	319	640	394	2036	指定产品	产品4
4		产品5	318	788	731	660	2497		
5	华东	产品3	364	470	770	935	2539	全年销售=	
6		产品4	781	342	989	836	2948		
7		产品1	755	782	873	763	3173		
8		产品2	623	653	690	891	2857		
9	华南	产品3	882	726	880	323	2811		
10		产品4	701	622	476	799	2598		
11		产品5	681	459	325	455	1920		
12	华中	产品2	936	744	353	951	2984		
13		产品3	766	520	542	529	2357		
14		产品4	848	463	825	657	2793		
15	西北	产品2	360	774	578	361	2073		
16		产品3	887	534	493	773	2687		
17	西南	产品1	809	560	730	428	2527		
18		产品2	740	369	787	788	2684		

图 13-12　各个地区、各个产品的销售数据

由于 A 列有合并单元格，为了能够创建高效公式，首先取消 A 列的合并单元格，并填充数据，如图 13-13 所示。

	A	B	C	D	E	F	G	J	K
1	地区	产品	一季度	二季度	三季度	四季度	全年		
2	华北	产品1	975	451	554	839	2819	指定地区	华东
3	华北	产品3	683	319	640	394	2036	指定产品	产品4
4	华北	产品5	318	788	731	660	2497		
5	华东	产品3	364	470	770	935	2539	全年销售=	
6	华东	产品4	781	342	989	836	2948		
7	华东	产品1	755	782	873	763	3173		
8	华东	产品2	623	653	690	891	2857		
9	华南	产品3	882	726	880	323	2811		
10	华南	产品4	701	622	476	799	2598		
11	华南	产品5	681	459	325	455	1920		
12	华中	产品2	936	744	353	951	2984		
13	华中	产品3	766	520	542	529	2357		
14	华中	产品4	848	463	825	657	2793		
15	西北	产品2	360	774	578	361	2073		
16	西北	产品3	887	534	493	773	2687		
17	西南	产品1	809	560	730	428	2527		
18	西南	产品2	740	369	787	788	2684		

图 13-13　取消 A 列的合并单元格并填充数据

这样，就可以联合使用 MATCH、COUNTIF 和 OFFSET 函数引用指定的单元格区域，并利用 VLOOKUP 函数查找数据。其公式如下。

```
=VLOOKUP(K3,
         OFFSET(B1,MATCH(K2,A2:A18,0),,COUNTIF(A2:A18,K2),6),6,0)
```

计算结果如图 13-14 所示。

K5　=VLOOKUP(K3,OFFSET(B1,MATCH(K2,A2:A18,0),,COUNTIF(A2:A18,K2),6),6,0)

	A	B	C	D	E	F	G	H	I	J	K	L
1	地区	产品	一季度	二季度	三季度	四季度	全年					
2	华北	产品1	975	451	554	839	2819			指定地区	华东	
3	华北	产品3	683	319	640	394	2036			指定产品	产品4	
4	华北	产品5	318	788	731	660	2497					
5	华东	产品3	364	470	770	935	2539			全年销售=	2948	
6	华东	产品4	781	342	989	836	2948					
7	华东	产品1	755	782	873	763	3173					
8	华东	产品2	623	653	690	891	2857					
9	华南	产品3	882	726	880	323	2811					
10	华南	产品4	701	622	476	799	2598					
11	华南	产品5	681	459	325	455	1920					
12	华中	产品2	936	744	353	951	2984					
13	华中	产品3	766	520	542	529	2357					
14	华中	产品4	848	463	825	657	2793					
15	西北	产品2	360	774	578	361	2073					
16	西北	产品3	887	534	493	773	2687					
17	西南	产品1	809	560	730	428	2527					
18	西南	产品2	740	369	787	788	2684					

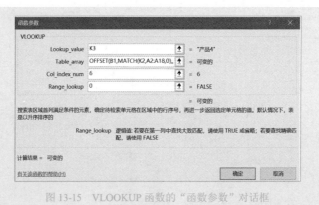

图 13-14　计算结果

VLOOKUP 函数的“函数参数”对话框如图 13-15 所示。在该对话框中，用 OFFSET 函数确定取数的单元格区域。

图 13-15　VLOOKUP 函数的“函数参数”对话框

扩展思维：由于这个题目的查找结果是销售数字，因此也可以使用 SUMIFS 函数来解决。其公式如下。

```
=SUMIFS(G2:G18,A2:A18,K2,B2:B18,K3)
```

13.4 │ 灵活应用 3：第 3 个参数自动确定取数列号

在之前的案例子中，VLOOKUP 函数的第 3 个参数一般都是数出来的。在实际工作中，往往需要把做好的 VLOOKUP 公式向右或者向下复制，并希望能自动定位取数的列号，而不是手动修改列号。

VLOOKUP 函数的第 3 个参数，其实可以用很多的函数来自动匹配列号，例如 COLUMN 函数、ROW 函数、IF 函数、MATCH 函数等。

13.4.1 使用 COLUMN 函数确定列号

COLUMN 函数用于获取指定单元格的所在列号。

例如，公式"=COLUMN(D12)"的结果就是得到单元格 D12 的列号 4。如果省略 COLUMN 函数的参数，该函数得到的就是公式所在单元格的列号。例如，如果在单元格 H5 输入了公式"=COLUMN()"，那么该公式的结果就是 8。

当需要向右复制公式，而且查询表的列次序与基础表的列次序一样时，可以使用 COLUMN 函数作为 VLOOKUP 函数的第 3 个参数，以便公式往右复制。

案例 13-5

图 13-16 所示是一个工资表，现在要求制作指定员工工资查询表，如图 13-17 所示。

	A	B	C	D	E	F	G	H	I	J	K	L	M	N	O	P
1	工号	姓名	性别	所属部门	基本工资	岗位工资	工龄工资	补贴	奖金	考勤扣款	住房公积金	养老保险	医疗保险	失业保险	个人所得税	实发合计
2	0001	刘晓晨	男	办公室	1581	1000	360	747	1570	57	588.9	268.8	67.2	33.6	211.38	4031.12
3	0004	祁正人	男	办公室	3037	800	210	747	985	69	435.4	192.8	48.2	24.1	326.42	4683.08
4	0005	张丽莉	女	办公室	4376	800	150	438	970	135	387	180	45	22.5	469.68	5494.82
5	0006	孟欣然	女	行政部	6247	800	300	549	1000	148	456.1	224	56	28	821.78	7162.12
6	0007	毛利民	男	行政部	4823	600	420	459	1000	72	369.1	161.6	40.4	20.2	570.8	6067.9
7	0008	马一晨	男	行政部	3021	1000	330	868	1385	44	509.5	210.4	52.6	26.3	439.18	5322.02
8	0009	王浩忌	男	行政部	6859	1000	330	682	1400	13	522.4	234.4	58.6	29.3	1107.66	8305.64
9	0013	王玉成	男	财务部	4842	600	390	781	1400	87	468.3	183.2	45.8	22.9	666.16	6539.64
10	0014	蔡齐豫	女	财务部	7947	1000	360	747	1570	20	588.9	268.8	67.2	33.6	1354.1	9291.4
11	0015	秦玉邦	男	财务部	6287	800	270	859	955	0	459.6	205.6	51.4	25.7	910.74	7517.96
12	0016	马梓	男	财务部	6442	800	210	639	1185	87	424.6	176.8	44.2	22.1	929.26	7592.04
13	0017	张慈安	女	财务部	3418	800	210	747	985	23	435.4	192.8	48.2	24.1	390.48	5046.02
14	0018	李萌	女	财务部	4187	800	150	438	970	181	387	180	45	22.5	434.42	5295.08
15	0019	何欣	女	技术部	1926	800	300	549	1000	100	456.1	224	56	28	146.09	3564.81

工资表　查询表

图 13-16　工资表

	A	B	C	D	E	F	G	H	I	J	K	L
1												
2	指定姓名	毛利民										
3												
4	基本工资	岗位工资	工龄工资	补贴	奖金	考勤扣款	住房公积金	养老保险	医疗保险	失业保险	个人所得税	实发合计
5												
6												

图 13-17　要求制作的查询表

需要制作的查询表中的每个项目与原始工资表中的项目次序完全一样，要取的数是从第 4 列开始的，因此可以使用 COLUMN 函数来自动输入取数的列号。单元格 A5 的公式如下。

=VLOOKUP($B$2, 工资表 !$B:$P,COLUMN(D1),0)

查询结果如图 13-18 所示。

A5				fx	=VLOOKUP($B$2,工资表!$B:$P,COLUMN(D1),0)							
	A	B	C	D	E	F	G	H	I	J	K	L
1												
2	指定姓名	毛利民										
3												
4	基本工资	岗位工资	工龄工资	补贴	奖金	考勤扣款	住房公积金	养老保险	医疗保险	失业保险	个人所得税	实发合计
5	4823	600	420	459	1000	72	369.1	161.6	40.4	20.2	570.8	6067.9
6												

图 13-18　查找结果

VLOOKUP 函数的"函数参数"对话框如图 13-19 所示。在该对话框中，使用 COLUMN 函数确定取数列位置。

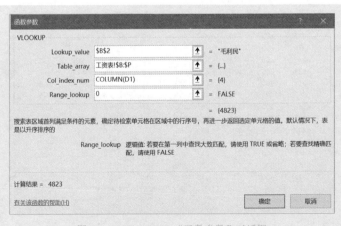

图 13-19　VLOOKUP "函数参数" 对话框

13.4.2 使用 ROW 函数确定行号

ROW 函数用于获取指定单元格的所在行号。例如，公式“=ROW(A6)”的结果就是得到单元格 A6 的行号 6。

如果省略 ROW 函数的参数，该函数得到的就是公式所在单元格的行号。例如，如果在单元格 H10 中输入了公式“=ROW()”，那么该公式的结果就是 10。

当需要向下复制公式，而且查询表的行次序与基础表的列次序一样时，可以使用 ROW 函数作为 VLOOKUP 函数的第 3 个参数，以便公式往下复制。

案例 13-6

以案例 13-5 的数据为例，要制作如图 13-20 所示的查询表。

由于是向下复制公式，每向下复制一个单元格，取数的列号变化与行号变化是一致的，因此可以设计如下的公式。

```
=VLOOKUP($C$2, 工资表 !$B:$P,ROW(A4),0)
```

查询结果如图 13-21 所示。

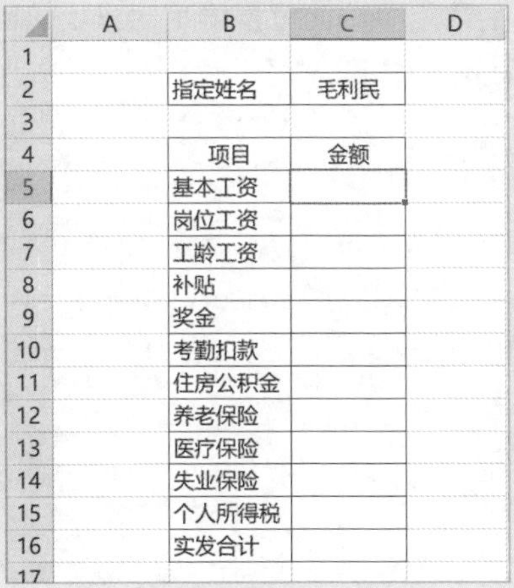

	A	B	C	D
1				
2		指定姓名	毛利民	
3				
4		项目	金额	
5		基本工资		
6		岗位工资		
7		工龄工资		
8		补贴		
9		奖金		
10		考勤扣款		
11		住房公积金		
12		养老保险		
13		医疗保险		
14		失业保险		
15		个人所得税		
16		实发合计		

图 13-20 按行保存查询结果

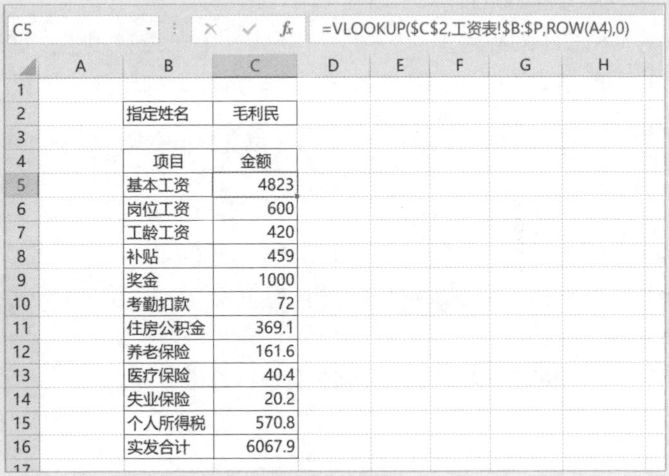

C5 =VLOOKUP($C$2,工资表!$B:$P,ROW(A4),0)

	A	B	C	D	E	F	G	H
1								
2		指定姓名	毛利民					
3								
4		项目	金额					
5		基本工资	4823					
6		岗位工资	600					
7		工龄工资	420					
8		补贴	459					
9		奖金	1000					
10		考勤扣款	72					
11		住房公积金	369.1					
12		养老保险	161.6					
13		医疗保险	40.4					
14		失业保险	20.2					
15		个人所得税	570.8					
16		实发合计	6067.9					

图 13-21 查找结果

VLOOKUP“函数参数”对话框如图 13-22 所示。在该对话框中，使用 ROW 函数确定取数列位置。

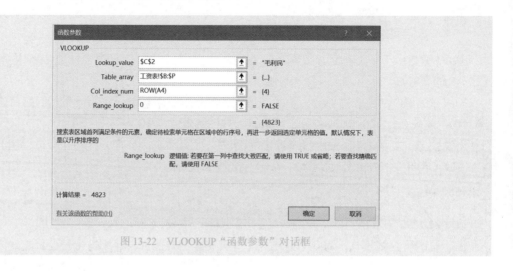

图 13-22　VLOOKUP "函数参数" 对话框

13.4.3　使用 MATCH 函数确定列号

如果查询表的列仅仅是基础表的某几列数据，并且次序不一样，此时如何快速定位列号呢？使用 MATCH 函数即可。

MATCH 函数用来从一列、一行或一个一维数组中，把指定数据所在的位置确定出来。该函数得到的结果不是单元格的数据，是指定数据的单元格位置。其语法如下。

=MATCH(查找值 , 查找区域 , 匹配模式)

这里的查找区域只能是一列、一行或一个一维数组。

匹配模式是一个数字 –1、0 或者 1。如果是 1，查找区域的数据必须做升序排序；如果是 –1，查找区域的数据必须做降序排序；如果是 0，则可以是任意顺序。一般情况下都设置成 0，以做精确匹配查找。

关于 MATCH 函数将在第 16 章进行详细介绍。

案例 13-7

图 13-23 所示是一个工资清单，现在要制作一个查询表，查询指定员工的主要工资项目，结果如图 13-24 所示。

工资清单中的列数达 26 列，但仅需要取出 9 列数据，而这 9 列数据分布在不同的位置。此时，如果设置 9 个公式，在每个公式里手动设置取数的位置就很烦琐，因此可以使用 MATCH 函数。

	A	B	C	D	E	F	G	H	U	V	W	X	Y	Z
1	工号	姓名	性别	所属部门	级别	基本工资	岗位工资	工龄工资	医疗保险	失业保险	社保合计	个人所得税	应扣合计	实发合计
2	0001	刘晓晨	男	办公室	1级	1581	1000	360	67.2	33.6	369.6	211.38	1169.88	4031.12
3	0004	祁正人	男	办公室	5级	3037	800	210	48.2	24.1	265.1	326.42	1026.92	4683.08
4	0005	张丽莉	女	办公室	3级	4376	800	150	45	22.5	247.5	469.68	1104.18	5494.82
5	0006	孟欣然	女	行政部	1级	6247	800	300	56	28	308	821.78	1585.88	7162.12
6	0007	毛利民	男	行政部	4级	4823	600	420	40.4	20.2	222.2	570.8	1162.1	6067.9
7	0008	马一晨	男	行政部	1级	3021	1000	330	52.6	26.3	289.3	439.18	1237.98	5322.02
8	0009	王浩忌	男	行政部	1级	6859	1000	330	58.6	29.3	322.3	1107.66	1952.36	8305.64
9	0013	王玉成	男	财务部	6级	4842	600	390	45.8	22.9	251.9	666.16	1386.36	6539.64
10	0014	蔡齐豫	女	财务部	5级	7947	1000	360	67.2	33.6	369.6	1354.1	2312.6	9291.4
11	0015	秦玉邦	男	财务部	6级	6287	800	270	51.4	25.7	282.7	910.74	1653.04	7517.96

图 13-23 工资清单

图 13-24 查询指定员工的主要工资项目

单元格 C5 的公式如下，向下复制就得到各个项目的数据。

> =VLOOKUP($C$2, 工资清单 !$B:$Z,MATCH
> (B5, 工资清单 !$B$1:$Z$1,0),0)

这里，"MATCH(B5, 工资清单 !$B$1:$Z$1,0)"就是自动从工资清单的标题中定位某个项目的位置。

📢 注意：由于 VLOOKUP 函数是从 B 列开始搜索的，所以 MATCH 函数也必须从 B 列开始定位。

VLOOKUP "函数参数"对话框如图 13-25 所示。在该对话框中，使用 MATCH 函数确定取数列位置。

函数参数		? ×
VLOOKUP		
Lookup_value	$C$2 ⬆	= "何欣"
Table_array	工资清单!$B:$Z ⬆	= {...}
Col_index_num	MATCH(B5,工资清单!$B$1:$Z$1,0 ⬆	= 5
Range_lookup	0 ⬆	= FALSE
		= 1926

搜索表区域首列满足条件的元素，确定待检索单元格在区域中的行序号，再进一步返回选定单元格的值。默认情况下，表是以升序排序的。

Lookup_value 需要在数据表首列进行搜索的值，可以是数值、引用或字符串

计算结果 = 1926

有关该函数的帮助(H)   确定   取消

图 13-25 VLOOKUP "函数参数"对话框

13.4.4　使用 IF 函数确定列号

在实际工作中，也可能遇到这样的情况，取数的列位置既不能用 COLUMN 函数或 ROW 函数来自动确定，也不能使用 MATCH 函数来定位，该怎么办呢？此时应根据具体表格来分析，一般可以使用 IF 函数来判断解决。

案例 13-8

图 13-26 所示的工作表中，每个地区、不同工龄的津贴标准是不同的，现在要求计算每个人的津贴。

	A	B	C	D	E	F	G	H	I	J	K	L
1	姓名	地区	工龄	津贴						津贴标准		
2	A001	北京	6	800			地区			工龄		
3	A002	上海	21	1020				不满1年	1~5年	6~10年	11~20年	21年以上
4	A003	苏州	14	850			北京	30	600	800	1000	1200
5	A004	北京	8	800			上海	50	500	700	900	1020
6	A005	南京	2	300			苏州	60	450	600	850	980
7	A006	苏州	7	600			天津	10	280	350	550	640
8	A007	南京	10	400			南京	20	300	400	480	570
9	A008	南京	22	570								
10	A009	上海	1	500								
11	A010	上海	0	50								
12	A011	苏州	12	850								
13	A012	北京	23	1200								
14	A013	天津	8	350								
15	A014	天津	16	550								
16												

图 13-26　计算每个人的津贴

右侧的津贴标准表中，最左边是地区，而员工工资表中的 B 列就是地区，因此可以根据地区从津贴表中查询数据。

那么到底从哪列查询数据？不同的工龄有不同的津贴，且二者位于不同的列。这时可以使用嵌套 IF 函数。如图 13-27 所示是这个问题的逻辑思路图。

这样，就可以创建如下的查找公式。

```
=VLOOKUP(B2,
         $G$4:$L$8,
         IF(C2<1,2,IF(C2<=5,3,IF(C2<=10,4,IF(C2<=20,5,6)))),
         0)
```

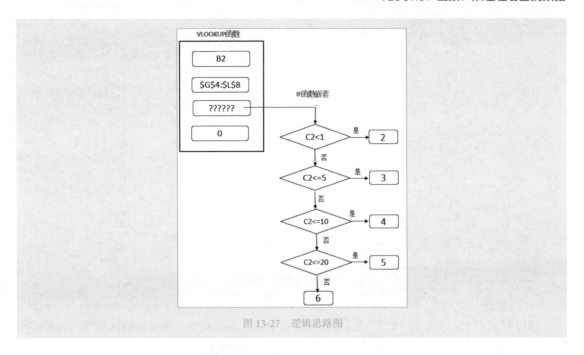

图 13-27　逻辑思路图

13.4.5　几种自动确定取数列号方法的比较

使用 COLUMN 函数来自动定位取数列位置，只能应用于查询表项目与基础表项目左右次序一致的场合。使用 COLUMN 函数要注意：如果在 COLUMN 函数引用单元格的左侧插入列或者删除列，就会出现错误结果，这是因为 COLUMN 函数引用的单元格发生了变化，如图 13-28 所示。

B5			× ✓ _fx_	=VLOOKUP($C$2,工资表!$B:$P,COLUMN(E1),0)								
⊿	A	B	C	D	E	F	G	H	I	J	K	L	M
1		✎											
2		指定姓名	毛利民										
3													
4		基本工资	岗位工资	工龄工资	补贴	奖金	考勤扣款	住房公积金	养老保险	医疗保险	失业保险	个人所得税	实发合计
5		600	420	459	1000	72	369.1	161.6	40.4	20.2	570.8	6067.9	#REF!
6													

图 13-28　在左边插入一列，查询结果错误

同样，使用 ROW 函数来自动定位取数行位置，也只能应用于查询表项目行次序与基础表项目列次序一致的场合。如果在 ROW 函数引用单元格的上面插入行或者删除行，也会出现错误结果，因为 ROW 函数引用的单元格发生了变化，如图 13-29 所示。

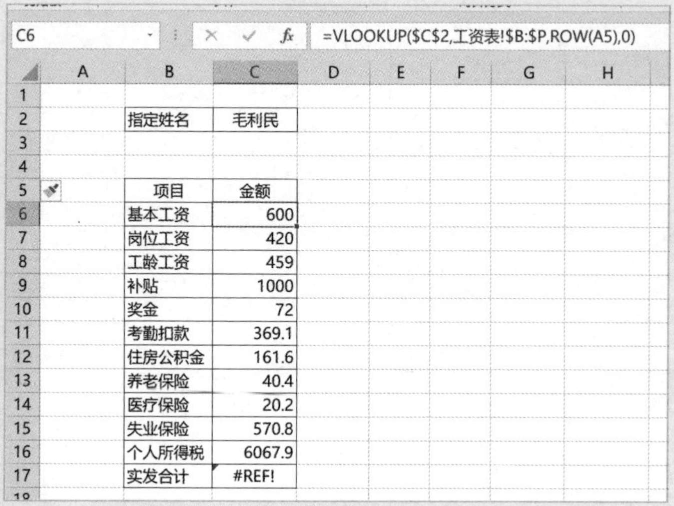

图 13-29　在上面插入一行，查询结果错误

使用 MATCH 函数来定位取数列位置，则不会出现上面的问题，不论是插入列或行，都不会影响取数的列位置，因为 MATCH 函数会自动匹配取数的列位置。

因此，在案例 13-5 中，科学高效的公式应该是下面的情况。这样，插入列并不会影响查询结果，如图 13-30 所示。

=VLOOKUP($C$2, 工资表 !$B:$P,MATCH(B4, 工资表 !$B$1:$P$1,0),0)

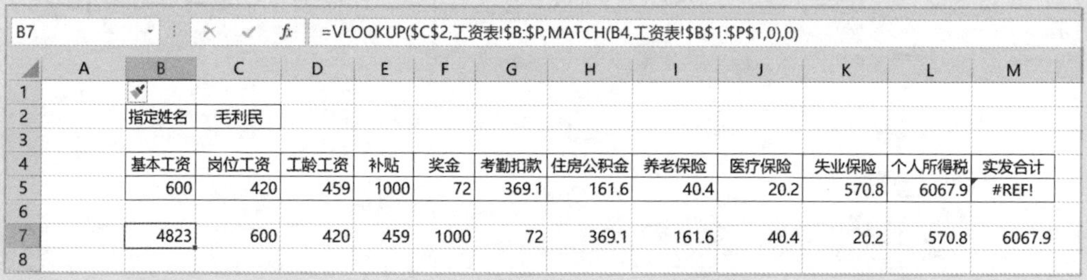

图 13-30　插入列后，COLUMN 函数和 MATCH 函数的不同结果

在案例 13-6 中，科学高效的公式也可以是下面的情况。这样，即使插入行也不会影响查询结果，如图 13-31 所示。

=VLOOKUP($C$2, 工资表 !$B:$P,MATCH(B6, 工资表 !$B$1:$P$1,0),0)

	A	B	C	D	E	F	G	H	I	J
1										
2		指定姓名	毛利民							
3										
4										
5		项目	金额							
6		基本工资	600	4823						
7		岗位工资	420	600						
8		工龄工资	459	420						
9		补贴	1000	459						
10		奖金	72	1000						
11		考勤扣款	369.1	72						
12		住房公积金	161.6	369.1						
13		养老保险	40.4	161.6						
14		医疗保险	20.2	40.4						
15		失业保险	570.8	20.2						
16		个人所得税	6067.9	570.8						
17		实发合计	#REF!	6067.9						
18										

D6 =VLOOKUP($C$2,工资表!$B:$P,MATCH(B6,工资表!$B$1:$P$1,0),0)

图 13-31　插入行后，ROW 函数和 MATCH 函数的不同结果

13.5　灵活应用 4：第 4 个参数设置模糊查找

VLOOKUP 函数的第 4 个参数用于指定精确查找或是模糊查找。

什么是精确查找？就是必须把存在指定条件的数据查找出来，不管这个是条件完全一样的精确匹配，还是含有关键词的模糊匹配，如果找不到这样的匹配条件，那么就不再寻找了。

但在有些情况下，必须对指定的条件进行查找，如果条件完全匹配，直接取出数据；如果条件不匹配，那也不能空手而归，而是必须得到一个数据。

13.5.1　模糊定位查找的基本原理

案例 13-9

在如图 13-32 所示的工作表中，要根据业务员的业绩达成率来确定业务员的提成比例，不同的达成率对应不同的提成比例。

281

	A	B	C	D	E	F	G	H	I	J	K
1	业务员	目标	实际销售额	达成率	提成比例	提成额				提成标准	
2	A001	2250	2482	110.31%	12%	297.84			下限值	达成率	提成比例
3	A002	390	612	156.92%	20%	122.4			0	40%以下	1%
4	A003	1240	857	69.11%	6%	51.42			40%	40%~50%	3%
5	A004	560	1410	251.79%	30%	423			50%	50%~60%	4%
6	A005	1010	711	70.40%	7%	49.77			60%	60%~70%	6%
7	A006	2420	2558	105.70%	10%	255.8			70%	70%~80%	7%
8	A007	1180	1826	154.75%	20%	365.2			80%	80%~90%	8%
9	A008	810	2533	312.72%	45%	1139.85			90%	90%~100%	9%
10	A009	2860	1684	58.88%	4%	67.36			100%	100%~110%	10%
11	A010	580	981	169.14%	20%	196.2			110%	110%~120%	12%
12	A011	1700	1276	75.06%	7%	89.32			120%	120%~150%	15%
13	A012	750	231	30.80%	1%	2.31			150%	150%~200%	20%
14	A013	990	1263	127.58%	15%	189.45			200%	200%~300%	30%
15	A014	2110	1967	93.22%	9%	177.03			300%	300%以上	45%
16											

Sheet1

图 13-32 计算业务员的提成比例

以业务员 A001 为例，他的达成率是 110.31%，但在提成标准表里找不到这个比例数字，它只是位于 110%~120% 这个区间内，对应的提成比例是 12%。

在提成标准表的左边设置一个辅助列，输入达成率区间的下限值，并按升序排序，那么使用下面的查找公式，就可以非常方便地找出每个业务员的提成比例了。

```
=VLOOKUP(D2,$I$2:$K$15,3)
```

此时，VLOOKUP 函数的查找原理为首先在 I 列搜索 110.31%，没找到，则继续查找小于或等于 110.31% 的最大值，即最接近 110.31% 的数——110%，取出它对应的提成比例 12%。

所以，当 VLOOKUP 函数的第 4 个参数省略，或者为 TRUE 或 1 时，这个函数就是寻找最接近于指定条件值的最大数据，此时必须满足下面的条件。

（1）查找条件必须是数字。

（2）必须在查询的左边做一个辅助列，输入数值区间的下限值，并按升序排序。

这种模糊定位查找可以替代嵌套 IF 函数，让公式更加简单，也更加高效。另外，在图 13-32 中，如果提成标准变化了，公式是不需要改动的。

13.5.2 应用案例 1：替代嵌套 IF 函数

在案例 13-9 中，使用了 VLOOKUP 函数的模糊查找功能来替代嵌套 IF 函数。

案例 13-10

在如图 13-33 所示的工作表中根据工龄计算年休假天数，使用嵌套 IF 函数的公式如下。

=IF(B2<1,0,IF(B2<10,5,IF(B2<20,10,15)))

可以在 VLOOKUP 函数里设置数组，做模糊查找，公式如下。参数设置如图 13-34 所示。

=VLOOKUP(B2, {0,0;1,5;10,10;20,15}, 2)

注意：VLOOKUP 函数的第 2 个参数构建了一个二维数组 {0,0;1,5;10,10;20,15}，这个数组相当于工作表中的 2 列 4 行数据。

C2 =VLOOKUP(B2,{0,0;1,5;10,10;20,15},2)

	A	B	C	D	E
1	姓名	工龄	年休假天数-VLOOKUP	年休假天数-IF嵌套	
2	A001	12	10	10	
3	A002	8	5	5	
4	A003	3	5	5	
5	A004	21	15	15	
6	A005	0	0	0	
7	A006	10	10	10	
8	A007	20	15	15	
9					

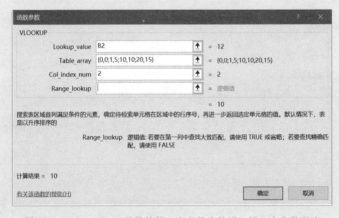

图 13-33 使用 VLOOKUP 函数替代嵌套 IF 函数

图 13-34 VLOOKUP 函数的第 2 个参数为数组，第 4 个参数省略

13.5.3 应用案例 2：自动重复输入数据

案例 13-11

在如图 13-35 所示的工作表中，要求根据项目名称指定的重复次数，在另一列输入项目名称以完成列表。

这个问题看起来很复杂，其实可以使用 VLOOKUP 函数的模糊查找功能快速解决。

首先设计查询表，即如图 13-36 所示的 A 列 ~C 列，然后在 E 列输入连续序号，在单元格 F2 中输入下面的公式，向下复制，即可得到需要的结果。

```
=VLOOKUP(E2,$A$2:$B$6,2)
```

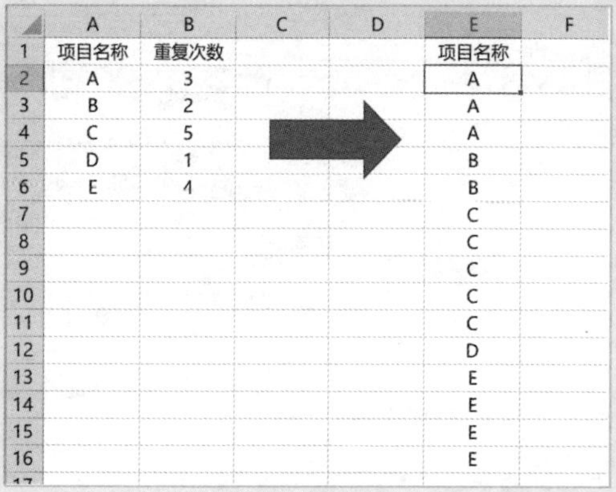

	A	B	C	D	E	F
1	项目名称	重复次数			项目名称	
2	A	3			A	
3	B	2			A	
4	C	5			A	
5	D	1			B	
6	E	4			B	
7					C	
8					C	
9					C	
10					C	
11					C	
12					D	
13					E	
14					E	
15					E	
16					E	

图 13-35　根据项目重复次数，得到一个完成列表

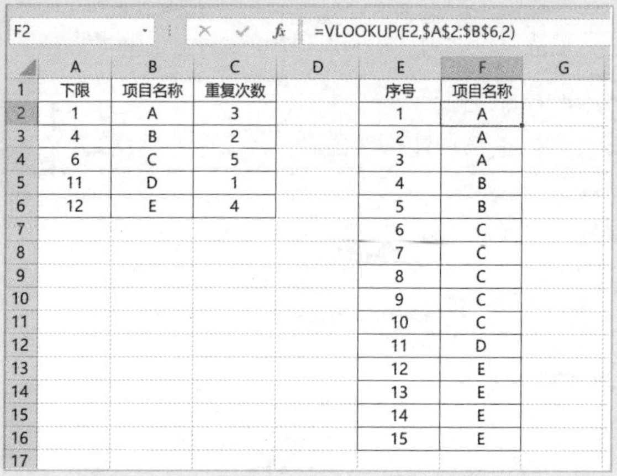

	A	B	C	D	E	F	G
1	下限	项目名称	重复次数		序号	项目名称	
2	1	A	3		1	A	
3	4	B	2		2	A	
4	6	C	5		3	A	
5	11	D	1		4	B	
6	12	E	4		5	B	
7					6	C	
8					7	C	
9					8	C	
10					9	C	
11					10	C	
12					11	D	
13					12	E	
14					13	E	
15					14	E	
16					15	E	
17							

图 13-36　重复输入每个项目

13.6 其他灵活应用

VLOOKUP 函数有很多非常奇妙而又灵活的应用，尤其是与其他函数联合使用。本节介绍几个这样的应用案例。

13.6.1　用文本函数提取搜索值

案例 13-12

图 13-37 所示的工作表从身份证号码里提取了户口所在地，身份证号码的前 6 位数字是地区码，可以从国家统计局官方网站下载，并进行整理。

此时，单元格 F2 的公式如下。

```
=VLOOKUP(1*LEFT(B2,4), 地区编码 !A:B,2,0)
& VLOOKUP(1*LEFT(B2,6), 地区编码 !A:B,2,0)
```

图 13-37　从身份证号码里提取户口所在地

这个公式中，由于 LEFT 函数取出的结果是文本型数字，而地区编码表 A 列的编码是纯数字，因此需要在公式中把文本型数字转换为纯数字，这里使用了乘以 1 这个小技巧。

13.6.2　反向查找

VLOOKUP 函数的根本用法是从左往右查找数据。但是，如果条件在右边，结果在左边，此时变成了从右往左查找数据，能不能使用 VLOOKUP 函数呢？

直接使用 VLOOKUP 函数是不行的，因为它违背了函数的基本规则。有人说，把条件移动到左边就可以使用 VLOOKUP 函数了。但是，如果原始数据表格列不允许移动呢？

此时可以构建一个判断数组，在公式中把条件列和结果列互调位置，从而实现 VLOOKUP 函数的反向查找。

案例 13-13

在如图 13-38 所示的工作表中，要把指定姓名的社保号找出来，但是姓名在右边，社保号在左边。下面公式就是实现这样的反向查找。

```
=VLOOKUP(G2,IF({1,0},C2:C9,B2:B9),2,0)
```

这个公式中，IF({1,0},C2:C9,B2:B9) 的作用实际上是在公式中重新排列组合了数据，把"姓名"列数据和社保号列数据调了个位置，其效果如图 13-39 所示。这样就可以使用 VLOOKUP 函数正常查找数据了。

285

📢 注意：这种方法中的 VLOOKUP 函数并不是真正地从右往左查找数据。

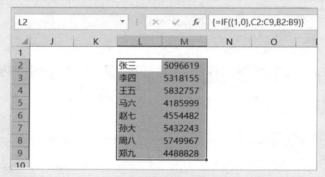

图 13-38 根据姓名查找社保号：姓名在右边，社保号在左边

图 13-39 IF({1,0},C2:C9,B2:B9) 的作用：调换条件列和结果列的位置

13.6.3 多条件查找

单独使用 VLOOKUP 函数是无法进行多条件查找的，但可以设计数组公式来实现多条件查找

案例 13-14

在如图 13-40 所示的工作表中，要求查找指定地区、指定产品的达标状态。

对于这个问题，通常的做法是做辅助列，将两个条件连接成一个条件，再使用 VLOOKUP 函数查找。其实，也可以使用前面的反向查找方法将辅助列做到公式里以构建条件数组，然后完成数据查找。不过，这样做就是一个数组公式了。

单元格 G5 的公式如下。

```
=VLOOKUP(G2&G3,IF({1,0},A2:A13&B2:B13,C2:C13),2,0)
```

图 13-40　VLOOKUP 函数的多条件查找

13.6.4　一次查找多个值

使用 VLOOKUP 函数还可以一次查找多个值，并做进一步处理，这种操作也需要设计数组公式。

案例 13-15

在如图 13-41 所示的工作表中，要求计算"产品 01""产品 03""产品 06""产品 08"的销售合计数。

图 13-41　计算指定几个产品的合计数

对于这个问题，可以使用 SUM 函数与 SUMIF 函数来解决；也可以使用 VLOOKUP 函数制作数组公式，实现批量提取多个值，然后用 SUM 函数将这个几个值相加。

所谓制作数组公式，就是使用 IF 函数进行处理，把要查找的几个产品筛选出来进行查找，此时筛选的公式如下。

T(IF({1},{" 产品 01";" 产品 03";" 产品 06";" 产品 08"}))

注意：这里要使用 T 函数把那些不是指定产品的产品名称从查找值中剔除出去，只剩下要查找的产品名称。

这样，产品销售合计数公式（数组公式）如下。

```
=SUM(
    VLOOKUP(T(IF({1},{" 产品 01";" 产品 03";" 产品 06";" 产品 08"})),A2:B11,2,0))
```

实际上，VLOOKUP 函数的结果是下面的数组，它们就是指定 4 个产品的数据。

{10;41;43;57}

受这个解决思路的启发，可以建立一个动态的、对指定产品进行求和的综合公式，如图 13-42 所示。单元格 I2 的公式如下。

=SUM(VLOOKUP(T(IF({1},OFFSET(F3,,,COUNTA(F3:F22),1))),A:B,2,0))

这里使用了 OFFSET 函数来获取指定产品名称区域，以达到可以计算任意个数产品合计数的目的。

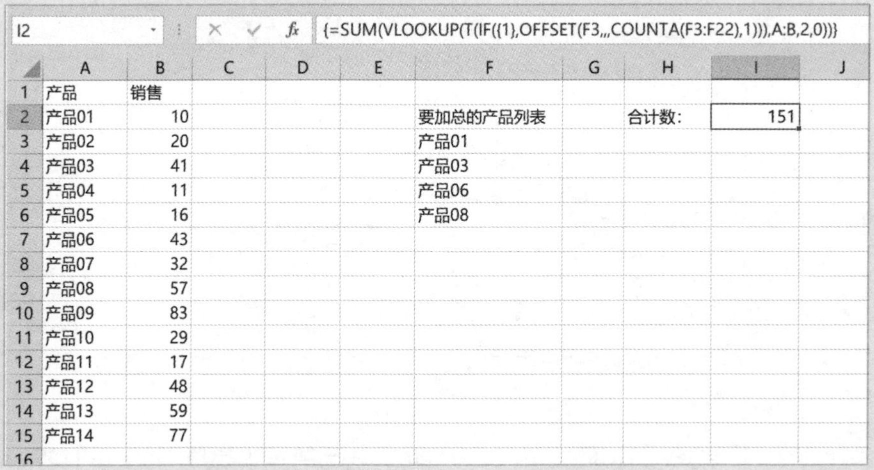

	A	B	C	D	E	F	G	H	I	J
	I2			× ✓ ƒx		{=SUM(VLOOKUP(T(IF({1},OFFSET(F3,,,COUNTA(F3:F22),1))),A:B,2,0))}				
1	产品	销售								
2	产品01	10				要加总的产品列表		合计数:	151	
3	产品02	20				产品01				
4	产品03	41				产品03				
5	产品04	11				产品06				
6	产品05	16				产品08				
7	产品06	43								
8	产品07	32								
9	产品08	57								
10	产品09	83								
11	产品10	29								
12	产品11	17								
13	产品12	48								
14	产品13	59								
15	产品14	77								
16										

图 13-42　建立可以加总任意个数产品合计数的模型

重新指定产品后的合计数如图 13-43 所示。

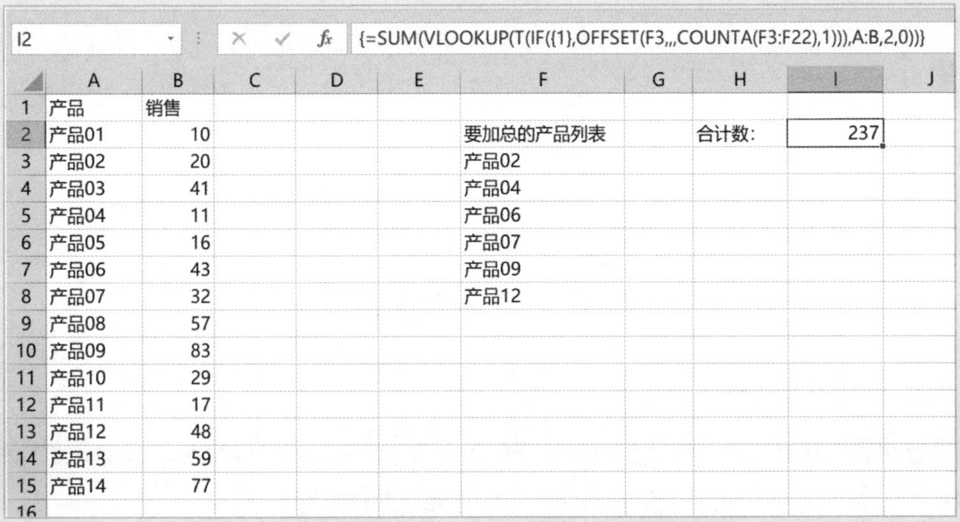

图 13-43 自动计算任意指定产品的合计数

13.7 常见问题解析

VLOOKUP 函数用途广泛，变化多端，使用过程中有一些重要的问题需要注意，下面就几个常见的问题予以说明。

13.7.1 为何找不到数据

经常有人问，明明表格里有这个数据，但就是查找不到，或者出现错误值，这是什么原因？

◎ 原因 1：自认为学会 Excel 了，会用 VLOOKUP 函数了，但其实还不会。

◎ 原因 2：第 4 个参数省略了，或者输入 TRUE 或 1，却要做精确查找。

◎ 原因 3：查找依据和数据源中的数据格式不匹配（如一个是文本型数字，另一个却是纯数字）。

◎ 原因 4：数据源中存在空格或者肉眼难以发现的特殊字符。

13.7.2　如何解决因空单元格得到结果 0 的问题

当源数据中有空单元格时，VLOOKUP 函数的结果会显示为数字 0，如图 13-44 所示。其实不仅仅是 VLOOKUP 函数，其他函数（诸如 HLOOKUP、INDEX 函数等）也是这种情况。那么如何解决这个问题呢？

如果查询的结果是文本，可以使用下面最简单的公式来解决，也就是在结果的后面（或前面）连接一个零长度的字符串（""）。

图 13-44　查询出来的空单元格被显示为了 0

=VLOOKUP(E2,A:B,2,0)&""

如果查询的结果是数字，并且这个数字还要用于其他计算，则可以使用 IF 函数来判断处理。

=IF(VLOOKUP(E2,A:B,2,0)="","",VLOOKUP(E2,A:B,2,0))

或者换成下面的形式。

=IF(VLOOKUP(E2,A:B,2,0)=0,"",VLOOKUP(E2,A:B,2,0))

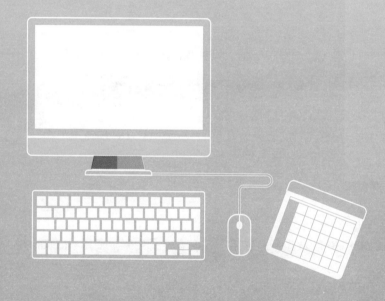

第 14 章

HLOOKUP 函数：
从上往下查找数据

Excel

VLOOKUP 函数只能用在列结构表格中，从左往右查询数据。如果表格是行结构的，要从上往下查找数据，那该怎么办呢？使用 HLOOKUP 函数即可。

请细心区别函数名称的首字母 V 和 H。

VLOOKUP 函数中，第一个字母 V 表示垂直方向的意思（Vertical）。

HLOOKUP 函数中，第一个字母 H 表示水平方向的意思（Horizontal）。

14.1 基本原理与用法

HLOOKUP 函数用于行结构表格，也就是指定的查找条件（查找依据）在上面一行，而需要提取的结果在下面的某行，即从上往下找数（VLOOKUP 函数是查找的条件在左边，需要提取的结果在右边某列，即从左往右取数）。

14.1.1 基本原理

HLOOKUP 函数的用法及注意事项与 VLOOKUP 函数相同。其语法如下。

=HLOOKUP(匹配条件 , 查找区域 , 取数的行号 , 匹配模式)

这里的匹配条件、匹配模式的含义与 VLOOKUP 函数相同。

◎ 查找区域，必须包含条件所在的行以及结果所在的行，选择区域的方向是从上往下（VLOOKUP 函数选择区域的方向是从左往右）。

◎ 取数的行号，是指从上面的条件所在行向下数，要取的数在第几行。

14.1.2 基本用法

与 VLOOKUP 函数一样，HLOOKUP 函数也不是适用于任何表格。如果要使用 HLOOKUP 函数，必须满足以下条件。

◎ 查询区域必须是行结构的，即数据必须按行保存。

◎ 匹配条件必须是单条件的。

◎ 查询方向是从上往下的，也就是说，匹配条件在数据区域的上面某行，要取的数在匹配条件的下面某行。

◎ 在查询区域中，匹配条件行不允许有重复数据。

◎ 匹配条件不区分大小写。

14.1.3 基本应用案例

了解了 HLOOKUP 函数的基本原理和适用场合后，下面用一个简单案例来说明 HLOOKUP 函数的使用方法。

案例 14-1

图 14-1 所示是管理费用汇总表，现在要查询各个月的管理费用总额，以便分析其各月变化。

	A	B	C	D	E	F	G	H	I	J	K	L	M	N
1	项目	1月	2月	3月	4月	5月	6月	7月	8月	9月	10月	11月	12月	合计
2	工资	141.46	120.15	162.58	213.75	209.74	260.49	326.47	463.73	237.30	249.28	265.42	278.27	2,928.64
3	办公费	4.33	24.46	22.77	38.82	64.95	46.58	39.84	43.03	35.60	39.50	41.38	43.71	444.96
4	职工福利费	23.19	15.89	8.78	21.97	50.73	16.05	22.29	24.40	22.91	22.88	23.75	25.62	278.46
5	社保	9.22	9.20	12.73	20.71	24.88	24.55	28.78	35.32	20.67	22.11	23.72	25.09	256.98
6	出差	4.16	19.39	19.09	20.42	16.19	17.32	35.63	24.64	19.61	21.54	21.80	22.14	241.95
7	房租费	1.33	8.38	23.41	26.20	6.49	8.60	17.10	72.65	20.52	22.92	24.74	24.90	257.23
8	汽车费	5.62	9.51	9.14	9.47	9.55	9.12	11.48	9.91	9.23	9.68	9.70	9.77	112.18
9	利息支出	7.34	7.34	6.87	7.34	7.65	10.56	12.89	57.07	14.63	15.55	16.57	17.78	181.61
10	运输费	5.38	2.95	5.88	1.30	7.25	9.38	29.55	4.78	8.31	8.68	9.39	9.83	102.68
11	水电费	1.49	3.78	5.64	12.20	7.62	11.66	12.37	19.74	9.31	10.29	11.11	11.79	117.01
12	交际费	2.65	3.95	5.19	3.62	1.96	9.36	13.48	2.12	5.29	5.62	5.83	5.91	64.96
13	通信费	1.01	1.73	1.92	1.94	2.49	3.51	3.22	3.29	2.39	2.56	2.67	2.76	29.50
14	税费	1.94	0.95	0.96	1.91	2.06		6.68	6.66	2.64	2.73	2.96	3.21	32.70
15	其他	-0.18	1.37	9.02	14.53	8.20	46.17	17.07	45.27	17.68	19.91	22.23	23.88	225.16
16	合计	208.93	229.06	293.99	394.18	419.77	473.36	576.85	812.62	426.09	453.24	481.26	504.67	5,274.02

图 14-1　管理费用汇总表

单元格 C3 的公式如下。

=HLOOKUP(B3, 原始数据 !$B$1:$M$16,16,0)

这里，函数的第 3 个参数是 16，就是从第 1 行开始向下 16 行是要取数的位置。

各月管理费用查询结果及统计分析如图 14-2 所示。

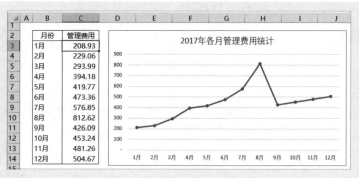

图 14-2　各月管理费用统计

上面的数据查找还可以使用 VLOOKUP 函数实现。其公式如下。

=VLOOKUP(" 合计 ", 原始数据 !$A$1:$N$16,ROW(A2),0)

比较 HLOOKUP 函数公式与 VLOOKUP 函数公式，可以看到，使用 HLOOKUP 函数公式更简单。

14.2 灵活应用案例

通过灵活设置 HLOOKUP 函数的 4 个参数，可以解决很多看似复杂的数据查找问题。例如：

（1）第 1 个参数可以使用通配符。

（2）第 2 个参数可以设置多个区域查找。

（3）第 3 个参数可以使用其他函数自动定位。

（4）第 4 个参数可以留空或者输入 TRUE 或 1，进行模糊查找。

这些用法在第 13 章中做过详细介绍，下面再用几个简单案例来，练习 HLOOKUP 函数的综合应用。

14.2.1 从不同区域查找

案例 14-2

图 14-3 所示是一个查找指定费用类别的全年预算执行情况数据，单元格 N4 公式如下。

```
=HLOOKUP(M4,
        IF($N$2=" 可控费用 ",$B$2:$D$15,
            IF($N$2=" 不可控费用 ",$E$2:$G$15,
            $H$2:$J$15)),
        14,
        0)
```

N4				× ✓ fx	=HLOOKUP(M4,IF($N$2="可控费用",$B$2:$D$15,IF($N$2="不可控费用",$E$2:$G$15,$H$2:$J$15)),14,0)							
	A	B	C	D	E	F	G	H	I	J	K	L	M	N	O
1	月份	可控费用			不可控费用			总费用					指定费用类别	可控费用	
2		预算	实际	差异	预算	实际	差异	预算	实际	差异					
3	1月	905	933	28	369	201	-168	1274	1134	-140					
4	2月	955	997	42	387	318	-69	1342	1315	-27			预算	6390	
5	3月	641	631	-10	322	922	600	963	1553	590			实际	7695	
6	4月	147	680	533	1059	966	-93	1206	1646	440			差异	1305	
7	5月	145	355	210	621	433	-188	766	788	22					
8	6月	236	604	368	575	294	-281	811	898	87					
9	7月	1015	901	-114	715	1109	394	1730	2010	280					
10	8月	77	735	658	627	638	11	704	1373	669					
11	9月	16	663	647	564	1179	615	580	1842	1262					
12	10月	1059	595	-464	475	127	-348	1534	722	-812					
13	11月	1170	172	-998	246	1132	886	1416	1304	-112					
14	12月	24	429	405	1005	927	-78	1029	1356	327					
15	合计	6390	7695	1305	6965	8246	1281	13355	15941	2586					
16															

图 14-3　查找指定费用类别的全年预算执行情况数据

第 14 章
CHAPTER 14
≋ HLOOKUP 函数：从上往下查找数据

这个问题使用 VLOOKUP 函数也可以解决，此时的公式如下。

```
=VLOOKUP(" 合计 ",
         $A$3:$J$15,
         MATCH($N$2,$A$1:$J$1,0)+MATCH(M4,$B$2:$D$2,0)-1,
         0)
```

VLOOKUP 公式不如 HLOOKUP 公式简单和便于理解。

14.2.2 自动定位查找

使用其他函数为 HLOOKUP 函数自动设置第 3 个参数，就是实现自动定位查找。例如，可以使用 MATCH 函数进行定位。

案例 14-3

图 14-4 所示的工作表中，给出了使用 VLOOKUP 函数和 HLOOKUP 函数查找指定地区各个产品的数据，公式分别如下。请仔细研究两个公式之间的差别。

单元格 J4（VLOOKUP 函数）的公式如下。

```
=VLOOKUP($J$2,$B$4:$G$10,MATCH(J3,$B$3:$G$3,0),0)
```

单元格 J5（HLOOKUP 函数）的公式如下。

```
=HLOOKUP(J3,$C$3:$G$10,MATCH($J$2,$B3:$B10,0),0)
```

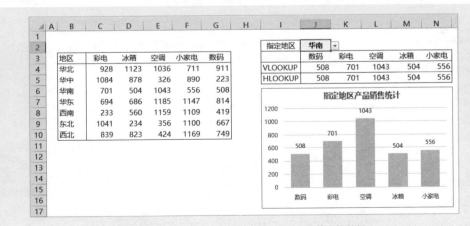

图 14-4 VLOOKUP 函数和 HLOOKUP 函数查找数据

295

14.2.3 反向查找

如果条件在下面，但要取的结果在上面，此时，也可以仿照 VLOOKUP 函数反向查找的方法，实现从下往上查找数据。

案例 14-4

在如图 14-5 所示的工作表中，要找出销售总额最大的商品的名称。其公式如下。

=HLOOKUP(J2,IF({1;0},C10:G10,C2:G2),2,0)

▲	A	B	C	D	E	F	G	H	I	J
1										
2		地区	彩电	冰箱	空调	小家电	数码		最大销售额：	6682
3		华北	928	1123	1036	711	911		销售额最的大商品：	小家电
4		华中	1084	878	326	890	223			
5		华南	701	504	1043	556	508			
6		华东	694	686	1185	1147	814			
7		西南	233	560	1159	1109	419			
8		东北	1041	234	356	1100	667			
9		西北	839	823	424	1169	749			
10		合计	5520	4808	5529	6682	4291			
11										

图 14-5 使用 HLOOKUP 函数从下往上查找

这里要注意数组的构建方法。在 VLOOKUP 函数中，要调换列的左右位置，因此数组是 {1,0}。在 HLOOKUP 函数中，要调换行的上下位置，因此数组是 {1;0}。这两个数组中，一个是用逗号隔开，一个是用分号隔开。

14.2.4 综合应用

案例 14-5

图 14-6 所示是一个衬衫尺码标准表，现在要求查找指定尺码的各个属性。
在单元格 J4 输入下面的公式，自动指定尺码的属性。

=HLOOKUP($J$2,$B$2:$G$7,MATCH(I4,$A$2:$A$7,0),0)

这个案例还可以使用 VLOOKUP 函数来查找。其公式如下。

=VLOOKUP(I4,$A$3:$G$7,MATCH($J$2,$A$2:$G$2,0),0)

J4			fx	=HLOOKUP($J$2,$B$2:$G$7,MATCH(I4,$A$2:$A$7,0),0)						
	A	B	C	D	E	F	G	H	I	J	K
1											
2	衬衫尺码	S	M	L	XL	XXL	XXXL		指定尺码	XL	
3	国际尺码	36	37	38	39	40	41				
4	胸围/cm	79-82	83-86	87-89	91-94	95-98	99-103		国际尺码	39	
5	腰围/cm	62-66	67-70	71-74	75-78	79-82	83-86		胸围/cm	91-94	
6	肩宽/cm	37	38	39	40	41	42		腰围/cm	75-78	
7	身高/胸围	155/82A	160/86A	165/90A	170/94A	172/98A	175/102A		肩宽/cm	40	
8									身高/胸围	170/94A	
9											

图 14-6　衬衫尺码标准表

下面再做个综合练习，给定测量出的胸围、腰围，要求确定衬衫尺码，如图 14-7 所示。查找公式如下。

```
=IFERROR(
    HLOOKUP(1,
            IF({1;0},
            (J2>1*LEFT(B4:G4,2))*(J2<1*MID(B4:G4,FIND("-",B4:G4)+1,100))
            *(J3>1*LEFT(B5:G5,2))*(J3<1*MID(B5:G5,FIND("-",B5:G5)+1,100)),
            B2:G2),
            2,
            0) ,
    " 你超标了 !")
```

J5			fx	{=IFERROR(HLOOKUP(1,IF({1;0},(J2>1*LEFT(B4:G4,2))*(J2<1*MID(B4:G4,FIND("-",B4:G4)+1,100))*(J3>1*LEFT(B5:G5,2))*(J3<1*MID(B5:G5,FIND("-",B5:G5)+1,100)),B2:G2),2,0),"你超标了！"))}						
	A	B	C	D	E	F	G	H	I	J	K
1											
2	衬衫尺码	S	M	L	XL	XXL	XXXL		胸围/cm	92	
3	国际尺码	36	37	38	39	40	41		腰围/cm	77	
4	胸围/cm	79-82	83-86	87-89	91-94	95-98	99-103				
5	腰围/cm	62-66	67-70	71-74	75-78	79-82	83-86		衬衫尺码?	XL	
6	肩宽/cm	37	38	39	40	41	42				
7	身高/胸围	155/82A	160/86A	165/90A	170/94A	172/98A	175/102A				
8											

图 14-7　根据测量出的胸围和腰围，确定衬衫尺码

这个公式比较复杂，但基本逻辑比较清楚。

（1）使用 LEFT 函数把胸围的最小尺寸和最大尺寸取出来，与测量出的胸围进行比较，构建数组。

$$(J2>1*LEFT(B4:G4,2))*(J2<1*MID(B4:G4,FIND("-",B4:G4)+1,100))$$

（2）使用 MID 函数把腰围的最小尺寸和最大尺寸取出来，与测量出的腰围进行比较，构建数组。

$$(J3>1*LEFT(B5:G5,2))*(J3<1*MID(B5:G5,FIND("-",B5:G5)+1,100))$$

（3）把这两个数组用乘号（*）连起来，构建两个条件同时成立的数组（由 1 和 0 组成，1 表示两个尺寸都符合，0 表示有一个尺寸不符合或者两个尺寸都不符合）。

（4）使用 IF({1;0}) 构建 HLOOKUP 函数反向查找的数组。

$$IF(\{1;0\}, 上述条件数组，B2:G2)$$

（5）使用 HLOOKUP 函数查找数据。

（6）使用 IFERROR 函数处理错误值。

不符合匹配值的结果如图 14-8 所示。

	A	B	C	D	E	F	G	H	I	J
1										
2	衬衫尺码	S	M	L	XL	XXL	XXXL		胸围/cm	92
3	国际尺码	36	37	38	39	40	41		腰围/cm	87
4	胸围/cm	79~82	83~86	87~89	91~94	95~98	99~103			
5	腰围/cm	62~66	67~70	71~74	75~78	79~82	83~86		衬衫尺码?	你超标了!
6	肩宽/cm	37	38	39	40	41	42			
7	身高/胸围	155/82A	160/86A	165/90A	170/94A	172/98A	175/102A			
8										

图 14-8 多条件反向查找结果

第15章

LOOKUP 函数：
强大的数据查找函数

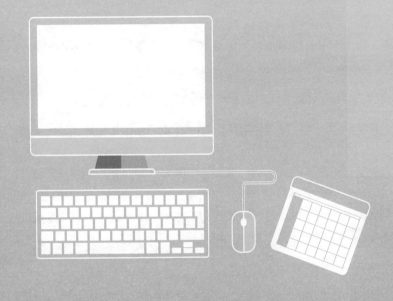

Excel

很多人并不关注 LOOKUP 函数，甚至都不知道有这么个函数，因为对大部分人来说，一提起 Excel 查找函数，马上就会想到 VLOOKUP 函数。而且很多公司在招聘时，如果要考核 Excel 操作的话，VLOOKUP 函数是必考函数之一。

尽管 LOOKUP 函数不是很常用，但它自有其用途。在某些场合，使用 VLOOKUP 函数和 HLOOKUP 函数都无法解决问题时，使用 LOOKUP 函数就能快速解决。

15.1 基本原理与用法

在使用 LOOKUP 函数之前，先看看这个函数的基本原理与基本用法。了解了 LOOKUP 函数后，再结合几个案例来深入学习该函数的应用。

15.1.1 基本原理

LOOKUP 函数有两种形式：向量形式和数组形式。常用的是向量形式，而数组形式是为了与其他电子表格程序兼容。这种形式的功能有限，因此基本不用。

1. 函数语法

LOOKUP 函数的向量形式是在第 1 个单行区域或单列区域（称为"向量"）中搜索指定的条件值，然后从第 2 个单行区域或单列区域中相同的位置取出对应的数据。其语法如下。

=LOOKUP(条件值 , 条件值所在单行区域或单列区域 , 结果所在单行区域或单列区域)

◎ 条件值：必需参数，指定要搜索的条件，可以使用通配符，与 VLOOKUP 函数的第 1 个参数是一样的。

◎ 条件值所在单行区域或单列区域：是一行或一列的区域，该区域是要搜索的条件值区域。要特别注意的是，这个区域的数据必须按升序排序。这个参数也可以是输入的数组。

◎ 结果所在单行区域或单列区域：可选参数，是一行或一列的区域，是要提取结果的区域。如果省略，就从第一个区域提取数据。这个参数也可以是输入的数组。

2. 查找原理

LOOKUP 函数的查找原理：如果在第 1 个区域内找到了指定的条件，就直接去第 2 个区域里对应的位置提取数据；如果找不到指定的条件，就往回（倒序）找最接近条件值的那个数。类似于 VLOOKUP 函数第 4 个参数的情况。

📢注意："如果找不到指定的条件，就往回（倒序）找最接近条件值的那个数"，并不是数学上的比大小，而是指在这个数组中小于或等于指定值，并且是从右往左倒序寻找第 1 次出现的位置。

下面举例说明。

示例 1：下面的公式结果是 -1000，因为在这个数组中找不到 0，而从右往左倒序，小于或等于 0 的第 1 个数是 -1000，即它离 0 最近。

=LOOKUP(0,{-1,-10,-100,-1000,1,10,100})

示例 2：下面的公式结果是 5，同样因为在这个数组中找不到 10，而从右往左倒序，小于或等于 10 的第 1 个数是 5，即它离 10 最近。

=LOOKUP(10,{1,2,3,5,100,1000})

示例 3：下面的公式结果是 -111，同样因为在这个数组中找不到 0，而从右往左倒序，小于或等于 0 的第 1 个数是 -111（注意这里并没有按升序排序）。

=LOOKUP(0,{-1,-11,-111,#VALUE!,#VALUE!,#VALUE!})

示例 4：下面的公式结果也是 -111，同样因为在这个数组中找不到 0，而从右往左倒序，小于或等于 0 的第 1 个数是 -111（注意这里也没有按升序排序）。

=LOOKUP(0,{-1,-11,-111,#VALUE!,100,#VALUE!,#VALUE!})

示例 5：下面的公式结果则是 -1000，因为在这个数组中找不到 0，而从右往左倒序，小于或等于 0 的第 1 个数是 -1000（注意这里也没有按升序排序）。

=LOOKUP(0,{-1,-11,-111,#VALUE!,-1000,#VALUE!,#VALUE!})

示例 6：下面的公式结果则是 -1500，因为在这个数组中找不到 0，而从右往左倒序，小于或等于 0 的第 1 个数是 -1500（注意这里也没有按升序排序）。

=LOOKUP(0,{-1,-11,-111,#VALUE!,-100,-1500,#VALUE!,#VALUE!})

示例 7：下面的公式结果则是 40。

=LOOKUP(1,{#VALUE!,1,#VALUE!,0,#VALUE!,#VALUE!,#VALUE!},{10,20,30,40,50,60,70})

其原因如下。

（1）在数组 {#VALUE!,1,#VALUE!,0,#VALUE!,#VALUE!,#VALUE!} 中，从右往左（倒序）找到的第 1 个最接近 1 的数字是 0（并不是第 2 个数字 1）。

（2）找到的这个 0 是该数组的第 4 个。

（3）函数的结果就是数组 {10,20,30,40,50,60,70} 的第 4 个数字 40 了。

总而言之，LOOKUP 函数的这种查找并不是按照数学里的数字大小查找的，而是按照数组元素的位置查找的。

15.1.2 基本用法

案例 15-1

图 15-1 所示工作中的 A 列的材料编码已经按升序排序，根据编码提取价格的公式如下。

=VLOOKUP(G2,A3:D7,3,0)

G3	▼	:	×	✓	fx	=LOOKUP(G2,$A$3:$A$7,$C$3:$C$7)		
▲	A	B	C	D	E	F	G
1	示例1：						
2	材料编码	材料名称	材料价格	入库时间		指定材料编码	A003
3	A001	水箱盖	3959	2017-9-3		材料价格	1042
4	A002	电线插头	94	2017-9-15			
5	A003	点火器	1042	2017-9-23			
6	A004	旋转按钮	23	2017-9-27			
7	A005	电线	68	2017-10-4			
8							

图 15-1　根据编码提取价格

=LOOKUP(G2,$A$3:$A$7,$C$3:$C$7)

当然，这个问题也可以使用 VLOOKUP 函数来解决。

如图 15-2 所示，要根据件重来确定单价，而单价取决于件重是哪个区间的值，因此这是一种模糊查找。在"件重"列的左边做辅助列，输入下限值，按升序排序，则 D 列的单价公式如下。

=LOOKUP(C3,$F$3:$F$7,$H$3:$H$7)

D3	▼	:	×	✓	fx	=LOOKUP(C3,$F$3:$F$7,$H$3:$H$7)		
▲	A	B	C	D	E	F	G	H
1	示例2							
2	日期	件数	件重（克）	单价		下限值	件重	价格
3	2017-10-1	3	68	6		0	100克以下	6
4	2017-10-2	2	360	8		100	100~500克	8
5	2017-10-3	8	800	12		500	500~1000克	12
6	2017-10-4	4	500	12		1000	1000~2000克	20
7	2017-10-5	10	2058	30		2000	2000克以上	30
8	2017-10-6	7	1174	20				

图 15-2　根据件重确定单价

其实，也可以不做辅助列，直接把条件和结果做成数组。其公式如下。

=LOOKUP(C3,{0,100,500,1000,2000},{6,8,12,20,30})

还可以使用嵌套 IF 函数来解决。其公式如下。

=IF(C3<100,6,IF(C3<500,8,IF(C3<1000,12,IF(C3<2000,20,30))))

比较以上公式，可以看出 LOOKUP 函数公式更简单，更易理解。

15.2 | 灵活应用案例

LOOKUP 函数应用起来非常灵活，能解决很多看似复杂的实际问题。例如，获取最后不为空的数据，获取最新的余额，获取每个材料的最新采购日期和采购价格等。下面介绍几个典型的应用案例。

15.2.1 获取某列最后一个不为空的数据

在有些表格中，会根据需要把最后一个不为空的单元格数据取出来，例如资金管理表的余额数、材料采购表的最新采购日期和数量等。此时，使用 LOOKUP 函数就非常方便。

案例 15-2

图 15-3 所示是某材料的采购流水，是按照日期顺序记录的，且日期已经按升序排序。现在要求获取最新的采购日期和采购数量。

	A	B	C	D	E	F
E3				fx	=LOOKUP(1,0/(B2:B100<>""),B2:B100)	
1	日期	采购量				
2	2020-1-22	49		最近一次的采购日期	2020-5-26	
3	2020-2-3	299		最近一次的采购数量	278	
4	2020-2-28	154				
5	2020-3-1	48				
6	2020-3-18	60				
7	2020-4-9	291				
8	2020-4-28	28				
9	2020-5-8	135				
10	2020-5-26	278				
11						

图 15-3　获取某列最后一个不为空的数据

这个问题看起来很复杂，因为数据行会不断地增加，要取的最新数据也在不断地往下移动。

但所谓最新的数据，就是最后一行数据。这样可以对 A 列进行判断，判断哪些单元格不为空后，构建一个数组向量，最后利用 LOOKUP 函数即可完成数据查找。

单元格 E2 公式如下。

```
=LOOKUP(1,0/(A2:A100<>""),A2:A100)
```

单元格 E3 公式如下。

```
=LOOKUP(1,0/(B2:B100<>""),B2:B100)
```

以第 1 个公式为例，查找公式的逻辑原理如下。

◎ 首先选取一个区域 A2:A100，判断哪些单元格不为空，"A2:A100<>""" 这个条件表达式的结果要么是 TRUE（1），要么是 FALSE（0）。

◎ 以此做分母，与数字 0 做除法，就得到一个由 0 和 #DIV/0! 构成的数组向量。单元格中有数的是 0，无数的是 #DIV/0!，当某个单元格后面都没有数据时，就都是 #DIV/0! 了。

◎ 再从这个数组中查找 1。这个肯定是找不到的，既然找不到，从右往左倒着找，看哪个数字 0 是第一次出现，这样就把最后一个不为空的单元格数据取出来了。

这种查找对数据区域内是否有空单元格没有限制，函数的结果总是最后一个不为空的单元格数据，不必去关注数据区域内是否有空单元格，如图 15-4 所示。

	A	B	C	D	E
1	日期	采购量			
2	2020-1-22	49		最近一次的采购日期	2020-6-4
3	2020-2-3	299		最近一次的采购数量	111
4	2020-2-28	154			
5	2020-3-1	48			
6	2020-3-18	60			
7	2020-4-9	291			
8	2020-4-28	28			
9	2020-5-8	135			
10	2020-5-26	278			
11					
12	2020-6-4	111			
13					

图 15-4　单元格区域内的空单元格不影响取数

15.2.2　获取某行最后一个不为空的数据

LOOKUP 函数的本质是从一维向量数组中搜索取数，因此，不论是列还是行，只要是一维数组就可以使用 LOOKUP 函数。

使用 LOOKUP 函数可以在工作表的行上获取最后一列不为空的单元格数据，例如获取当前月份的累计值。

案例 15-3

要在如图 15-5 所示的工作表中获取最后一列不为空的单元格数据。查找公式如下。

$$=LOOKUP(1,0/(C3:Z3<>""),C3:Z3)$$

	A	B	C	D	E	F	G	H	I	J	K	L	M	N	O	P	Q	R	S	T	U	V
1	项目	当前累	|1月		2月		3月		4月		5月		6月		7月		8月		9月		10月	
2		计数	当月数	累计数	当月数	累计数	当月数	累计数	当月数	累计数	当月数	累计数	当月数	累计数	当月数	累计数	当月数	累计数	当月数	累计数	当月数	累计数
3	项目01	376	14	14	46	60	15	75	45	120	101	221	40	261	70	331	13	344	32	376		
4	项目02	604	14	14	79	93	49	142	104	246	60	306	97	403	38	441	61	502	102	604		
5	项目03	519	44	44	14	58	18	76	107	183	21	204	110	314	101	415	56	471	48	519		
6	项目04	1526	39	39	56	95	84	179	543	722	93	815	91	906	55	961	321	1282	244	1526		
7	项目05	599	96	96	43	139	74	213	43	256	91	347	53	400	54	454	78	532	67	599		
8	项目06	455	103	103	27	130	22	152	35	187	55	242	21	263	44	307	55	362	93	455		
9	项目07	495	37	37	31	68	96	164	45	209	104	313	44	357	14	371	101	472	23	495		
10	项目08	608	57	57	104	161	60	221	43	264	94	358	92	450	48	498	61	559	49	608		
11	项目09	529	51	51	77	128	72	200	88	288	33	321	73	394	25	419	34	453	76	529		
12	项目10	447	53	53	59	112	13	125	73	198	31	229	20	249	87	336	25	361	86	447		
13	项目11	497	106	106	13	119	60	179	31	210	91	301	13	314	12	326	77	403	94	497		
14	项目12	476	66	66	43	109	103	212	73	285	38	323	43	366	27	393	44	437	39	476		
15																						

图 15-5　获取最后一列不为空的单元格数据

15.2.3　获取满足多个条件下最后一个不为空的数据

前面介绍的是在单列或单行里取数，其条件只有一个。其实，也可以使用条件表达式来组合多个条件，从而实现获取满足多条件下最后一个不为空的数据。

案例 15-4

图 15-6 所示是一个材料采购流水表，现在要求分别把每种材料的最新采购日期、最新采购价格、最新采购数量提取出来，那么单元格 I2、J2、K2 的查找公式分别如下。

单元格 I2：

$$=LOOKUP(1,0/(($B$2:$B$1000<>"")*($B$2:$B$1000=H2)),$A$2:$A$1000)$$

单元格 J2：

$$=LOOKUP(1,0/(($B$2:$B$1000<>"")*($B$2:$B$1000=H2)),$D$2:$D$1000)$$

单元格 K2：

=LOOKUP(1,0/(($B$2:$B$1000<>"")*($B$2:$B$1000=H2)),$C$2:$C$1000)

▲	A	B	C	D	E	F	G	H	I	J	K
1	日期	材料	数量	单价	金额			材料	最新采购时间	最新采购价格	最新采购数量
2	2017-1-3	材料02	219	127	27,813			材料01	2017-12-29	28	492
3	2017-1-6	材料01	193	39	7,527			材料02	2017-11-30	403	762
4	2017-1-13	材料05	878	185	162,430			材料03	2017-12-29	419	1322
5	2017-1-16	材料01	800	44	35,200			材料04	2017-11-14	140	983
6	2017-1-22	材料10	1235	35	43,225			材料05	2017-12-21	62	202
7	2017-2-4	材料11	1619	110	178,090			材料06	2017-10-22	404	1101
8	2017-2-7	材料08	1582	418	661,276			材料07	2017-12-9	553	1401
9	2017-2-11	材料03	1463	322	471,086			材料08	2017-11-15	190	894
10	2017-2-16	材料12	1245	311	387,195			材料09	2017-11-1	228	70
11	2017-2-26	材料08	1779	450	800,550			材料10	2017-10-12	31	1472
12	2017-3-1	材料04	1863	326	607,338			材料11	2017-12-12	72	1533
13	2017-3-3	材料01	1969	24	47,256			材料12	2017-9-4	236	1278
14	2017-3-7	材料12	1025	716	733,900						
15	2017-3-13	材料01	1203	45	54,135						
16	2017-3-14	材料04	582	93	54,126						
17	2017-3-15	材料07	1506	768	1,156,608						
18	2017-3-16	材料11	1242	277	344,034						
19	2017-3-20	材料03	434	181	78,554						
20	2017-4-1	材料07	865	804	695,460						

图 15-6　获取满足多个条件的最后一行不为空的单元格数据

在公式中，条件表达式"($B$2:$B$1000<>"")*($B$2:$B$1000=H2)"就是构建了两个条件同时满足的数组向量。

这种多条件查找也是利用前面介绍的原理构建一个由 0 和错误值构成的数组，然后从这个数组中找出哪个位置是数字 0，再去处理该位置的数据。

15.2.4　查找某列（某行）最后一个指定类型的数据

如果某列（某行）的数据有文本、数字、空单元格，可以根据需要获取最后一个指定类型的数据。

如图 15-7 所示，要获取 A 列最后一个指定类型的数据。其公式如下。

=LOOKUP(9E+99,A:A)

在这个公式中，可以把 9E+99 看作一个尽可能大的数字。

下面的公式是获取最后一个文本。

=LOOKUP(1,0/ISTEXT(A2:A1000),A2:A1000)

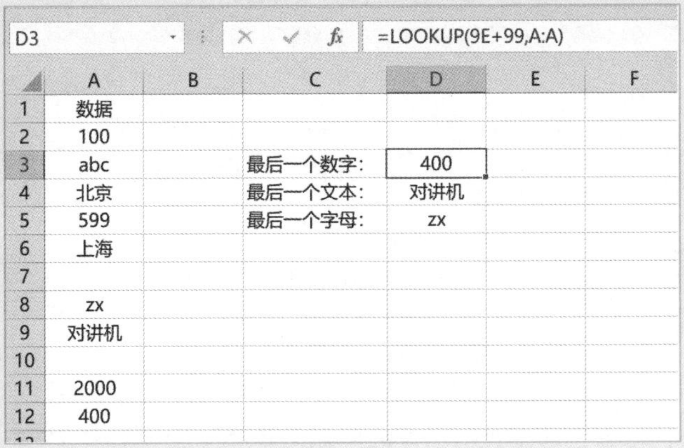

图 15-7　获取 A 列最后一个指定类型的数据

下面的公式是获取最后一个英文字母开头的数据。

$$=LOOKUP(1000,0/((CODE(A2:A1000)>=65)*(CODE(A2:A1000)<=90)+$$
$$(CODE(A2:A1000)>=97)*(CODE(A2:A1000)<=122)),A2:A1000)$$

📢 注意：大写英文字母 A 的编码是 65，小写英文字母 z 的编码是 122。

15.2.5　任意方向的数据查找

VLOOKUP 函数只能从左往右查找，HLOOKUP 函数只能从上往下查找，尽管可以使用 IF 函数构建数组调整行列，以满足这两个函数的基本使用要求，但这种用法并不方便。

使用 LOOKUP 函数可以实现任意方向的数据查找。

案例 15-5

如图 15-8 所示，要求把指定姓名的社保号查找出来，此时可以使用 LOOKUP 函数从左往右查找。其公式如下。

$$=LOOKUP(1,0/(B2:B8=E2),A2:A8)$$

这个公式的原理：将 B 列姓名与指定姓名做比较，相同就是 TRUE，不相同就是 FALSE；将数字 0 除以这个比较结果，就是一个由数字 0 和错误值 #DIV/0! 构成的数组。这样，利用 LOOKUP 函数匹配最接近 1 的数字就是 0 了，然后即可从 A 列对应位置取出相应的数据。

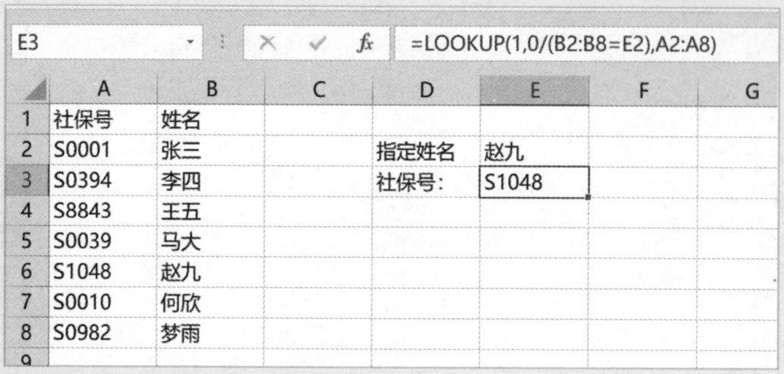

	A	B	C	D	E	F	G
	社保号	姓名					
2	S0001	张三		指定姓名	赵九		
3	S0394	李四		社保号：	S1048		
4	S8843	王五					
5	S0039	马大					
6	S1048	赵九					
7	S0010	何欣					
8	S0982	梦雨					

E3 = LOOKUP(1,0/(B2:B8=E2),A2:A8)

图 15-8　使用 LOOKUP 函数从左往右查找

如图 15-9 所示，现在要查找销售量最大的产品，其公式如下。

$$=LOOKUP(1,0/(B9:E9=MAX(B9:E9)),B1:E1)$$

这个公式的原理：将合计行的每个产品数与最大值做比较，相同就是 TRUE，不相同就是 FALSE；将数字 0 除以这个比较结果，就是一个由数字 0 和错误值 #DIV/0! 构成的数组。利用 LOOKUP 函数匹配最接近 1 的数字就是 0 了，然后即可从第 1 行中对应位置取出相应的产品名称。

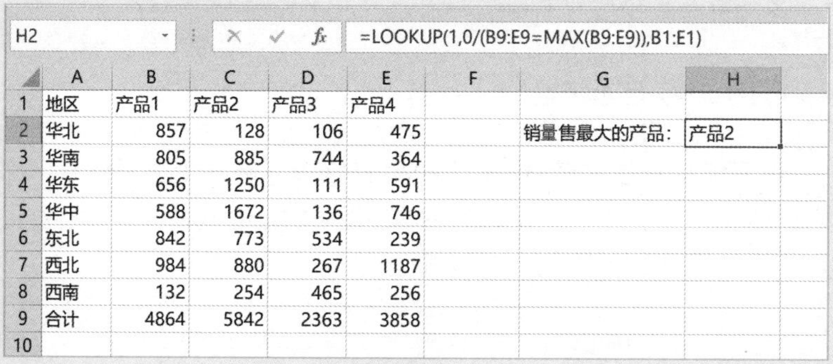

H2 = LOOKUP(1,0/(B9:E9=MAX(B9:E9)),B1:E1)

	A	B	C	D	E	F	G	H
	地区	产品1	产品2	产品3	产品4			
2	华北	857	128	106	475		销量售最大的产品：	产品2
3	华南	805	885	744	364			
4	华东	656	1250	111	591			
5	华中	588	1672	136	746			
6	东北	842	773	534	239			
7	西北	984	880	267	1187			
8	西南	132	254	465	256			
9	合计	4864	5842	2363	3858			

图 15-9　使用 LOOKUP 函数从下往上查找

如果是按照正常方向查找呢？例如，在图 15-8 中，查找指定社保号 S1048 对应的姓名，使用 LOOKUP 函数的公式如下。

$$=LOOKUP(1,0/(A2:A8="S1048"),B2:B8)$$

而在图 15-9 中，查找指定地区"华中"的某个产品（产品 3）的数据。其公式如下。

$$=LOOKUP(1,0/(A2:A9=" 华中 "),D2:D9)$$

无论是何种方向的查找，都是下面公式的逻辑。

=LOOKUP(1, 0/(条件区域 = 条件值), 结果区域)

15.2.6　多条件查找

对于多条件查找，也可以使用 LOOKUP 函数来解决。这种方法比其他函数更加简单，基本公式形式如下。

=LOOKUP(1, 0/((条件 1)*(条件 2)*(条件 3)*...*(条件 n), 结果区域)

案例 15-6

如图 15-10 所示，要查找指定地区、指定产品的销售数据。其公式如下。

=LOOKUP(1,0/((A2:A17=G2)*(B2:B17=G3)),C2:C17)

	A	B	C	D	E	F	G	H
	G5			fx		=LOOKUP(1,0/((A2:A17=G2)*(B2:B17=G3)),C2:C17)		
1	地区	产品	销售					
2	华北	产品1	597			指定地区	华东	
3	华北	产品2	238			指定产品	产品3	
4	华北	产品3	432					
5	华东	产品1	253			销售数据=	238	
6	华东	产品2	412					
7	华东	产品3	238					
8	华东	产品4	638					
9	华东	产品5	1051					
10	华南	产品2	973					
11	华南	产品3	325					
12	华南	产品4	873					
13	华南	产品5	658					
14	西北	产品3	833					
15	西北	产品4	858					
16	西北	产品5	606					
17	西北	产品2	1165					
18								

图 15-10　查找指定地区、指定产品的销售数据

如果查找的数据是文本，也是使用一样的公式。如图 15-11 所示，查找指定地区、指定产品的销售达标状态。其公式如下。

=LOOKUP(1,0/((A2:A17=G2)*(B2:B17=G3)),D2:D17)

G5				× ✓ fx	=LOOKUP(1,0/((A2:A17=G2)*(B2:B17=G3)),D2:D17)				
	A	B	C	D	E	F	G	H	I
1	地区	产品	销售	达标状态					
2	华北	产品1	597	达标		指定地区	华东		
3	华北	产品2	238	达标		指定产品	产品3		
4	华北	产品3	432	达标					
5	华东	产品1	253	未达标		达标状态	未达标		
6	华东	产品2	412	达标					
7	华东	产品3	238	未达标					
8	华东	产品4	638	未达标					
9	华东	产品5	1051	达标					
10	华南	产品2	973	达标					
11	华南	产品4	325	达标					
12	华南	产品4	873	达标					
13	华南	产品5	658	达标					
14	西北	产品3	833	未达标					
15	西北	产品4	858	未达标					
16	西北	产品5	606	达标					
17	西北	产品2	1165	达标					

图 15-11　查找指定地区、指定产品的销售达标状态

15.2.7　从数字和文本组成的字符串中提取数字编码和文本名称

这个问题的本质是数据分列。当数字和文本之间没有任何分隔符号时，采用一般的方法进行就比较复杂了。如果数字的第 1 位不是 0，那么就可以使用 LOOKUP 函数提取数字和文字了。

案例 15-7

图 15-12 所示工作表的左侧是由数字和英文字母组合的科目名称，现在要将编码和名称分成两列，数字在左，字母在右。

B2			× ✓ fx	=TEXT(-LOOKUP(0,-LEFT(A2,ROW($1:$100))),"0")		
	A		B	C		D
1	科目名称		编码	名称		
2	111cash and cash equivalents		111	cash and cash equivalents		
3	1111cash on hand		1111	cash on hand		
4	1112petty cash/revolving funds		1112	petty cash/revolving funds		
5	1113cash in banks		1113	cash in banks		
6	1116cash in transit		1116	cash in transit		
7	112short-term investment		112	short-term investment		
8	1121short-term investments-stock		1121	short-term investments-stock		

图 15-12　分列数字编码和英文名称：数字在左，字母在右

单元格 B2 公式如下。

```
=TEXT(-LOOKUP(0,-LEFT(A2,ROW($1:$100))),"0")
```

单元格 C2 公式如下。

```
=MID(A2,LEN(B2)+1,100)
```

在单元格 B2 的公式中，核心部分是使用 LOOKUP 函数取数，其原理是先用 LEFT 函数从左边开始取数，第一次取 1 个，第二次取 2 个，第三次取 3 个，以此类推（表达式 ROW($1:$100) 就是指定每次取数的个数）。以 A2 的字符串为例，这样取数的结果就是一个数组。

```
{"1";"11";"111";"111c";"111ca";"111cas";"111cash";...}
```

将这个数组乘以 -1，得到如下数组。

```
{-1;-11;-111;#VALUE!;#VALUE!;#VALUE!;#VALUE!;...}
```

再用 LOOKUP 函数从这组数中从右往左寻找最接近 0 并且是第一次出现的数字，那就是 -111。取出来的是负数，再乘以 -1 将其转换为正数。

由于科目编码必须是文本型数字，因此使用 TEXT 函数将其转换成文本。

如果数字在右英文在左，如图 15-13 所示，此时需要使用 RIGHT 函数来构建数组。

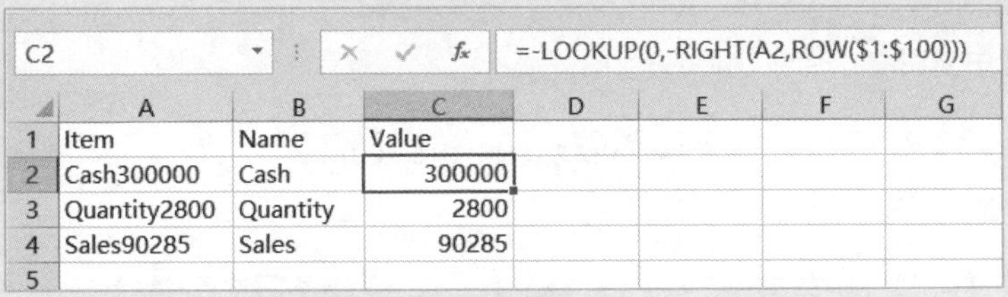

C2　=-LOOKUP(0,-RIGHT(A2,ROW($1:$100)))

	A	B	C	D	E	F	G
1	Item	Name	Value				
2	Cash300000	Cash	300000				
3	Quantity2800	Quantity	2800				
4	Sales90285	Sales	90285				
5							

图 15-13　分列数字和英文名称：数字在右，英文在左

单元格 C2 公式如下。

```
=-LOOKUP(0,-RIGHT(A2,ROW($1:$100)))
```

单元格 B2 公式如下。

```
=LEFT(A2,LEN(A2)-LEN(C2))
```

15.2.8 从数字和文本组成的字符串中提取数字和单位

案例 15-8

图 15-14 所示是一种非常不规范的数据格式，数字和单位保存在一个单元格中，现在要把它们分成两列保存。

这种提取方法与案例 15-7 的原理相同。

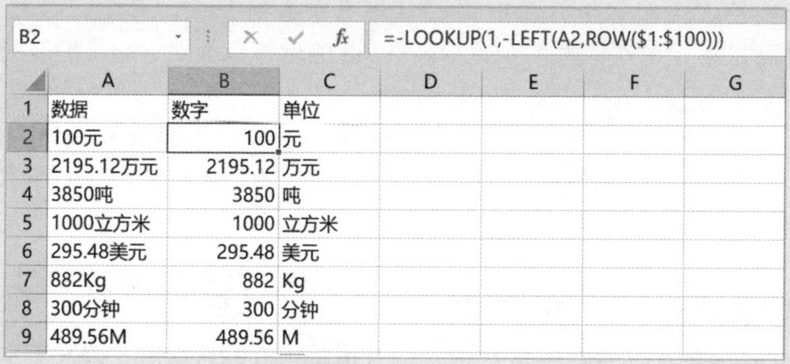
B2 =-LOOKUP(1,-LEFT(A2,ROW($1:$100)))

	A	B	C	D	E	F	G
1	数据	数字	单位				
2	100元	100	元				
3	2195.12万元	2195.12	万元				
4	3850吨	3850	吨				
5	1000立方米	1000	立方米				
6	295.48美元	295.48	美元				
7	882Kg	882	Kg				
8	300分钟	300	分钟				
9	489.56M	489.56	M				

图 15-14 提取数字和单位

单元格 B2 公式如下。

```
=-LOOKUP(1,-LEFT(A2,ROW($1:$100)))
```

单元格 C2 公式如下。

```
=MID(A2,LEN(B2)+1,100)
```

15.2.9 替代 IF 函数嵌套和 VLOOKUP 函数进行模糊查找

案例 15-9

使用 LOOKUP 函数替代 IF 函数嵌套后，公式变得更简单，例如，计算年休假天数就可以使用下面更简单的公式。

```
=LOOKUP(B2,{0,1,10,20},{0,5,10,15})
```

结果如图 15-15 所示。

C2 =LOOKUP(B2,{0,1,10,20},{0,5,10,15})

	A	B	C
1	姓名	工龄	年休假天数
2	A001	10	10
3	A002	5	5
4	A003	1	5
5	A004	0	0
6	A005	22	15
7	A006	18	10
8	A007	20	15

图 15-15　利用 LOOKUP 函数替代 IF 函数嵌套来，计算年休假天数

利用 LOOKUP 函数替代 VLOOKUP 函数进行模糊查找，省去了辅助列的步骤。例如，使用 LOOKUP 函数获取员工的提成比例，如图 15-16 所示。提成比例公式如下。

```
=LOOKUP(B2,{0,10,50,100,500,1000},{0.01,0.02,0.03,0.08,0.1,0.15})
```

C2 =LOOKUP(B2,{0,10,50,100,500,1000},{0.01,0.02,0.03,0.08,0.1,0.15})

	A	B	C	D	E	F	G	H
1	姓名	销售额	提成比例	提成额			销售额	
2	A001	2117	15%	317.55			10万以下	1%
3	A002	26	2%	0.52			10万（含）~50万	2%
4	A003	872	10%	87.2			50万（含）~100万	3%
5	A004	323	8%	25.84			100万（含）~500万	8%
6	A005	9	1%	0.09			500万（含）~1000万	10%
7	A006	88	3%	2.64			1000万（含）以上	15%
8	A007	1757	15%	263.55				

图 15-16　使用 LOOKUP 函数模糊查找员工的提成比例

15.2.10　从摘要中查找经手人姓名

案例 15-10

图 15-17 所示是报销记录表，要求从摘要中分列出经手人姓名。这里，已经知道了经手人名单。

	A	B	C	D	E	F	G	H
	D2		▾ ⋮ × ✓ *fx*	=LOOKUP(1,0/FIND($G$2:$G$6,B2),$G$2:$G$6)				
1	日期	摘要	金额	经手人			姓名列表	
2	2020-5-2	张三报销差旅费	3950.38	张三			李小萌	
3	2020-5-3	李小萌还借款	1947.57	李小萌			李四	
4	2020-5-4	1月份工资李四	6889.12	李四			张三	
5	2020-5-5	马大虎报销招待费	765.11	马大虎			马大虎	
6	2020-5-6	何欣预借差旅费	5000	何欣			何欣	
7	2020-5-7	李小萌报销交通费	305.44	李小萌				
8								

图 15-17　从摘要中查找经手人姓名

基本思路：使用 FIND 函数把姓名列表里的每个姓名在摘要里寻找一遍，如果找到了就是数字，如果找不到就是错误值，这样就可以构建一个由 0 和错误值构成的数组；再从这个数组中找出从右往左第一个 0 对应的数据来。其公式如下。

=LOOKUP(1,0/FIND($G$2:$G$6,B2),$G$2:$G$6)

第 16 章

MATCH 函数：
查找函数的定海神针

Excel

　　在数据查找函数中，VLOOKUP 函数可谓是出尽了风头，而 MATCH 函数总是显得那么的低调。就像刘秀手下的"大树将军"冯异，打完仗就默默地坐在树下，不张扬，更不抢功劳。MATCH 函数就是 Excel 里的冯异，它在公式中并不起眼，但其作用却是"一箭定天山"。

16.1 | 基本原理与用法

MATCH 函数被很多人称之为匹配函数，实际上它不是匹配，而是定位。下面介绍这个函数的基本原理与基本用法。

16.1.1 基本原理

MATCH 函数的功能是从一个数组中把指定元素的存放位置找出来。正如在现实生活中将编好号码的人员排成一队，通过号码查找某人所在位置。

查找区域必须是一组数，因此在定位时只能选择工作表的一列区域或者一行区域，当然也可以是自己创建的一维数组。

MATCH 函数得到的结果不是数据本身，而是该数据的位置。其语法如下：

=MATCH(查找值 , 查找区域 , 匹配模式)

各个参数说明如下。

◎ 查找值：要查找位置的数据，可以是一个精确的值，也可以是一个要匹配的关键词。

◎ 查找区域：要查找数据的一组数，可以是工作表的一列区域，也可以是工作表的一行区域或者一个数组。

◎ 匹配模式：可以是数字 1、-1 或者 0。

  • 如果是 1 或者忽略，查找区域的数据必须按升序排序。

  • 如果是 -1，查找区域的数据必须按降序排序。

  • 如果是 0，则可以是任意顺序。一般情况下，数据次序没有排序，因此常常把第 3 个参数匹配模式设置成 0。

📢 注意：MATCH 函数不能查找重复数据，也不区分大小写。

例如，下面的公式结果是 3，因为字母 A 在数组 {"B","D","A","M","P"} 的第 3 个位置。

=MATCH("A",{"B","D","A","M","P"},0)

如图 16-1 所示，表格中使用了 MATCH 函数查找字母 C 在单元格区域 B3:B9 中的位置。

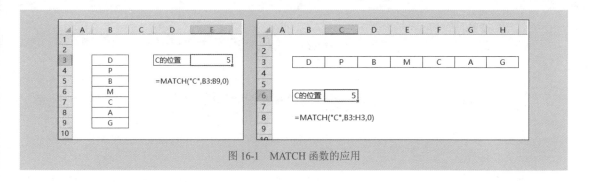

图 16-1　MATCH 函数的应用

16.1.2　基本用法

MATCH 函数既可以使用精确值进行定位，也可以使用关键词进行定位。

1. 精确定位

MATCH 函数应用最多的是精确定位，也就是寻找指定精确数据的位置。

案例 16-1

图 16-2 是两个名单表，现在想确定每个表格里的名字，在另一个表格里是否存在，如果存在，获取其所在位置。

图 16-2　确定每个姓名在另外一个表格中的位置

表 1 的单元格 B2 公式如下。

=MATCH(A2, 表 2!A:A,0)

表 2 的单元格 B2 公式如下。

=MATCH(A2, 表 1!A:A,0)

如果公式的结果是数字，这个数字就是该名字保存的位置（如第几行）；如果公式的结果是错误值，表明该名字在另外一个表格中不存在。

这样，只要通过筛选错误值，就能找出哪些人在另一个表中不存在；通过筛选数字，就能找出哪些人在两个表中都存在。

2. 关键词定位

MATCH 函数的第 1 个参数是要在数组中查找的数据，可以使用通配符（*）做关键词匹配，从而确定其位置。

案例 16-2

图 16-3 所示的表格就是根据关键词定位查找指定字符串出现的位置。在 A 列里，富士康保存在第 5 行。查找公式如下。

=MATCH("* 富士康 *",A:A,0)

图 16-3　关键词定位查找

16.2 | 与其他函数联合运用

MATCH 函数单独使用的场合不是很多，更多的是与其他函数联合使用。此时，MATCH 函数犹如定海神针，起着极其重要的作用。尤其是在制作高效数据分析模板时，MATCH 函数是必不可少的核心函数之一。

16.2.1　与 VLOOKUP 函数联合应用

在 13.4.3 小节已经介绍了 MATCH 函数与 VLOOKUP 函数联合使用的案例了。下面再举一个练习案例。

案例 16-3

如图 16-4 所示，要分析指定产品下各个客户的销售对比，单元格 J1 指定产品，单元格 J3 公式如下。

=VLOOKUP(I3,$B$2:$G$11,MATCH($J$1,$B$2:$G$2,0),0)

在这个公式中，使用了 MATCH 函数确定指定产品的列位置，并将其作为 VLOOKUP 函数的第 3 个参数。

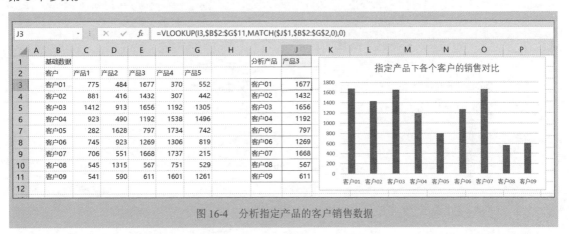

图 16-4　分析指定产品的客户销售数据

16.2.2　与 HLOOKUP 函数联合应用

案例 16-4

如图 16-5 所示，要分析指定客户下各个产品的销售对比，单元格 J1 指定产品，单元格 J3 公式如下。

=HLOOKUP(I3,$C$2:$G$11,MATCH($J$1,$B$2:$B$11,0),0)

在这个公式中，使用了 MATCH 函数确定指定客户的行位置，并将其作为 HLOOKUP 函数的第 3 个参数。

图 16-5　分析指定客户下各个产品的销售对比

16.2.3　与 INDEX 函数联合应用

先利用 MATCH 函数分别在行方向和列方向定位出两个条件值的位置，然后使用 INDEX 函数把该行该列交叉单元格的数据取出来。这种查找更加灵活，应用更加广泛。

案例 16-5

如图 16-6 所示，联合使用 MATCH 函数与 INDEX 函数查找数据时，要查找指定地区、指定产品的数据，可以使用下面的公式。

```
=INDEX($C$3:$H$6,
       MATCH(B10,$B$3:$B$6,0),
       MATCH(C10,$C$2:$H$2,0)
       )
```

公式中：

◎ MATCH(B10,$B$3:$B$6,0) 是确定指定地区的行位置。

◎ MATCH(C10,$C$2:$H$2,0) 是指定产品的列位置。

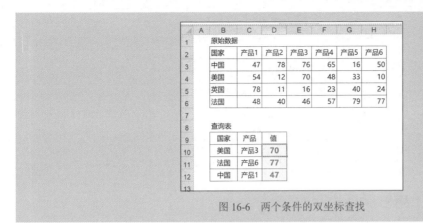

图 16-6　两个条件的双坐标查找

当然，更简单的公式是联合使用 MATCH 函数和 VLOOKUP 函数，或者联合使用 MATCH 函数和 HLOOKUP 函数，公式分别如下。

=VLOOKUP(B10,$B$3:$H$6,MATCH(C10,$B$2:$H$2,0),0)
=HLOOKUP(C10,$C$2:$H$6,MATCH(B10,$B$2:$B$6,0),0)

案例 16-6

图 16-7 所示表格的左侧是各个分行的各个类别的数据，每个分行的类别是一样的，现在要求制作右侧的分析指定类别下各个分行的对比情况。

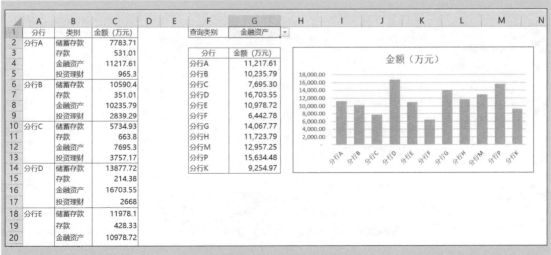

图 16-7　指定类别下各个分行的对比分析

单元格 G4 的查找公式如下。

```
=INDEX(C:C,
       MATCH(F4,A:A,0)+MATCH($G$1,$B$2:$B$5,0)-1
       )
```

该公式的基本思路：先用 MATCH 函数从 A 列里定位指定分行的位置，再用 MATCH 函数从 B 列的类别区域中定位类别的位置，通过计算分行和类别的位置得到要提取数据的真正位置（行数），最后用 INDEX 函数从 C 列中把该行的数据提取出来。

16.2.4　与 OFFSET 函数联合应用

在对企业经营进行分析时，经常要计算指定月份的累计值，分析某个时间区间内的销售收入和设计特殊的自动化数据分析模板，此时 OFFSET 函数就必不可少。为了获取指定的数据区域，利用 MATCH 函数来定位也非常重要。

案例 16-7

查找计算指定月份的各个项目的当月数和累计数，如图 16-8 所示。

	A	B	C	D	E	F	G	H	I	J	K	L	M	N	O	P	Q
																	Q4 =SUM(OFFSET(B2,,,1,MATCH($P$1,$B$1:$M$1,0)))
1	项目	1月	2月	3月	4月	5月	6月	7月	8月	9月	10月	11月	12月		指定月份	5月	
2	项目01	287	604	807	322	807	927	994	845	348	1013	617	254				
3	项目02	808	745	556	445	1148	264	315	1119	971	354	600	323		项目	当月数	累计数
4	项目03	1039	899	1119	298	606	577	252	971	452	1068	289	957		项目01	807	2827
5	项目04	388	274	1175	712	351	775	644	457	860	308	678	972		项目02	1148	3702
6	项目05	958	1173	596	346	1162	1103	416	908	374	320	518	930		项目03	606	3961
7	项目06	808	1189	1123	1051	360	716	1073	1128	524	546	877	1068		项目04	351	2900
8	项目07	899	1166	526	994	1082	927	468	311	1129	836	530	992		项目05	1162	4235
9	项目08	882	1037	531	786	224	1038	1149	1182	505	425	790	881		项目06	360	4531
10															项目07	1082	4667
11															项目08	224	3460
12																	

图 16-8　查找计算指定月份的各个项目的当月数和累计数

当月数使用 VLOOKUP 函数即可。单元格 P4 公式如下。

```
=VLOOKUP(O4,$A$2:$M$9,MATCH($P$1,$A$1:$M$1,0),0)
```

累计数使用 OFFSET 函数获取动态区域，再使用 SUM 函数求和，单元格 Q4 公式如下。

```
=SUM(OFFSET(B2,,,1,MATCH($P$1,$B$1:$M$1,0)))
```

第 17 章

INDEX 函数：
根据坐标查找数据

Excel

当在一个数据区域中给定了行号和列号，要把该数据区域中指定列和指定行的交叉单元格数据提取出来时，就需要使用 INDEX 函数。

17.1 基本原理和用法

INDEX 函数有两种使用方法，区别在于查询区域是一个还是多个。常见的情况是从一个区域内查找数据。

17.1.1 从一个区域内查询数据

此时，函数的用法如下。

=INDEX(查询区域 , 指定行号 , 指定列号)

例如，从 A 列里取出第 6 行的数据，也就是单元格 A6 的数据。其公式如下。

=INDEX(A:A,6)

例如，从第 2 行里取出第 6 列的数据，也就是单元格 F2 的数据。其公式如下。

=INDEX(2:2,,6)

例如，从单元格区域 C2:H9 的第 5 行、第 3 列交叉的单元格取数，也就是单元格 E6 的数据。其公式如下。

=INDEX(C2:H9,5,3)

第 1 个参数"查询区域"可以是一行、一列或一个数据区域，也可以是一个数组。例如下面的公式就是从数组 {"B","D","A","M","P"} 中取第 2 个数据，结果是字母 D。

=INDEX({"B","D","A","M","P"},2)

图 17-1 所示是 INDEX 函数从一个单元格区域内根据指定行、指定列取数的原理说明。

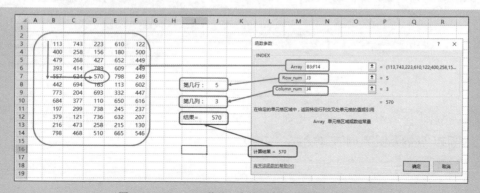

图 17-1 INDEX 函数从一个单元格区域内取数的原理

17.1.2　从多个区域内查询数据

此时，函数的用法如下。

=INDEX(一个或多个单元格区域，指定行号，指定列号，区域的序号)

这里，多个区域的引用要用逗号隔开，同时要用小括号把这些区域括起来。

例如，下面给定了 3 个单元格区域 A1:D9、G1:J9、L1:O9，那么公式"=INDEX((A1:D9, G1:J9,L1:O9),6,3,2)"就是从第 2 个数据区域 G1:J9 的第 6 行和第 3 列的交叉单元格中取数，即单元格 I6 的数据。

公式"=INDEX((A1:D9,G1:J9,L1:O9),6,3,1)"就是从第 1 个数据区域 A1:D9 的第 6 行和第 3 列的交叉单元格中取数，即单元格 C6 的数据。

图 17-2 所示是使用 INDEX 函数从多个区域内查询数据的原理说明。

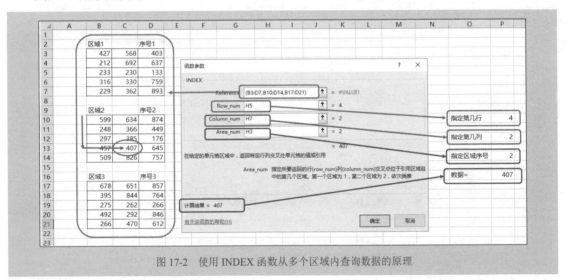

图 17-2　使用 INDEX 函数从多个区域内查询数据的原理

17.2　综合应用案例

大多数情况下，INDEX 函数需要联合 MATCH 函数一起构建公式，即通过 MATCH 函数定位后再取数。

另外一些情况下，可以联合使用控件做动态图表，因为某些控件返回值就是选择项目的位置，相当于 MATCH 函数。

17.2.1　与 MATCH 函数联合使用，实现单条件查找

只有明确了从一个区域的什么位置取数，才能使用 INDEX 函数，因此该函数经常与 MATCH 函数联合使用，即先用 MATCH 函数定位，再用 INDEX 函数取数。

很多 VLOOKUP 函数和 HLOOKUP 函数应用的场合也可以联合使用 MATCH 函数和 INDEX 函数，后者更灵活。

案例 17-1

如图 17-3 所示，要查找指定分行、指定类别、指定月份的数据。

N5			×	✓	fx	=INDEX(C2:K81,MATCH(N1,A2:A81,0)+MATCH(N2,B2:B6,0)-1,MATCH(N3,C1:K1,0))						
	A	B	C	D	E	F	G	H	I	J	K	L	M	N
1	分行	类别	1月	2月	3月	4月	5月	6月	7月	8月	9月		指定分行	分行C
2	分行A	储蓄存款	952	968	1030	1089	876	974	745	480	670		指定类别	金融资产
3		存款	40	57	62	70	69	68	70	58	37		指定月份	8月
4		金融资产	1249	1283	1456	1163	1331	1311	1112	1045	1268			
5		客户数	258545	268472	271434	268392	276706	279346	273547	269776	275237		查询结果=	654
6		投资理财	194	139	77	91	151	91	131	46	44			
7	分行B	储蓄存款	952	876	952	1245	1388	1342	1435	1241	1159			
8		存款	40	47	39	20	41	44	26	46	47			
9		金融资产	1249	1188	1077	1218	969	1047	1198	1241	1049			
10		客户数	258545	262737	268451	259891	268968	266058	260798	264793	261261			
11		投资理财	194	264	268	273	331	285	360	426	439			
12	分行C	储蓄存款	952	944	790	763	490	269	284	560	681			
13		存款	40	42	41	57	86	101	82	103	111			
14		金融资产	1249	959	661	793	1074	1019	921	654	366			
15		客户数	258545	265406	260379	268823	259149	268956	263614	273201	275809			
16		投资理财	194	211	293	391	428	502	601	590	546			
17	分行D	储蓄存款	952	1219	1457	1655	1509	1698	1734	1862	1793			
18		存款	40	14	30	35	36	35	11	6	7			
19		金融资产	1249	1521	1712	1863	2059	2161	2078	1881	2179			

图 17-3　联合使用 MATCH 函数和 INDEX 函数查找数据

仔细观察图 17-3 所示的表格结构，每个分行下都有 5 个项目，顺序也一样，因此可以先用 MATCH 函数定位分行位置，再用 INDEX 函数取出类别位置，用这两个位置可以计算出实际行数。月份位置可以直接使用 MATCH 函数获取。

单元格 N5 的公式如下。

```
=INDEX(C2:K81,
       MATCH(N1,A2:A81,0)+MATCH(N2,B2:B6,0)-1,
       MATCH(N3,C1:K1,0)
       )
```

17.2.2 与 MATCH 函数联合使用，实现多条件查找

如果查找条件超过了两个，此时就是多条件查找问题，这样的问题可以使用第 15 章介绍的 LOOKUP 函数，也可以联合使用 MATCH 函数和 INDEX 函数构建数组公式。基本原理：把条件判断区域用连接符（&）组合成一个条件数组，然后利用 MATCH 函数从这个数组中定位，再利用 INDEX 函数从取数区域中取数。

案例 17-2

图 17-4 所示是实现指定地区和指定产品的两个条件的查询。G5 单元格公式如下。

```
=INDEX(D2:D17,
        MATCH(G2&G3,A2:A18&B2:B17,0)
        )
```

G5 {=INDEX(D2:D17,MATCH(G2&G3,A2:A18&B2:B17,0))}

	A	B	C	D	E	F	G	H	I
1	地区	产品	销售	达标状态					
2	华北	产品1	597	达标		指定地区	华东		
3	华北	产品2	238	达标		指定产品	产品3		
4	华北	产品3	432	达标					
5	华东	产品1	253	未达标		达标状态	未达标		
6	华东	产品2	412	达标					
7	华东	产品3	238	未达标					
8	华东	产品4	638	未达标					
9	华东	产品5	1051	达标					
10	华南	产品2	973	达标					
11	华南	产品3	325	达标					
12	华南	产品4	873	达标					
13	华南	产品5	658	达标					
14	西北	产品3	833	未达标					
15	西北	产品4	858	未达标					
16	西北	产品5	606	达标					
17	西北	产品2	1165	达标					
18									

图 17-4 联合 MATCH 函数和 INDEX 函数做多条件查找

17.2.3 与控件联合使用，制作动态图表

在制作动态图表时，如果使用组合框、列表框、选项按钮等控件时，与之配合的查找函数只能是 INDEX 函数，因为这几种控件的返回值是一个序号（选择控件的第 *N* 个项目，控件返回值就是数字 *N*）。因此，可以使用 INDEX 函数把指定位置的数据取出来，然后画图，得到的图表就会随着控件的选择变化而变化，从而动态图表就产生了。

案例 17-3

图 17-5 所示就是一个利用组合框控件来控制图表的动态图表。

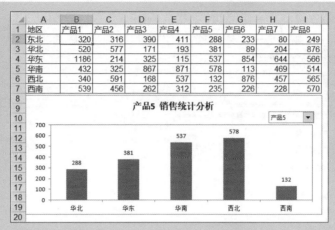

图 17-5　动态图表

动态图表的原理：设计辅助区域，根据控件的返回值查找数据，再绘制图表。

本案例中，控件返回值是单元格 B10，辅助区域是单元格区域 A11:B16，如图 17-6 所示。

在单元格 B11 输入如下数据查询公式，并往下复制，将用于绘图的产品数据查询出来。

图 17-6　绘制动态图表的辅助区域

```
=INDEX(B1:I1,,$B$10)
```

然后用辅助数据区域 A11:B16 绘制图表，就得到动态图表。

17.2.4　复杂应用：从摘要中提取经手人姓名

案例 17-4

如图 17-7 所示，要求从摘要中提取经手人姓名。这个案例在第 15.2.10 小节中使用 LOOKUP 函数实现过一次。这里考虑另外一个思路：使用 MATCH 函数和 INDEX 函数来解决。

D2　{=INDEX($G$2:$G$6,MATCH(TRUE,ISNUMBER(FIND($G$2:$G$6,B2)),0))}

	A	B	C	D	E	F	G	H	I
1	日期	摘要	金额	经手人			姓名列表		
2	2020-5-2	张三报销差旅费	3950.38	张三			李小萌		
3	2020-5-3	李小萌还借款	1947.57	李小萌			李四		
4	2020-5-4	1月份工资李四	6889.12	李四			张三		
5	2020-5-5	马大虎报销招待费	765.11	马大虎			马大虎		
6	2020-5-6	何欣预借差旅费	5000	何欣			何欣		
7	2020-5-7	李小萌报销交通费	305.44	李小萌					
8									

图 17-7　从摘要中提取经手人姓名

单元格 D2 公式如下。

```
=INDEX($G$2:$G$6,
        MATCH(TRUE,ISNUMBER(FIND($G$2:$G$6,B2)),0)
        )
```

这个公式的基本原理如下。

（1）用 FIND 函数从摘要中寻找姓名列表中的姓名是否存在。

（2）如果某个姓名存在，FIND 函数的结果就是数字，否则是错误值；再使用 ISNUMBER 函数判断 FIND 函数的结果，构建一个由逻辑值 TRUE 和 FALSE 组成的数组。

（3）用 MATCH 函数从这个数组中查找 TRUE 的位置，即姓名列表中的位置。

（4）用 INDEX 函数取出这个位置的姓名。

以 D2 的公式为例，分解计算步骤如下。

（1）FIND($G$2:$G$6,B2) 的结果是如下数组，第 3 个是数字，也就是说，在姓名列表的第 3 个位置找到了摘要里的姓名。

```
{#VALUE!;#VALUE!;1;#VALUE!;#VALUE!}
```

（2）ISNUMBER(FIND($G$2:$G$6,B2)) 的结果是如下数组，第 3 个是 TRUE。

{FALSE;FALSE;TRUE;FALSE;FALSE}

（3）MATCH(TRUE,ISNUMBER(FIND($G$2:$G$6,B2)),0) 的结果是 3，也就是说，姓名列表的第 3 个姓名就是要找的姓名。

（4）INDEX($G$2:$G$6,MATCH(TRUE,ISNUMBER(FIND($G$2:$G$6,B2)),0)) 的结果就是从姓名列表中取出的姓名。

第 ⑱ 章

INDIRECT 函数：间接引用单元格

Excel

　　INDIRECT 函数的功能非常强大。很多人一开始对这个函数望而却步，但是了解后使用这个函数的频率反而比 VLOOKUP 函数还要高。这是因为在预算分析、成本分析、费用分析和经营分析中，经常要进行滚动跟踪分析，这些分析需要实现工作表的滚动汇总，以追踪数据的变化，而所有这些工作通过使用 INDIRECT 函数再联合其他几个常用的函数就可以实现。

18.1 | 基本原理与用法

从字面上来看，INDIRECT 就是"间接"的意思，那么，如何"间接"呢？接下来介绍 INDIRECT 函数的基本原理与用法。

18.1.1 基本原理

INDIRECT 函数的功能是把一个字符串表示的单元格地址转换为引用。其语法如下。

=INDIRECT(字符串表示的单元格地址 , 引用方式)

这里需要注意以下几点。

◎ INDIRECT 函数转换的原始对象必须是一个字符串（文本）。

◎ 这个字符串（文本）必须是能够表达为单元格或单元格区域的地址，如 C5 和"一季度 !C5"。如果这个字符串不能表达为单元格地址，就会出现错误，如"一季度 C5"，少了一个感叹号就会出错。

◎ 这个字符串是利用连接符（&）手动连接起来的。

◎ INDIRECT 函数转换的结果是这个字符串所代表的单元格或单元格区域的引用，如果是一个单元格，会得到该单元格的值；如果是一个单元格区域，结果可能是一个值，也可能是错误值。

◎ 函数的第 2 个参数如果忽略或者输入 TRUE，表示的是 A1 引用方式，也就是常规的方式，列标是字母，行号是数字，例如 C5 就是 C 列第 5 行。如果输入 FALSE，表示的是 R1C1 引用方式，此时的列标是数字，行号是数字，例如 R5C3 表示第 5 行第 3 列，也就是常规的 C5 单元格。

◎ 大部分情况下，第 2 个参数忽略即可，个别情况需要设置为 FALSE，这样可以简化公式，解决移动取数的问题。

18.1.2 基本用法

图 18-1 所示是一个查询表，现在希望得到指定工作表和指定单元格的引用（取数）。现在是指定了工作表 Sheet3 和单元格 E5，因此直接引用的公式如下。

=Sheet3!E5

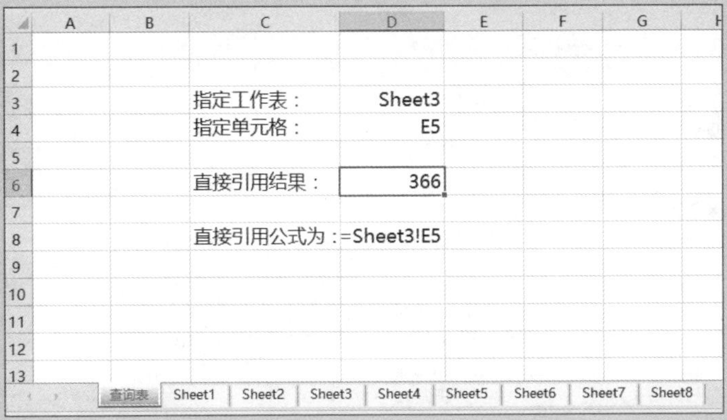

图 18-1　直接引用

但是，如果想从 Sheet5 的 B2 单元格取数，应该如何处理呢？是重新选择，还是直接去修改公式里的工作表名称和单元格地址？

先看一下直接引用单元格的公式字符串（去掉等号，剩下的部分被称为公式字符串）结构，公式字符串由 3 部分组成：

工作表名称 + 感叹号（！）+ 单元格地址

在公式字符串 Sheet3!E5 中，工作表名称就是单元格 D3 里指定的工作表名称 Sheet3，单元格地址就是单元格 D4 里指定的单元格地址 E5。

那么，能不能用单元格 D3 和 D4 里的字符分别代替引用公式里的工作表名称和单元格名称？这样，只要改变单元格 D3 里的工作表名称和 D4 里的单元格地址，不就变成了从不同工作表、不同单元格里取数了吗？实现过程如下。

首先连接一个字符串：

=D3&"!"&D4

它得到的结果是一个字符串 Sheet3!E5，这个字符串恰好就是工作表 Sheet3 的单元格 E5 的地址。在此，可以把这个字符串的双引号变成引用的效果。接着使用 INDIRECT 函数，公式如下。

=INDIRECT(D3&"!"&D4)

在这个公式中，并没有直接去找工作表和单元格，而是借助单元格 D3 里的工作表名称和 D4 里的单元格地址间接引用了指定的工作表和指定的单元格。

这样，只要改变单元格 D3 里的工作表名称和 D4 里的单元格地址，就可以获取该工作表和该单元格的数据。效果如图 18-2 所示。

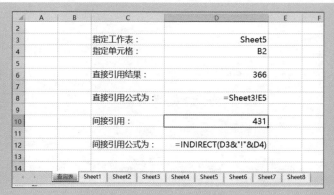

图 18-2　直接引用和间接引用比较：直接引用的结果不变，间接引用的结果变化了

INDIRECT 函数的功能非常强大，实际工作中的很多复杂问题使用 INDIRECT 函数都可迎刃而解。

注意：如果引用当前工作表，就不用编写工作表名称和感叹号了，公式直接转换为"=E5"，公式字符串即为 E5。

例如，当前工作表是 Sheet1，要引用工作表 Sheet2 的单元格 E3。

Sheet2!E3

引用当前工作表单元格的公式字符串，可以有当前工作表名称，也可以没有工作表名称，下面两种写法都是正确的（假如当前工作表名称是 Sheet1）。

Sheet1!E3

或者

E3

需要特别强调的是工作表名称的规范命名是非常重要的，如果工作表名称里有空格或者运算符号，必须用单引号把工作表名称引起来，如下所示。

'Jan Sales'!E5

'A+C'!E5

18.2 综合应用举案例

下面介绍几个非常实用的应用案例。需要注意的是，有些情况下，单独使用 INDIRECT 函数就可以解决问题了；但在更多的情况下，需要把 INDIRECT 函数作为其他函数的参数，例如 VLOOKUP、MATCH、INDEX、SUMIF、SUMIFS 等函数。

凡是函数的参数是行或列的，都可以使用 INDIRECT 函数进行间接引用。

18.2.1 快速汇总大量工作表：直接使用 INDIRECT 函数

案例 18-1

图 18-3 所示是各月利润表，现在要求把这 12 个月的利润表当月数据汇总到一张表上，汇总表结构如图 18-4 所示。

	A	B	C	D	E	F	G	H
1	项 目	本月数	累计数					
2	一、主营业务收入	732660	2940436					
3	减：主营业务成本	21884	282607					
4	主营业务税金及附加	160582	793006					
5	二、主营业务利润	550194	1864823					
6	加：其他业务利润	7400	32972					
7	减：营业费用	8220	61690					
8	管理费用	5280	52500					
9	财务费用	5579	41518					
10	三、营业利润	538515	1742087					
11	加：投资收益	2519	124137					
12	补贴收入	6749	24791					
13	营业外收入	3365	22968					
14	减：营业外支出	5351	21163					
15	四、利润总额	545797	1892820					
16	减：所得税	180113	624628					
17	五、净利润	365684	1268192					
18								

汇总表 | 01月 | 02月 | 03月 | 04月 | 05月 | 06月 | 07月 | 08月 | 09月 | 10月 | 11月 | 12月

图 18-3 各月利润表

在汇总表的单元格 B2 中输入下面的公式，往右往下复制，即可得到需要的汇总表，如图 18-5 所示。

```
=INDIRECT(B$1&"!B"&ROW(A2))
```

在这个公式中，需要注意以下几点。

（1）B$1 指定要查询的工作表名称（即月份名称）。

（2）"!B" 表示从该工作表的 B 列里取数。

（3）ROW(A2) 的结果是 2。

（4）表达式"B$1&"!B"&ROW(A2)"的结果就是字符串 "01 月 !B2"，而这个字符串又恰好是工作表"01 月"的单元格 B2 的地址。

（5）INDIRECT 函数的作用就是把这个字符串 "01 月 !B2" 转换为引用，也就是获取了工作表"01 月"的单元格 B2 的数据。

图 18-4　汇总表结构

	A	B	C	D	E	F	G	H	I	J	K	L	M
1	项　目	01月	02月	03月	04月	05月	06月	07月	08月	09月	10月	11月	12月
2	一、主营业务收入	381152	724020	416642	685962	732660	372865	381152	724020	416642	685962	372865	732660
3	减：主营业务成本	55425	48395	132595	24308	21884	24613	55425	48395	132595	24308	24613	21884
4	主营业务税金及附加	173037	197926	85719	175742	160582	192734	173037	197926	85719	175742	192734	160582
5	二、主营业务利润	152690	477699	198328	485912	550194	155518	152690	477699	198328	485912	155518	550194
6	加：其他业务利润	6633	7132	5860	5947	7400	6144	6633	7132	5860	5947	6144	7400
7	减：营业费用	5243	15119	26200	6908	8220	5034	5243	15119	26200	6908	5034	8220
8	管理费用	8009	16023	17557	5631	5280	6435	8009	16023	17557	5631	6435	5280
9	财务费用	5047	15691	9794	5047	5579	5047	15691	9794	5047	5583	5579
10	三、营业利润	141024	437998	150637	473913	538515	144610	141024	437998	150637	473913	144610	538515
11	加：投资收益	3073	90300	23231	5014	2519	9757	3073	90300	23231	5014	9757	2519
12	补贴收入	6323	4112	3923	3684	6749	2038	6323	4112	3923	3684	2038	6749
13	营业外收入	5791	6091	4659	3062	3365	5556	5791	6091	4659	3062	5556	3365
14	减：营业外支出	4434	4559	3911	2908	5351	2196	4434	4559	3911	2908	2196	5351
15	四、利润总额	151777	533942	178539	482765	545797	159765	151777	533942	178539	482765	159765	545797
16	减：所得税	50086	176200	58917	159312	180113	52722	50086	176200	58917	159312	52722	180113
17	五、净利润	101691	357742	119622	323453	365684	107043	101691	357742	119622	323453	107043	365684

图 18-5　各月利润表的汇总

18.2.2 快速汇总大量工作表：在嵌套函数中嵌套 INDIRECT 函数

如果每个工作表的结果不同，但是要汇总的数据是每个工作表都有的某列或者某行数据，此时可以使用 INDIRECT 函数联合其他查找函数来解决。

案例 18-2

如图 18-6 所示，要把各个工作表的收款额合计数加总到一个汇总表。这里每个工作表的数据都不一样。

图 18-6　每个项目的原始表

设计如图 18-7 所示的汇总表结构，单元格 C3 的汇总公式如下。

=SUM(INDIRECT(B3&"!C:C"))

这个公式很简单，间接引用每个工作表的 C 列，再使用 SUM 函数将每个表的 C 列数据加总起来即可。

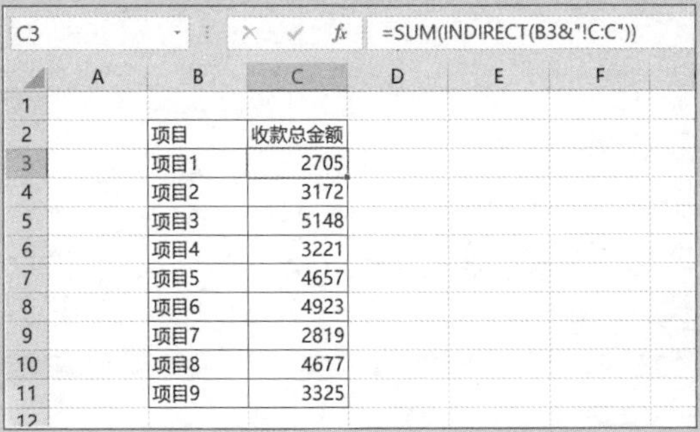

	A	B	C	D	E	F
1						
2		项目	收款总金额			
3		项目1	2705			
4		项目2	3172			
5		项目3	5148			
6		项目4	3221			
7		项目5	4657			
8		项目6	4923			
9		项目7	2819			
10		项目8	4677			
11		项目9	3325			
12						

C3 cell formula: =SUM(INDIRECT(B3&"!C:C"))

图 18-7　汇总表结构

如果想要得到如图 18-8 所示的汇总表，即按月汇总每个项目的收款额，应该如何设计公式？

	A	B	C	D	E	F	G	H	I	J	K	L	M
1	项目	1月	2月	3月	4月	5月	6月	7月	8月	9月	10月	11月	12月
2	项目1												
3	项目2												
4	项目3												
5	项目4												
6	项目5												
7	项目6												
8	项目7												
9	项目8												
10	项目9												

图 18-8　按月汇总每个项目的收款额

此时，可以使用 SUMPRODUCT 函数来解决，在 SUMPRODUCT 函数里嵌套 INDIRECT 函数，间接引用每个项目工作表。单元格 B2 公式如下。汇总结果如图 18-9 所示。

```
=SUMPRODUCT(
            (MONTH(INDIRECT($A2&"!A2:A100"))&" 月 "=B$1)*1,
            INDIRECT($A2&"!C2:C100")
            )
```

B2　=SUMPRODUCT((MONTH(INDIRECT($A2&"!A2:A100"))&"月"=B$1)*1,INDIRECT($A2&"!C2:C100"))

	A	B	C	D	E	F	G	H	I	J	K	L	M
1	项目	1月	2月	3月	4月	5月	6月	7月	8月	9月	10月	11月	12月
2	项目1	359	646	411	840	449							
3	项目2		312	408	651	486	1315						
4	项目3	762	1358	1154	848	648	378						
5	项目4	623	281	793	357	695	472						
6	项目5	167	647	632	960	751	1500						
7	项目6	1187	769	1057	644	1008	258						
8	项目7			1197	422	421	779						
9	项目8	262	602	1220	843	1271	479						
10	项目9	453	232	796	256	168	1420						

图 18-9　每个项目每个月的收款额

案例 18-3

图 18-10 所示是各个账户的资金往来数据，现在要求把每个账户的收入合计、支出合计和当

前余额汇总到一个工作表上。

	A	B	C	D	E	F	G	H	I
1	日期	凭证	项目	摘要	收入	支出	余额	备注	
2	2020-1-1			年初余额			5,321.19		
3	2020-2-2		项目E	BBBBB	-	4,543.00	778.19		
4	2020-1-5		项目E	DGHH	22,872.00	-	23,650.19		
5	2020-5-5		项目E	FGH	-	8,762.00	14,888.19		
6	2020-3-22		项目C	JGDD	-	1,275.00	13,613.19		
7	2020-5-13		项目A	ASAFH	37,471.00	-	51,084.19		
8	2020-5-25		项目C	SKF	-	47,678.00	3,406.19		
9									
10									

账户汇总 | 现金 | 工行 | 农行 | 建行 | 中行 | 浦发 | 招行

图 18-10　各个账户的工作表结构

这些账户工作表的列结构是一样的，但是行有多有少，这样的汇总如何做？

收入合计和支出合计用 SUM 函数即可解决，注意要分别计算每个工作表的 F 列和 G 列的合计数。

当前余额就是从每个工作表的 H 列取最后一行不为空的数据，使用 LOOKUP 函数即可。

单元格 B2 汇总公式如下。

```
=SUM(INDIRECT($A2&"!F:F"))
```

单元格 C2 汇总公式如下。

```
=SUM(INDIRECT($A2&"!G:G"))
```

单元格 D2 汇总公式如下。

```
=LOOKUP(1,
        0/(INDIRECT($A2&"!G2:G100")<>""),
        INDIRECT($A2&"!G2:G100")
        )
```

在上面的 SUM 函数和 LOOKUP 函数中都嵌套使用了 INDIRECT 函数，从而间接引用了某个账户工作表。汇总结果如图 18-11 所示。

D2 =LOOKUP(1,0/(INDIRECT($A2&"!G2:G100")<>""),INDIRECT($A2&"!G2:G100"))

	A	B	C	D
1	账户	收入合计	支出合计	当前余额
2	现金	60,343.00	62,258.00	3,406.19
3	工行	41,046.97	15,286.00	28,974.99
4	中行	6,454.00	4,959.87	3,928.11
5	农行	77,534.72	5,736.37	77,330.71
6	招行	8,762.27	13,757.86	2,062.98
7	浦发	45,311.12	-	49,899.36
8	建行	6,343.23	13,269.00	3,728.60

图 18-11　各个账户的汇总表

18.2.3　制作自动化明细表

制作明细表最常见的程序步骤是：筛选→复制→插入新工作表→粘贴，非常烦琐。也可以使用 INDIRECT 函数来制作动态明细表，这种方法避免了普通筛选方法的烦琐，也克服了 VBA 太专业的问题，更加灵活和实用。这种方法的核心是，利用 INDIRECT 函数构建一个不断往下滚动查找的单元格区域，再利用 MATCH 函数依次找出满足条件的各个数据位置，最后用 INDEX 函数取出数据。

案例 18-4

从事人力资源管理工作的人员会经常遇到这类问题：如何从一个加班表中把那些加班时间超过一定小时数的员工筛选出来？如何查看任意时间或月份的数据？这些问题利用 INDIRECT 函数均可解决。

每个月的员工加班时间表如图 18-12 所示，要求制作的查询统计表如图 18-13 所示。

	A	B	C	D	E	F	G
1	工号	姓名	部门	平时加班	双休日加班	节假日加班	加班总时间
2	G001	A001	部门A	69	55		124
3	G002	A002	部门A	71	35		106
4	G003	A003	部门B	52	36		88
5	G004	A004	部门C	28	12		40
6	G005	A005	部门D	16	24	12	52
7	G006	A006	部门D	32	0		32
8	G007	A007	部门D	64	36		100
9	G008	A008	部门D	52	36		88
10	G009	A009	部门D	52	24	6	82
11	G010	A010	部门E	20	0		20
12	G011	A011	部门E	58	42		100
13	G012	A012	部门E	82	30		112
14	G013	A013	部门E	70	30		100
15	G014	A014	部门E	70	42		112

查询表　1月　2月　3月　4月

图 18-12　每个月的员工加班时间表

图 18-13　需要制作的查询统计表

　　这个查询统计表实际上就是从某个指定的工作表里查找满足指定条件的所有明细数据。"从某个指定的工作表"是间接引用；"查找满足指定条件"是滚动查找技术，两者都需要使用 INDIRECT 函数。

　　下面是具体的制作步骤。

　　步骤 1：在查询表的 M 列做辅助列，在 M2 单元格输入下面的公式，并往下复制一定的行数（如复制到 1000 行）。

=INDIRECT($F$3&"!G"&ROW(A2))>$B$3

　　步骤 2：在查询表的 N 列做滚动查找定位，就是从 M 列里查找哪些单元格是 TRUE。
N7 单元格公式如下。

=MATCH(TRUE,M:M,0)

N8 单元格公式如下。

=MATCH(TRUE,INDIRECT("M"&N7+1&":M1000"),0)+N7

　　然后将单元格 N8 往下复制到一定的行（如复制到 1000 行），如图 18-14 所示。

　　步骤 3：设置查找取数公式。各个单元格公式如下。

　　单元格 A7：

=IFERROR(INDEX(INDIRECT($E$3&"!A:A"),$N7),"")

　　单元格 B7：

=IFERROR(INDEX(INDIRECT($E$3&"!B:B"),$N7),"")

	K	L	M	N	O
1			条件判断		
2			FALSE		
3			TRUE		
4			FALSE		
5			FALSE		
6			TRUE	定位	
7			TRUE	3	
8			FALSE	6	
9			FALSE	7	
10			TRUE	10	
11			FALSE	13	
12			FALSE	14	
13			TRUE	15	
14			TRUE	16	

查询表 | 1月 | 2月 | 3月 | 4月

图 18-14　辅助查找区域

单元格 C7：

=IFERROR(INDEX(INDIRECT($E$3&"!C:C"),$N7),"")

单元格 D7：

=IFERROR(INDEX(INDIRECT($E$3&"!D:D"),$N7),"")

单元格 E7：

=IFERROR(INDEX(INDIRECT($E$3&"!E:E"),$N7),"")

单元格 F7：

=IFERROR(INDEX(INDIRECT($E$3&"!F:F"),$N7),"")

单元格 G7：

=IFERROR(INDEX(INDIRECT($E$3&"!G:G"),$N7),"")

步骤 4：选择单元格区域 A7:A1000，设置条件格式，如图 18-15 所示。根据是否有数据自动设置边框来美化表格。

图 18-15 设置条件格式，自动加边框

步骤 5：统计人数及其占比情况。

单元格 G3 公式如下。

=" 共 "&SUMPRODUCT((A7:A1001<>"")*1)&" 人 "

单元格 G4 公式如下。

=" 占总人数 "&TEXT(SUMPRODUCT((A7:A1001<>"")*1)
/COUNTA(INDIRECT(E3&"!B2:B1000")),"0.00%")

步骤 6：隐藏 M 列和 N 列，取消工作表的网格线，不显示单元格的 0 值。

结果如图 18-16 所示。

工号	姓名	部门	平时加班	双休日加班	节假日加班	加班总时间
			加班总时间超过 100小时 的员工名单			
	指定时数	**100**	**查询月份**	**3月**		**共 356 人** **占总人数 50.42%**
G003	A003	部门B	81	58		139
G007	A007	部门D	41	72		113
G008	A008	部门D	32	75		107
G011	A011	部门E	64	91		155
G015	A015	部门E	61	92		153
G016	A016	部门A	70	99		169
G017	A017	部门A	83	20		103
G018	A018	部门A	92	81		173
G019	A019	部门B	81	66		147
G021	A021	部门B	32	83		115
G024	A024	部门B	86	51		137
G025	A025	部门B	42	97		139

查询表　1月　2月　3月　4月　⊕

图 18-16　某月加班总时间超过 100 小时的统计表

第19章

OFFSET 函数：
通过偏移引用单元格

Excel

OFFSET 函数是一个功能非常强大却又比较难理解的函数，常用于制作各种动态分析报告模板和仪表盘。本章将详细介绍这个函数的基本原理和一些经典应用案例。

19.1 基本原理与用法

在使用 OFFSET 函数之前，应该先了解其基本原理与用法。了解了 OFFSET 函数后，再结合几个案例来深入学习该函数的应用。

19.1.1 基本原理

OFFSET 函数的功能是从一个基准单元格出发，向下（或向上）偏移一定的行，向右（或向左）偏移一定的列，到达一个新的单元格，然后引用这个单元格，或者引用一个以这个单元格为顶点、指定行数、指定列数的新单元格区域。

OFFSET 函数的语法如下。

=OFFSET(基准单元格 , 偏移行数 , 偏移列数 , 新区域行数 , 新区域列数)

这里有以下几个注意事项。

◎ 如果省略最后两个参数（新区域行数和新区域列数），OFFSET 函数就只是引用一个单元格，得到的结果就是该单元格的数值。

◎ 如果设置了最后两个参数（新区域行数和新区域列数），OFFSET 函数引用的是一个新单元格区域。

◎ 偏移的行数如果是正数，是向下偏移；偏移的行数如果是负数，是向上偏移。

◎ 偏移的列数如果是正数，是向右偏移；偏移的列数如果是负数，是向左偏移。

例如，以 A1 单元格为基准，向下偏移 5 行，向右偏移 2 列，就到达单元格 C6，如果没有省略最后两个参数，或者将其设置为 1，那么 OFFSET 函数的结果就是单元格 C6 的数值了。如图 19-1 所示，此时 OFFSET 公式如下。

=OFFSET(A1,5,2)

或者

=OFFSET(A1,5,2,1,1)

以 A1 单元格为基准，向下偏移 5 行，向右偏移 2 列，就到达单元格 C6；这里再指定第 4 个参数是 3，第 5 个参数是 5，那么 OFFSET 函数的结果就是新的单元格区域 C6:G8。它以偏移到达的单元格 C6 为左上角单元格，扩展了 3 行高、5 列宽，是一个新的单元格区域，如图 19-2 所示。此时 OFFSET 公式如下。

=OFFSET(A1,5,2,3,5)

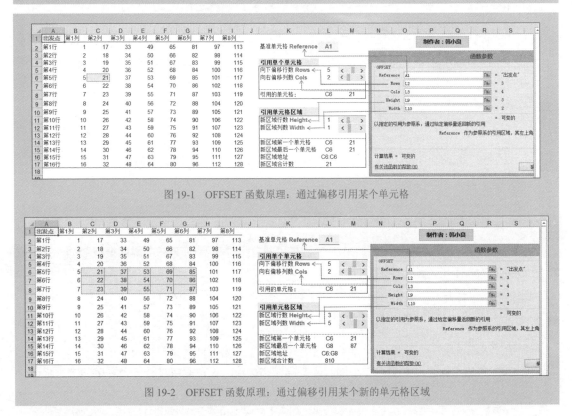

图 19-1　OFFSET 函数原理：通过偏移引用某个单元格

图 19-2　OFFSET 函数原理：通过偏移引用某个新的单元格区域

如果想得到一个以 A1 单元格为左上角单元格，10 行高、1 列宽的区域，也就是单元格区域 A1:A10，则公式如下。

=OFFSET(A1,,,10,1)

如果想得到一个以 A1 单元格为左上角单元格，1 行高、10 列宽的区域，也就是单元格区域 A1:J1，则公式如下。

=OFFSET(A1,,,1,10)

如果想得到一个以 A1 单元格为左上角单元格，10 行高、5 列宽的区域，也就是单元格区域 A1:E10，则公式如下。

=OFFSET(A1,,,10,5)

19.1.2　小技巧：验证 OFFSET 函数的结果是否正确

1. 小技巧 1

为了验证 OFFSET 函数的结果是否正确，当做好公式后，把 OFFSET 函数部分复制一下（比如"OFFSET(A1,,,10,5)"），然后单击名称框，按 Ctrl+V 组合键，将此公式字符串复制到名称框里，按 Enter 键，就可以看到是否自动选择了某个单元格或单元格区域。如果是，说明 OFFSET 函数使用正确；否则就是做错了。

2. 小技巧 2

偏移的行数或偏移的列数，以及新单元格区域的行高和列宽，可以使用 MATCH 函数来确定（比如计算任意指定月份的累计值）；在制作动态图时，也可以由控件来确定（比如绘制前 *N* 个数据）。

19.1.3　应用案例 1：引用一个单元格

在数据分析中，经常会使用控件来制作动态图表，此时使用 OFFSET 函数查找数据，比普通的 VLOOKUP、INDEX 函数更加方便。

在一般的数据查找中，如果要使用 OFFSET 函数，一般需要 MATCH 函数来配合，即先用 MATCH 函数定位，再用 OFFSET 函数偏移。

案例 19-1

图 19-3 所示工作表的左侧是各个地区的产品销售数据，现在要将其转换为右侧的二维报表。

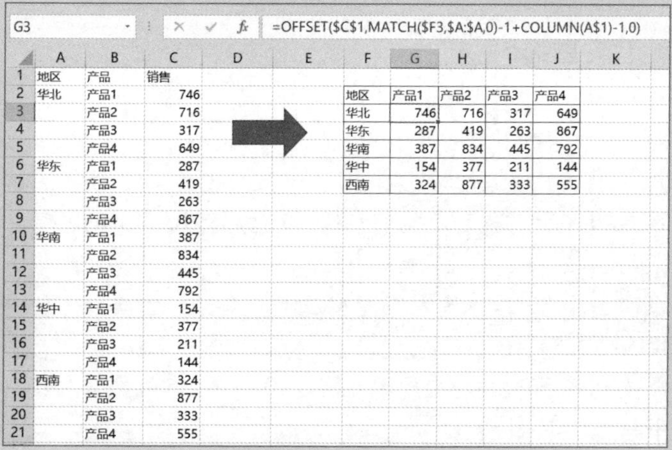

图 19-3　将左侧表格快速整理成右侧的二维报表

单元格 G3 公式如下，往右往下复制即可。

```
=OFFSET($C$1,MATCH($F3,$A:$A,0)-1+COLUMN(A$1)-1,0)
```

这个公式利用 MATCH 函数确定某个地区的位置，该位置就是 OFFSET 函数从 C1 往下偏移的行数。

因为每个地区下的产品个数及次序是一致的，所以可以使用 COLUMN 函数确定每个产品往下偏移的行数。由这两个位置计算得到实际往下偏移的行数。

这个问题还可以使用 TRANSPOSE 函数来解决，先选择单元格区域 G3:J3，输入下面的数组公式，然后往下复制即可。

```
=TRANSPOSE(OFFSET($C$1,MATCH($F3,$A:$A,0)-1,0,4,1))
```

这个公式的原理：获取每个地区的数据区域，再将其转置到汇总表。

19.1.4 应用案例 2：引用一个区域

案例 19-2

图 19-4 所示是从金蝶 K/3 里导出的管理费用余额表，现在要把这个表格汇总成标准的二维报表。这里每个费用项目下的部门是一样的。

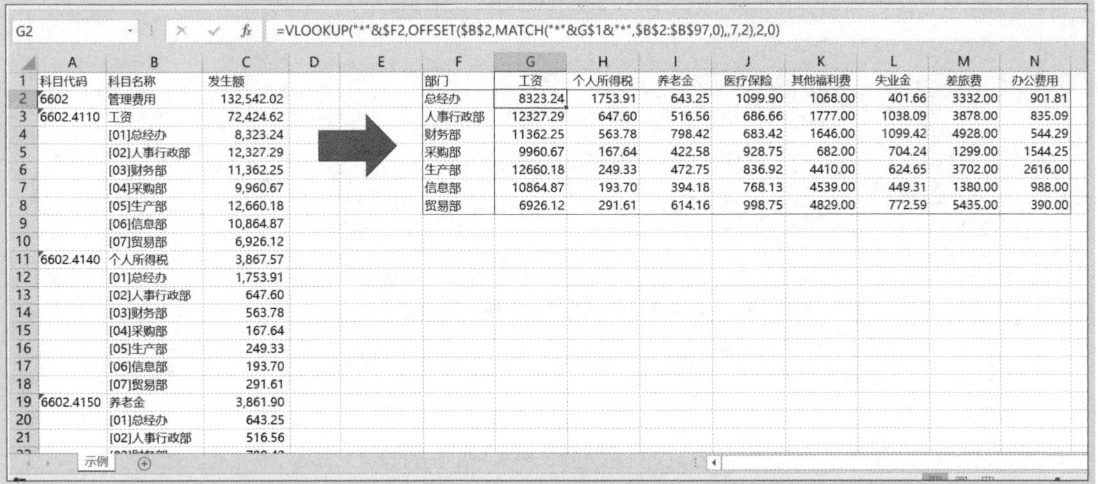

G2 =VLOOKUP("*"&$F2,OFFSET($B$2,MATCH("*"&G$1&"*",$B$2:$B$97,0),,7,2),2,0)

	A	B	C
1	科目代码	科目名称	发生额
2	6602	管理费用	132,542.02
3	6602.4110	工资	72,424.62
4		[01]总经办	8,323.24
5		[02]人事行政部	12,327.29
6		[03]财务部	11,362.25
7		[04]采购部	9,960.67
8		[05]生产部	12,660.18
9		[06]信息部	10,864.87
10		[07]贸易部	6,926.12
11	6602.4140	个人所得税	3,867.57
12		[01]总经办	1,753.91
13		[02]人事行政部	647.60
14		[03]财务部	563.78
15		[04]采购部	167.64
16		[05]生产部	249.33
17		[06]信息部	193.70
18		[07]贸易部	291.61
19	6602.4150	养老金	3,861.90
20		[01]总经办	643.25
21		[02]人事行政部	516.56

F	G	H	I	J	K	L	M	N
部门	工资	个人所得税	养老金	医疗保险	其他福利费	失业金	差旅费	办公费用
总经办	8323.24	1753.91	643.25	1099.90	1068.00	401.66	3332.00	901.81
人事行政部	12327.29	647.60	516.56	686.66	1777.00	1038.09	3878.00	835.09
财务部	11362.25	563.78	798.42	683.42	1646.00	1099.42	4928.00	544.29
采购部	9960.67	167.64	422.58	928.75	682.00	704.24	1299.00	1544.25
生产部	12660.18	249.33	472.75	836.92	4410.00	624.65	3702.00	2616.00
信息部	10864.87	193.70	394.18	768.13	4539.00	449.31	1380.00	988.00
贸易部	6926.12	291.61	614.16	998.75	4829.00	772.59	5435.00	390.00

图 19-4　导出的管理费用余额表及要求制作的二维汇总报表

思路：利用 MATCH 函数在 B 列里定位某个项目的位置，再利用 OFFSET 函数获取该项目的数据区域，最后用 VLOOKUP 函数从这个区域里取数。其公式如下。

```
=VLOOKUP("*"&$F2,
        OFFSET($B$2,MATCH("*"&G$1&"*",$B$2:$B$97,0),,7,2),
        2,
        0)
```

在这个公式中，核心思路就是使用 OFFSET 函数获取某个项目的数据区域，每个项目的数据区域有 7 行高、2 列宽。例如，工资的数据区域就是 B4:C10，个人所得税的数据区域是 B12:C18。

这个问题也可以直接使用 OFFSET 函数做数组公式解决，先选择单元格区域 G2:G8，输入下面的数组公式，然后往右复制即可。

```
=OFFSET($C$2,MATCH("*"&G$1&"*",$B$2:$B$97,0),,8,1)
```

这个公式的原理：获取每个费用的数据区域，再将其复制到指定区域。

19.2 | 综合应用案例

如何引用一个数据区域大小会随时变化的单元格区域，以便设置数据验证、制作动态数据源透视表、制作随时更新数据的动态图表等。此时，就离不开 OFFSET 函数了。

19.2.1 获取某列动态区域

例如，客户名称保存在 A 列，第一个单元格就是客户名称，但是客户数目随时有变化，此时可以用 OFFSET 函数定义一个动态名称，以便在基础表单中随时更新数据验证中的序列。OFFSET 函数公式如下。

```
=OFFSET($A$1,,,COUNTA($A:$A),1)
```

这个公式不允许 A 列数据区域内存在空单元格，因为使用了 COUNTA 函数统计 A 列不为空的单元格个数，而这个统计出来的个数就是实际数据区域的行数。

利用这个公式定义动态名称，可以制作数据源变动的数据验证序列。

19.2.2　获取一个矩形区域

要获取以 A1 为顶点的一个矩形单元格区域，OFFSET 函数公式如下。

```
=OFFSET($A$1,,,COUNTA($A:$A),COUNTA($1:$1))
```

这里，利用 COUNTA 函数统计 A 列有多少个非空单元格，就得到数据区域有多少行；利用 COUNTA 函数统计第 1 行（假如第 1 行是标题）有多少个非空单元格，就得到数据区域有多少列。这个公式可以用来制作基于动态数据源的数据透视表。

19.2.3　绘制不含数值 0 的饼图

案例 19-3

图 19-5 所示工作表左侧是一个指定月份的费用结构分析表，现在要求绘制相应的饼图。

由于某些项目在某个月没有发生，因此数据是 0，这样绘制的图表就会显得非常凌乱。那么，能不能只绘制数据不为 0 的项目，即凡是数值为 0 的都去除呢？

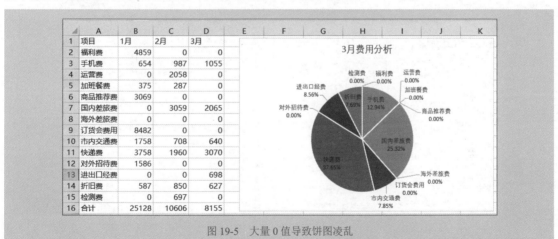

图 19-5　大量 0 值导致饼图凌乱

解决思路：首先将那些 0 值剔除出去，剩下那些不为 0 的项目，这个工作可以使用 INDIRECT 函数做滚动查找来解决；其次，对处理后的数据区域使用 OFFSET 函数来引用，并制作饼图。

下面是主要步骤介绍。

步骤 1：在单元格 G1 设置数据验证，以便选择要绘图分析的月份。

步骤 2：设计辅助区域，查找指定月份的数据，并判断是否不为 0。

单元格 K2 公式如下。

```
=AND(INDEX(B2:D2,,MATCH($G$1,$B$1:$D$1,0))<>0,
     INDEX(B2:D2,,MATCH($G$1,$B$1:$D$1,0))<>""))
```

步骤 3：定位不为 0 的数据所在位置（行）。

单元格 L2 公式如下。

```
=MATCH(TRUE,K:K,0)
```

单元格 L3 公式如下。

```
=MATCH(TRUE,INDIRECT("K"&L2+1&":K15"),0)+L2
```

步骤 4：根据定位出的位置，从原始数据区域内取出项目名称及其金额。

单元格 N2 公式如下。

```
=IFERROR(INDEX(A:A,L2),"")
```

单元格 O2 公式如下。

```
=IFERROR(INDEX($B$1:$D$15,L2,MATCH($G$1,$B$1:$D$1,0)),"")
```

辅助区域的效果如图 19-6 所示。

	F	G	H	I	J	K	L	M	N	O
1	选择月份	3月				不为0	所在行		项目	金额
2						FALSE	3		手机费	1055
3						TRUE	7		国内差旅费	2065
4						FALSE	10		市内交通费	640
5						FALSE	11		快递费	3070
6						FALSE	13		进出口经费	698
7						TRUE	14		折旧费	627
8						FALSE	#N/A			
9						FALSE	#N/A			
10						TRUE	#N/A			
11						TRUE	#N/A			
12						FALSE	#N/A			
13						TRUE	#N/A			
14						TRUE	#N/A			
15										

图 19-6　设计辅助区域，剔除 0 值的项目

步骤 5：定义如下两个动态名称，"名称管理器"对话框的设置如图 19-7 所示。

项目：

=OFFSET($N$2,,,SUMPRODUCT(($N$2:$N$14<>"")*1),1)

金额：

=OFFSET($O$2,,,SUMPRODUCT(($O$2:$O$14<>"")*1),1)

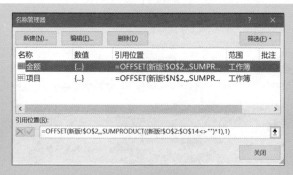

图 19-7　定义动态名称

步骤 6：用这两个动态名称绘制饼图并美化图表。

步骤 7：把这个辅助区域字体设置为白色。

最终的分析图表如图 19-8 所示。

	A	B	C	D	E	F	G	H	I	J
1	项目	1月	2月	3月		选择月份	3月			
2	福利费	4859	0	0						
3	手机费	654	987	1055						
4	运营费	0	2058	0						
5	加班餐费	375	287	0						
6	商品推荐费	3069	0	0						
7	国内差旅费	0	3059	2065						
8	海外差旅费	0	0	0						
9	订货会费用	8482	0	0						
10	市内交通费	1758	708	640						
11	快递费	3758	1960	3070						
12	对外招待费	1586	0	0						
13	进出口经费	0	0	698						
14	折旧费	587	850	627						
15	检测费	0	697	0						
16	合计	25128	10606	8155						
17										

图 19-8　最终分析图表

19.2.4　绘制动态图表

在绘制动态图表时，OFFSET 函数是使用频率最高的，因为需要获取不同的数据来绘图。例如，查看前 *N* 大客户；查看某个时间段的数据；查看某个项目、某个时间段的数据等。OFFSET 函数绘制动态图表的各种使用案例，请参阅相关书籍。

第20章

不常用但又很有用的
其他查找引用函数

Excel

除了前面介绍的常用查找引用函数以外，还有一些常用的辅助查找引用函数。

这些函数，有的单独使用，有的经常与其他函数联合使用，尽管不是很常用，但是在某些场合还是比较有用的。

常用的辅助查找引用函数有如下几种。

◎ ROW 函数

◎ COLUMN 函数

◎ HYPERLINK 函数

◎ GETPIVOTDATA 函数

◎ CHOOSE 函数

20.1 ROW 函数和 COLUMN 函数：获取行号和列号

20.1.1 基本用法

ROW 函数是获取某个单元格的行号。其用法如下。

=ROW(单元格)

例如，公式"=ROW(A5)"和"=ROW(E5)"的结果都是 5，因为单元格 A5 和单元格 E5 都是第 5 行。

如果省略具体的单元格，那么该函数的结果就是公式所在行的行号。例如在单元格 B10 中输入了公式"=ROW()"，其结果是 10。

COLUMN 函数是获取某个单元格的行号。其用法如下。

=COLUMN(单元格)

例如，公式"=COLUMN(A5)"和"=COLUMN(A100)"的结果都是 1，因为单元格 A5 和单元格 A100 都是 A 列（第 1 列）。

如果省略具体的单元格，那么该函数的结果就是公式所在列的列号。例如，在单元格 B10 中输入了公式"=COLUMN()"，结果是 2。

20.1.2 函数结果并不是一个单纯的数值

注意：ROW 函数和 COLUMN 函数得到的结果并不是一个真正的单独的数值，而是一个数组。

例如，下面公式的结果是数组 {1;2;3;4;5}，它由 1~5 这 5 个数字组成。

=ROW(A1:A5)

下面公式的结果也是一个数组，只不过只有一个数字 1。

=ROW(A1)

在有些情况下，例如在 INDIRECT 函数里，不能直接使用 ROW(A1) 这样的表达方式，否则就会出现错误，此时可以使用 INDEX 函数来处理。

INDEX(ROW(A1),1)

这样的结果才是一个真正的数值，而不是数组。

20.1.3 常用的场合

ROW 函数和 COLUMN 函数常用的场合如下。

（1）与 HLOOKUP 函数和 VLOOKUP 函数联合使用，进行数据查找。

（2）与 LARGE 函数和 SMALL 函数联合使用，进行数据排序。

（3）与 INDIRECT 函数联合使用，构建自然数数组。

在一些比较复杂的问题中，需要在公式中构建常量数组 {1;2;3;4;…;n}，以便进行高效数据处理。例如，ROW(INDIRECT("1:10")) 的结果就是得到一个常量数组 {1;2;3;4;5;6;7;8;9;10}。

20.2 | CHOOSE函数: 根据索引引用值或单元格

20.2.1 基本用法

CHOOSE 函数是根据一个指定的索引序号，从一个参数列表中取出对应序号的值。语法如下。

=CHOOSE(索引序号 , 参数 1, 参数 2, 参数 3,...)

这里的索引序号是 1、2、3、4、…参数就是对应的值。当序号是 1 时，就取参数 1 的值；当序号是 2 时，就取参数 2 的值；当序号是 3 时，就取参数 3 的值，以此类推。

20.2.2 应用案例

在某些情况下，使用 CHOOSE 函数比嵌套 IF 函数要简单得多。例如，对员工进行考核排名和发放奖励。

◎ 第 1 名奖励 2000 元。

◎ 第 2 名奖励 1200 元。

◎ 第 3 名奖励 800 元。

◎ 第 4 名奖励 500 元。

◎ 第 5 名奖励 200 元。

假设排名序号保存在 B2 单元格，那么如何设计公式？

如果使用嵌套 IF 函数。其公式如下。

```
=IF(B2=1,2000,IF(B2=2,1200,IF(B2=3,800,IF(B2=4,500,200))))
```

如果使用 CHOOSE 函数。其公式如下。

```
=CHOOSE(B2,2000,1200,800,500,200)
```

CHOOSE 函数里的参数 1、参数 2、参数 3……除了可以是具体的常量外，还可以是单元格或单元格区域的引用。

20.3 GETPIVOTDATA 函数：从数据透视表中提取数据

当创建了一个数据透视表后，想以这个数据透视表为数据源，从中提取汇总数据时，可以使用 GETPIVOTDATA 函数。该函数的用法如下。

```
=GETPIVOTDATA( 要提取数据的字段名称,
              数据透视表区域内的某一个单元格,
              字段 1 名称, 字段 1 下的某个项目,
              字段 2 名称, 字段 2 下的某个项目,
              字段 3 名称, 字段 3 下的某个项目,
              ……)
```

📢 注意：这里的字段名称既可以是原始字段名称，也可以是修改后的字段名称。

如果忽略了具体的行标签和列标签的具体字段名及其项目，那么 GETPIVOTDATA 函数得到的结果是值字段的总计数。

案例 20-1

GETPIVOTDATA 函数的语法有点抽象。下面通过一个做好的数据透视表来介绍该函数的用法，

如图 20-1 所示。

	A	B	C	D	E
1					
2	性质	地区	指标	销售额	成本
3	□ 加盟		16200000	4365766.8	1571900.08
4		东北	1230000	455200	162939.16
5		华北	3380000	993480.6	356156.69
6		华东	7010000	1570575.7	564101.38
7		华南	1680000	606835.5	231801.03
8		华中	740000	195725.5	70315.45
9		西北	1910000	374845.5	134355.43
10		西南	250000	169104	52230.94
11	□ 自营		30800000	12660822.14	4536332.46
12		东北	1890000	1066907.5	247491.13
13		华北	4070000	1493425	542104.51
14		华东	18060000	7754810.04	2890375.9
15		华南	1910000	655276	254637.39
16		华中	1540000	335864	122056.81
17		西北	1190000	514350.3	171212.24
18		西南	2140000	840189.3	308454.48
19	总计		47000000	17026588.94	6108232.54

图 20-1　做好的数据透视表

在工作表的任何一个空白单元格中输入等号，然后单击数据透视表内的某个单元格，就得到下面的公式。

=GETPIVOTDATA(" 销售额 ",$A$2," 地区 "," 华东 "," 性质 "," 加盟 ")

在这个公式中，各参数的含义如下。

（1）第 1 个参数是 " 销售额 "，因为单击的是"销售额"这个字段下的某个单元格。

（2）第 2 个参数是 $A$2，是自动选取的数据透视表区域的第一个单元格，这个参数可以是数据透视表内的任一单元格引用，例如 $A$3、$A$5、$C$2 等。但是，选择数据透视表区域左上角的第一个单元格是最安全的。

（3）第 3 个参数和第 4 个参数是一对，表示从字段"地区"里选择"华东"。

（4）第 5 个参数和第 6 个参数是一对，表示从字段"性质"里选择"加盟"。

因此，这个公式就是从数据透视表里把"华东"地区"加盟"店的"销售额"提取出来。再在某个空白单元格中输入等号，然后单击数据透视表内的总计行的某个单元格，就得到下面的公式。

=GETPIVOTDATA(" 销售额 ",$A$2)

这个公式的函数就是把数据透视表的"销售额"字段的总计数提取出来。

在如图 20-2 所示的数据透视表里，提取指定店铺性质的各个地区的销售额。

单元格 I6 公式如下。

=GETPIVOTDATA(" 销售额 ",$A$2," 性质 ",$I$3," 地区 ",H6)

单元格 I6 往下复制就得到各个地区的数据。

单元格 I13 公式如下。

=GETPIVOTDATA(" 销售额 ",$A$2)

▲	A	B	C	D	E	F	G	H	I
1									
2	性质 ▼	地区 ▼	指标	销售额	成本				
3	⊟加盟		16200000	4365766.8	1571900.08			指定性质	自营
4		东北	1230000	455200	162939.16				
5		华北	3380000	993480.6	356156.69			地区	销售额
6		华东	7010000	1570575.7	564101.38			东北	1066907.5
7		华南	1680000	606835.5	231801.03			华北	1493425
8		华中	740000	195725.5	70315.45			华东	7754810.04
9		西北	1910000	374845.5	134355.43			华南	655276
10		西南	250000	169104	52230.94			华中	335864
11	⊟自营		30800000	12660822.14	4536332.46			西北	514350.3
12		东北	1890000	1066907.5	247491.13			西南	840189.3
13		华北	4070000	1493425	542104.51			总计	17026588.9
14		华东	18060000	7754810.04	2890375.9				
15		华南	1910000	655276	254637.39				
16		华中	1540000	335864	122056.81				
17		西北	1190000	514350.3	171212.24				
18		西南	2140000	840189.3	308454.48				
19	总计		47000000	17026588.94	6108232.54				

图 20-2　从数据透视表里提取指定店铺性质的各个地区的销售额

将数据透视表进行重新布局，将"性质"字段从行标签调整到列标签，如图 20-3 所示。那么提取各个地区数据的公式是不变的，但是提取总计的公式就出现了错误，因为这个数据透视表里没有店铺性质的总计数了（本数据透视表的布局内有行总计）。

▲	A	B	C	D	E	F	G	H	I
1									
2		值		性质 ▼					
3		指标		销售额				指定性质	自营
4	地区 ▼	加盟	自营	加盟	自营				
5	东北	1230000	1890000	455200	1066907.5			地区	销售额
6	华北	3380000	4070000	993480.6	1493425			东北	1066907.5
7	华东	7010000	18060000	1570575.7	7754810.04			华北	1493425
8	华南	1680000	1910000	606835.5	655276			华东	7754810.04
9	华中	740000	1540000	195725.5	335864			华南	655276
10	西北	1910000	1190000	374845.5	514350.3			华中	335864
11	西南	250000	2140000	169104	840189.3			西北	514350.3
12	总计	16200000	30800000	4365766.8	12660822.14			西南	840189.3
13								总计	#REF!
14									

图 20-3　"性质"字段从行标签调整到列标签

如果显示出来行总计，那么查询表的总计公式就有了具体的数值，如图 20-4 所示。

▲	A	B	C	D	E	F	G	H	I	J	K
1											
2		值	性质 ▾								
3		指标		销售额		指标汇总	销售额汇总			指定性质	自营 ▾
4	地区 ▾	加盟	自营	加盟	自营					地区	销售额
5	东北	1230000	1890000	455200	1066907.5	3120000	1522107.5			东北	1066907.5
6	华北	3380000	4070000	993480.6	1493425	7450000	2486905.6			华北	1493425
7	华东	7010000	18060000	1570575.7	7754810.04	25070000	9325385.7			华东	7754810.04
8	华南	1680000	1910000	606835.5	655276	3590000	1262111.5			华南	655276
9	华中	740000	1540000	195725.5	335864	2280000	531589.5			华中	335864
10	西北	1910000	1190000	374845.5	514350.3	3100000	889195.8			西北	514350.3
11	西南	250000	2140000	169104	840189.3	2390000	1009293.3			西南	840189.3
12	总计	16200000	30800000	4365766.8	12660822.14	47000000	17026589			总计	17026588.9
13											
14											

图 20-4　显示行总计和列总计，能够提取指定的结果

20.4 | HYPERLINK 函数：创建超链接

当一个工作簿中有数十个，甚至上百个工作表时，一个一个地切换工作表是非常麻烦的。这时可以建立一个目录工作表，然后建立与各个工作表的超链接。

但是，很多人会一个一个地手动建立超链接。这样的工作量比较大，也很累人。此时，可以使用 HYPERLINK 函数来快速完成这样的超链接。

20.4.1 基本用法

HYPERLINK 函数的功能是创建超链接。其使用方法如下。

=HYPERLINK(链接文档位置 , 显示名称)

下面的示例可以打开搜狐网站主页。

=HYPERLINK("https://www.sohu.com")

下面的示例可以创建指向另一个外部工作簿 Mybook.xls 中名为 Totals 区域的超链接。

=HYPERLINK("[C:\My Documents\Mybook.xls]Totals")

下面的示例是在工作表 Sheet1 内创建超链接，以便从当前的单元格跳转到单元格 A100。

=HYPERLINK("#Sheet1!A100","sss")

20.4.2　创建工作表自动链接

下面通过一个案例讲解创建工作表自动链接的方法。

案例 20-2

如图 20-5 所示，利用 HYPERLINK 函数自动建立指向各个工作表 A1 单元格的超链接，工作表名保存在 A 列。这种方法在建立档案目录时是非常有用的。单元格 A2 的公式如下（其他单元格复制公式即可）。

=HYPERLINK("#"&A2&"!A1",A2)

图 20-5　自动建立指向对应工作表的超链接

20.4.3　创建打开图片文件自动链接

利用 HYPERLINK 函数也可以设计一个产品图片查看系统，如图 20-6 所示。假设产品图片保存在当前工作簿所在的文件夹，并且产品图片名称分别为 A 列的书名，如"高效数据处理分析 .jpg"。

案例 20-3

在单元格 B2 中输入如下公式，并向下复制到需要的行。

=HYPERLINK(LEFT(CELL("filename"),FIND("[",CELL("filename"))-1)&A2&".jpg"," 查看图片 ")

这样，只要单击 B 列的各个单元格，就会打开对应的产品图片。

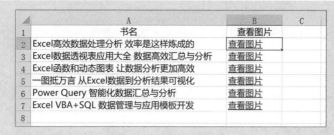

图 20-6 产品图片查看系统

20.5 | TRANSPOSE 函数：转置数据区域

TRANSPOSE 函数是一个不太常用的函数，但在某些表格的转换中却是非常有用的。下面简要介绍这个函数的基本用法和应用案例。

20.5.1 基本用法

TRANSPOSE 函数用于把一个数据区域进行转置，也就是行变成列，列变成行。其用法如下。

=TRANSPOSE(单元格区域或数组)

当要对数据进行转置操作时，必须先选择新数据区域，这个新数据区域的行和列必须正好是原始数据的列和行。

另外，TRANSPOSE 函数是数组函数，因此需要按 Ctrl+Shift+Enter 组合键。

图 20-7~ 图 20-9 就是数据区域转置的简单示例。

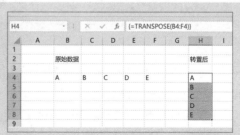

图 20-7 一列转换为一行　　　　图 20-8 一行转换为一列

图 20-9 二维区域的转置

20.5.2 应用案例

如果要让从原始表中查找的数据次序与查询结果表上的一样，那么可以使用 TRANSPOSE 函数直接转置即可，而没有必要使用 VLOOKUP 函数或者 HLOOKUP 函数一个一个找。

案例 20-4

如图 20-10 所示，要求制作一个指定地区、指定产品在各个月的动态分析图表，单元格 Q1 指定地区，单元格 Q2 指定产品，单元格区域 Q4:Q15 保存各月数据。

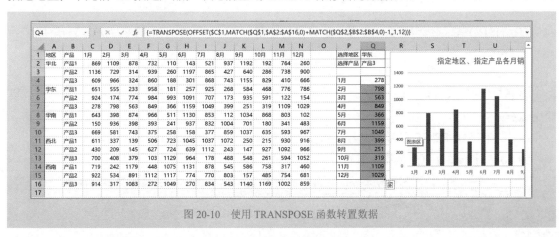

图 20-10 使用 TRANSPOSE 函数转置数据

源数据区中各月数据是按行保存的，分析报告是按列保存的，因此可以使用 OFFSET 函数获取指定产品的行数据，然后用 TRANSPOSE 函数进行转置。

选择单元格区域 Q4:Q15，输入下面的数组公式。

```
=TRANSPOSE(OFFSET($C$1,MATCH($Q$1,$A$2:$A$16,0)+MATCH($Q$2,$B$2:$B$4,0)-1,,1,12)
)
```

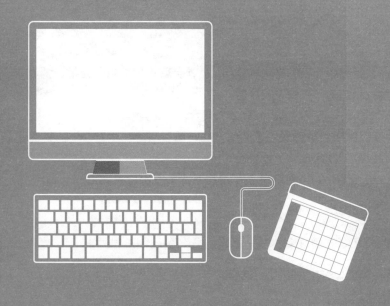

第21章

排名与排序分析

Excel

数据排名是实际数据处理和数据分析中一种常见的分析方法，如客户排名、产品排名、业务员排名等。一般的排序就是执行"排序"命令，但是在数据分析中，需要制作自动化的数据排序模板时，可以通过函数进行排序。

排名与排序所使用的函数主要有如下几种。

◎ 降序排序：LARGE 函数。

◎ 升序排序：SMALL 函数。

◎ 排名：RANK、RANK.AVG、RANK.EQ 函数。

21.1 | LARGE 函数：降序排序

降序排序就是对数字按从大到小排序，降序排序可以使用 LARGE 函数。

LARGE 函数可以将一组数按照降序（从大到小）进行排序。其语法如下。

> =LARGE(一组数字或单元格引用 ,k 值)

这里要注意以下几点。

◎ 要排序的数据必须是数字，忽略单元格的文本和逻辑值，不允许有错误值单元格。

◎ 要排序的数字必须是一维数组，为一列或一行区域。

◎ k 值是一个自然数，1 表示第 1 个最大，2 表示第 2 个最大，以此类推。

利用 LARGE 函数对一组数进行排序，关键是设置 k 值，此时可以联合使用 ROW 函数或者 COLUMN 函数来自动输入 k 值，也可以设计一个序号列。

例如，下面的公式获取数组 {200,400,1000,100,5} 的第 2 个最大值，结果是 400。

> =LARGE({200,400,1000,100,5},2)

下面的数组公式是计算数据区域内的前 5 个最大数字之和，结果如图 21-1 所示。

> =SUM(LARGE(A1:D7,{1,2,3,4,5}))

	A	B	C	D	E	F	G
F2			fx	{=SUM(LARGE(A1:D7,{1,2,3,4,5}))}			
1	323	728	191	660			
2	845	902	1000	749		12700	
3	121	232	545	46			
4	338	7000	32	799			
5	1500	337	628	601			
6	720	2000	908	1200			
7	618	486	130	832			
8							

图 21-1　计算前 5 个最大数字之和

案例 21-1

图 21-2 所示是对一列数据进行降序排序，单元格 C2 公式如下。

```
=LARGE($A$2:$A$10,ROW(A1))
```

图 21-3 所示是对一行数字进行降序排序，单元格 B5 公式如下。

```
=LARGE($B$2:$J$2,COLUMN(A1))
```

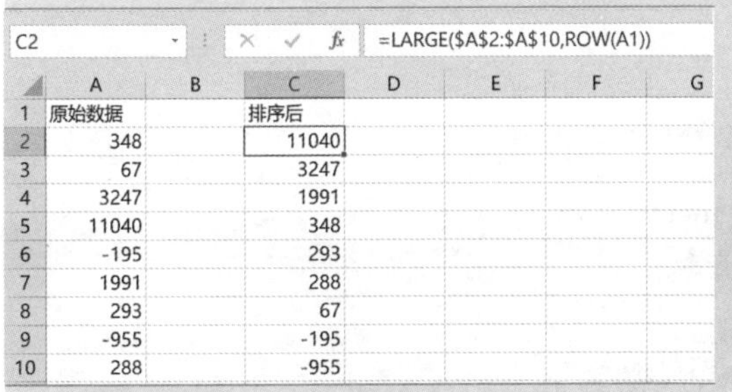

C2 =LARGE($A$2:$A$10,ROW(A1))

	A	B	C
1	原始数据		排序后
2	348		11040
3	67		3247
4	3247		1991
5	11040		348
6	-195		293
7	1991		288
8	293		67
9	-955		-195
10	288		-955

图 21-2　在一列里进行降序排序

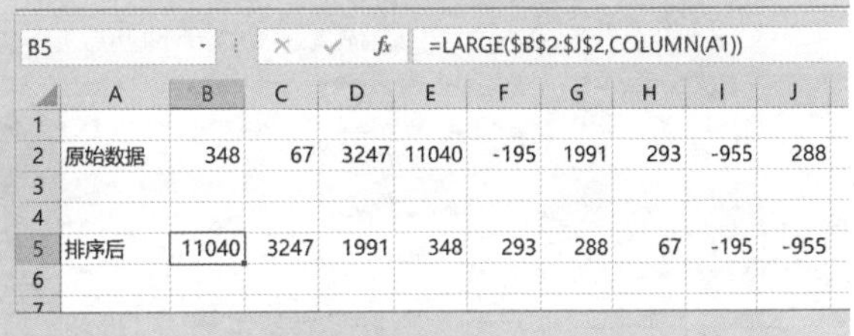

B5 =LARGE($B$2:$J$2,COLUMN(A1))

	A	B	C	D	E	F	G	H	I	J
1										
2	原始数据	348	67	3247	11040	-195	1991	293	-955	288
3										
4										
5	排序后	11040	3247	1991	348	293	288	67	-195	-955

图 21-3　在一行里进行降序排序

这种在 LARGE 函数里使用 ROW 函数或者 COLUMN 函数的方法是比较简单的，但也有致命的缺陷：如果在公式的上面插入行，或者在公式的左边插入列，结果就不对了，因为 ROW 函数和 COLUMN 函数不再是引用 A1 了。

一般来说，如果要做自动化模板，总是要做辅助区域的。因此设计一列序号是最安全的，如图 21-4 所示。单元格 D2 公式如下。

```
=LARGE($A$2:$A$10,C2)
```

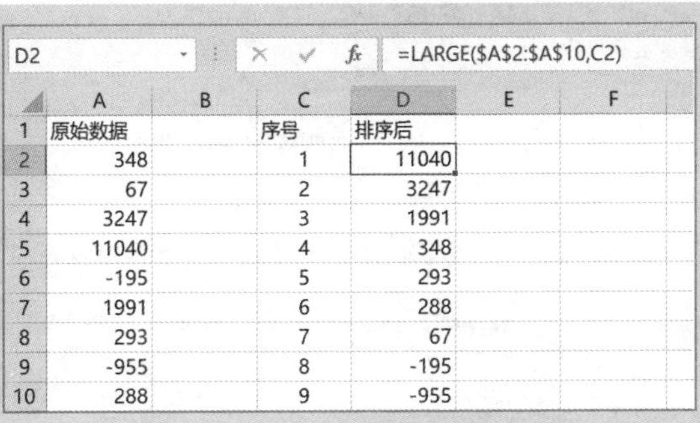

D2 =LARGE($A$2:$A$10,C2)

	A	B	C	D
1	原始数据		序号	排序后
2	348		1	11040
3	67		2	3247
4	3247		3	1991
5	11040		4	348
6	-195		5	293
7	1991		6	288
8	293		7	67
9	-955		8	-195
10	288		9	-955

图 21-4　用序号逐级排序

21.2 SMALL 函数：升序排序

升序排序就是对数字按从小到大排序，升序排序可以使用 SMALL 函数。

SMALL 函数可以将一组数按照升序（从小到大）进行排序。其语法如下。

= SMALL(一组数字或单元格引用 ,k 值)

SMALL 函数的注意事项与 LARGE 函数相同，因此不再赘述。

案例 21-2

图 21-5 所示是对一列数据进行升序排序，单元格 C2 公式如下。

```
=SMALL($A$2:$A$10,ROW(A1))
```

C2 =SMALL($A$2:$A$10,ROW(A1))

	A	B	C	D	E	F
1	原始数据		排序后			
2	348		-955			
3	67		-195			
4	3247		67			
5	11040		288			
6	-195		293			
7	1991		348			
8	293		1991			
9	-955		3247			
10	288		11040			

图 21-5　在一列里进行升序排序

如图 21-6 所示是对一行数字进行升序排序，单元格 B5 公式如下。

```
=SMALL($B$2:$J$2,COLUMN(A1))
```

B5 =SMALL($B$2:$J$2,COLUMN(A1))

	A	B	C	D	E	F	G	H	I	J
1										
2	原始数据	348	67	3247	11040	-195	1991	293	-955	288
3										
4										
5	排序后	-955	-195	67	288	293	348	1991	3247	11040
6										

图 21-6　在一行里进行升序排序

与 LARGE 函数一样，当要做自动化模板时，最好使用序号来代替 ROW 函数或 COLUMN 函数。

21.3 RANK、RANK.AVG、RANK.EQ 函数：数据排名

如果不改变原始数据次序，而仅仅是标注每个数字的排名情况，可以使用 RANK、RANK.AVG 或 RANK.EQ 函数。

RANK 函数用于判断某个数值在一组数中的排名位置。其语法如下。

> =RANK(要排名的数据 , 一维数组或单元格引用 , 排名方式)

这里要注意以下几点。

◎ 要排名的数据必须是数字，忽略单元格的文本和逻辑值，不允许有错误值单元格。

◎ 要排名的数据必须是一维数组，为一列或一行区域。

◎ 如果排名方式忽略或者输入 0，按降序排名；如果是 1，按升序排名。

◎ 对相同数据的排名是一个，但紧邻后面的数据的排名会跳跃。例如，若按降序排序时，有两个 600，排名都是 5，但其后面的数据假若是 620，其排序是 7，排名缺了 6。

RANK.AVG 函数是对 RANK 函数的修订，即如果多个值具有相同的排名，则返回平均排名。RANK.AVG 函数的用法与 RANK 函数完全相同。

> =RANK.AVG(要排名的数据 , 一维数组或单元格引用 , 排名方式)

RANK.EQ 函数也是对 RANK 函数的修订，即如果多个值具有相同的排名，则返回该组值的最高排名。RANK.EQ 函数的用法与 RANK 函数完全相同。

> =RANK.EQ(要排名的数据 , 一维数组或单元格引用 , 排名方式)

案例 21-3

图 21-7 所示是对各个业务员业绩的排名。

单元格 C2 公式如下。

> =RANK(B2,$B$2:$B$12)

单元格 D2 公式如下。

```
=RANK.AVG(B2,$B$2:$B$12)
```

单元格 E2 公式如下。

```
=RANK.EQ(B2,$B$2:$B$12)
```

C2 =RANK(B2,$B$2:$B$12)

	A	B	C	D	E	F
1	业务员	销售	RANK	RANK.AVG	RANK.EQ	
2	A001	120	11	11	11	
3	A002	300	9	9.5	9	
4	A003	1299	2	2	2	
5	A004	753	6	6	6	
6	A005	1194	4	4	4	
7	A006	482	7	7	7	
8	A007	334	8	8	8	
9	A008	987	5	5	5	
10	A009	1500	1	1	1	
11	A010	300	9	9.5	9	
12	A011	1279	3	3	3	

图 21-7　使用 RANK、RANK.AVG、RANK.EQ 函数进行排名

21.4 综合应用案例：客户排名分析模板

了解了几个常用的排序函数后，下面介绍一个综合应用案例——制作客户排名分析模板，以期对这几个函数以及其他函数之间的综合运用有一个了解。

案例 21-4

图 21-8 所示是一个各个业务员销售产品的汇总数据，现在要制作一个动态的排名分析表，可以选择任意月份的当月数或累计数进行降序或升序排序，并能准确识别数据相同的业务员。注意，业务员名字可能有重名。

	A	B	C	D	E	F	G	H	I	J	K	L	M
1	业务员	1月	2月	3月	4月	5月	6月	7月	8月	9月	10月	11月	12月
2	A01	583	452	764	101	263	831	192	614	562	525	450	538
3	A02	718	650	615	401	373	631	175	1066	155	674	642	1107
4	A03	1098	756	812	314	629	800	611	904	1017	445	852	977
5	A04	196	243	464	1004	746	599	986	342	358	494	624	808
6	A05	1156	650	828	913	713	917	637	1106	425	257	102	301
7	A06	210	824	383	879	574	800	110	147	820	288	843	426
8	A07	721	157	522	337	1191	988	1045	921	979	1133	328	408
9	A08	393	206	269	790	930	414	1140	744	496	458	168	213
10	A09	892	1170	617	1196	1174	224	149	868	300	773	478	521
11	A10	894	395	582	1066	599	800	483	1059	409	807	1051	741
12	A11	974	770	256	877	199	137	166	719	1079	253	835	157
13	A12	1078	359	641	278	687	697	462	212	969	1093	618	767
14													

汇总表　排名分析

图 21-8　各个业务员的汇总数据

排名效果如图 21-9 所示。

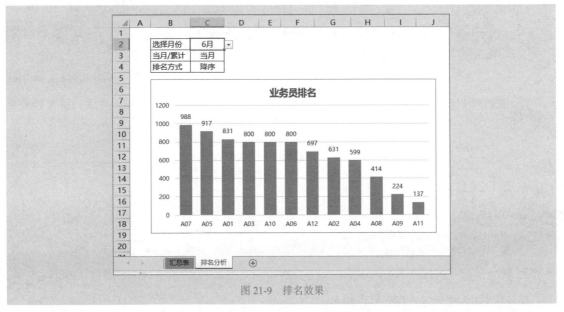

图 21-9　排名效果

只要熟练掌握了前面介绍的函数，制作这个模板就不难。这个图表是通过辅助区域的一系列计算得到的，然后利用这个辅助区域绘制排名图表。辅助区域的设计如图 21-10 所示。

	业务员	查找数据	处理相同		匹配姓名	排序后
2 选择月份	6月					
3 当月/累计	当月					
4 排名方式	降序					
7	A01	831	831		A07	988
8	A02	631	631		A05	917
9	A03	800	800		A01	831
10	A04	599	599		A03	800
11	A05	917	917		A10	800
12	A06	800	800		A06	800
13	A07	988	988		A12	697
14	A08	414	414		A02	631
15	A09	224	224		A04	599
16	A10	800	800		A08	414
17	A11	137	137		A09	224
18	A12	697	697		A11	137

图 21-10　辅助区域

单元格 C7 公式如下，用于查找计算每个业务员的数据。

```
=IF($C$3=" 当月 ",
    VLOOKUP(B7, 汇总表 !$A$1:$M$13,MATCH($C$2, 汇总表 !$A$1:$M$1,0),0),
    SUM(OFFSET( 汇总表 !B2,,,1,MATCH($C$2, 汇总表 !$B$1:$M$1,0)))
    )
```

单元格 D4 公式如下，用于利用随机数 RAND 函数处理查找出来的数据，以便后面处理业务员重名的问题。

```
=C7+RAND()/1000000
```

单元格 G7 公式如下，用于进行排序。

```
=IF($C$4=" 降序 ",
    LARGE($D$7:$D$18,ROW(A1)),
    SMALL($D$7:$D$18,ROW(A1))
    )
```

单元格 F7 公式如下，用于匹配姓名。

```
=INDEX($B$7:$B$18,MATCH(G7,$D$7:$D$18,0))
```

第 22 章

极值计算

Excel

最大值、最小值、平均值是数据统计中常常要计算的数据。这 3 个数据的计算并不难，因为
有相应的函数来计算，具体如下。

◎ 最小值：MIN、MINIFS 函数。

◎ 最大值：MAX、MAXIFS 函数。

◎ 平均值：AVERAGE、AVERAGEIF、AVERAGEIFS 函数。

22.1 | 计算最小值

22.1.1 MIN 函数：无条件最小值

一般情况下，最小值的计算是无条件的，此时直接使用 MIN 函数即可。

与 SUM 函数一样，MIN 函数忽略单元格区域内的空单元格、文本、逻辑值，但如果逻辑值直接作为参数进行计算，则 TRUE 为 1，FALSE 为 0。

例如，下面的公式结果是 0，因为这 4 个数中的最小值是 FALSE（FALSE 就是 0）。

= MIN(100,20,800,FALSE)

22.1.2 MINIFS 函数：多条件最小值

在有些情况下，需要计算满足一定条件的最小值，此时可以使用 MINIFS 函数。其用法如下。

```
=MINIFS( 求最小值区域 ,
        判断区域 1, 条件值 1,
        判断区域 2, 条件值 2,
        判断区域 3, 条件值 3,
        ……)
```

可以看到，MINIFS 函数与 SUMIFS 函数的语法结构一样，因此，在使用这个函数时，同样也要牢记以下几点。

◎ 求最小值区域与所有的判断区域一样，必须是表格里真实存在的单元格区域。

◎ 所有的条件值，既可以是一个精确的具体值，也可以是大于或小于某个值的条件，或者是诸如开头是、结尾是、包含等模糊匹配。

◎ 所有的条件必须是"与"条件，而不能是"或"条件。

在输入 MINIFS 函数时，好习惯是打开"函数参数"对话框，一个参数一个参数地选择或输入，这样不容易出错。

MINIFS 函数仅仅在 Excel 2016 中才能使用，在其他版本中，如果要计算多个条件下的最小值，需要使用数组公式。

对于超过 15 位的数字编码，使用 MINIFS 函数计算最小值时，要使用通配符将条件值文本化，这点与 COUNTIF 函数和 SUMIFS 函数是一样的。

案例 22-1

图 22-1 所示是一个工资表，现在要求计算各个部门的最低工资、最高工资和人均工资，此处仅计算最低工资。

每个部门的人数用 COUNTIF 函数计算，单元格 N3 公式如下。

=COUNTIF(B:B,M3)

每个部门的最低工资用 MINIFS 函数计算，单元格 O3 公式如下。

=MINIFS(G:G,B:B,M3)

总公司的最低工资用 MIN 函数计算，单元格 O16 公式如下。

=MIN(G:G)

	A	B	C	D	E	F	G	H	I	J	K	L	M	N	O	P	Q
1	姓名	部门	基本工资	津贴	加班工资	考勤扣款	应税所得	社保	公积金	个税	实得工资						
2	A001	HR	11000	814	0	0	11814	997.6	635	781.28	10200.12		成本中心	人数	最低工资	最高工资	人均工资
3	A002	HR	4455	1524.6	1675.86	0	7655.49	836.4	532	173.71	7013.38		HR	7	4888	11814	7516
4	A003	HR	5918	737	0	0	6655	1125.7	0	97.93	6331.37		总经办	6	4450	8314	6330
5	A004	HR	4367	521	0	0	4888	563.8	359	13.96	4921.24		设备部	11	3477	7019	5049
6	A005	HR	9700	132	0	-453.56	9378.44	1285.8	818	272.46	24213.98		信息部	7	3848	7206	4800
7	A006	HR	5280	613	0	0	5893	617.6	393	41.47	5749.16		维修	15	3395	5346	4020
8	A007	HR	4422	1533.9	369.66	0	6325.54	845.8	0	117.17	6504.57		一分厂	43	623	8226	3859
9	A008	总经办	3586	1511.6	299.77	0	5397.39	609.8	388	26.99	5314.63		二分厂	67	1235	74093	8032
10	A009	总经办	3663	787	0	0	4450	482.3	0	14.03	4923.67		三分厂	31	1767	31518	8323
11	A010	总经办	4455	1547.8	1117.24	0	7120.03	668.9	0	190.11	7161.02		北京分公司	52	182	44644	6420
12	A011	总经办	3520	1335.6	1360.92	0	6216.63	583.3	371	71.22	6091.01		上海分公司	69	673	15359	5116
13	A012	总经办	7700	614	0	0	8314	735.2	0	302.88	8118.04		苏州分公司	40	2629	20711	6386
14	A013	总经办	4730	1358	395.4	0	6483.4	751.7	478	70.37	6083.33		天津分公司	136	860	163799	10031
15	A014	设备部	5280	1809.7	165.52	-236.6	7018.63	761.6	485	122.2	6549.83		武汉分公司	23	3137	90965	13975
16	A015	设备部	5922.4	440	0	0	6362.4	551.6	351	90.98	6268.82		合计	507	182	163799	7554
17	A016	设备部	3487	1383.4	291.49	0	5161.9	600.5	382	20.38	5116.46						

图 22-1 工资统计分析

对于除 Excel 2016 以外的其他版本，各个部门的最低工资的计算需要使用数组公式，如下所示。

=MIN(IF($B$2:$B$508=M3,$G$2:$G$508,""))

22.1.3 妙用：MIN 函数代替 IF 函数

在很多情况下，会使用 IF 函数对数值进行判断，如果小于某个标准值，就是实际值；否则，就是该标准值。此时的公式如下（假设数据保存在单元格 A2，标准值是 100）。

$$=IF(A2<100,A2,100)$$

这种判断无可厚非，也是一个好用的公式。不过，还可以使用 MIN 函数设计出更简单的公式。

$$=MIN(A2,100)$$

22.1.4　含有关键词的最小值

如果要对含有指定关键词的项目计算最小值，可以在 MINIFS 函数的条件值中使用通配符，例如，要计算材料名称中包含"钢筋"的最低价格，参考公式如下。

$$=MINIFS(E:E,B:B,"* 钢筋 *")$$

这里假设 E 列是材料价格，B 列是材料名称。

如果因 Excel 版本问题无法使用 MINIFS 函数，则需要使用下面的数组公式。

$$=MIN(IF(ISNUMBER(FIND(" 钢筋 ",\$B\$2:\$B\$100)),\$E\$2:\$E\$100,""))$$

22.2 | 计算最大值

22.2.1　MAX 函数：无条件最大值

一般情况下，最大值的计算是无条件的，此时直接使用 MAX 函数即可。与 SUM 函数和 MIN 函数一样，MAX 函数忽略单元格区域内的空单元格、文本、逻辑值，但如果逻辑值直接作为参数进行计算，则逻辑值 TRUE 为 1，FALSE 为 0。

例如，下面公式的结果是 1，因为这 3 个数中的最大值是 TRUE（TRUE 就是 1）。

$$=MAX(-100,0,TRUE)$$

22.2.2　MAXIFS 函数：多条件最大值

在有些情况下，会要求计算满足一定条件下的最大值，此时使用 MAXIFS 函数。其用法如下。

```
=MAXIFS( 求最大值区域 ,
         判断区域 1, 条件值 1,
         判断区域 2, 条件值 2,
         判断区域 3, 条件值 3,
         ……)
```

可以看到，MAXIFS 函数与 MINIFS 函数的语法结构一样，使用注意事项也是一样的。

同样，对于超过 15 位的数字编码，使用 MAXIFS 函数计算最大值时，要使用通配符将条件值文本化。

在案例 22-1 中，每个部门的最高工资（单元格 P3）计算公式如下。

=MAXIFS(G:G,B:B,M3)

总公司的最高工资（单元格 P16）公式如下。

=MAX(K:K)

MAXIFS 函数仅在 Excel 2016 中才能使用。在其他版本中计算多个条件下的最大值时，需要使用数组公式。此时，各个部门最高工资的计算公式如下。

=MAX(IF($B$2:$B$508=M3,$G$2:$G$508,""))

22.2.3 妙用：MAX 函数代替 IF 函数

如果要做这样的判断：如果某个值大于指定的标准值，就是实际值；否则，就是该标准值。此时常规的公式是使用 IF 函数，具体如下（假设数据保存在单元格 A2 中，标准值是 100）。

=IF(A2>100,A2,100)

对于这样的问题，还可以使用 MAX 函数设计出更简单的公式。

=MAX(A2,100)

22.2.4 含有关键词的最大值

如果要对含有指定关键词的项目计算最大值，可以在 MAXIFS 函数的条件值中使用通配符。例如，要计算材料名称中包含"钢筋"的最高价格，参考公式如下。

=MAXIFS(E:E,B:B,"* 钢筋 *")

这里假设 E 列是材料价格，B 列是材料名称。

如果因 Excel 版本问题无法使用 MAXIFS 函数，则需要使用下面的数组公式。

```
=MAX(IF(ISNUMBER(FIND(" 钢筋 ",$B$2:$B$100)),$E$2:$E$100,""))
```

22.3 计算平均值

22.3.1　AVERAGE 函数：无条件平均值

使用 AVERAGE 函数可以对数据区域的所有数据直接求平均值。此函数的使用方法和注意事项与 SUM、MIN 和 MAX 函数是一样的。

22.3.2　AVERAGEIF 函数：单条件平均值

如果要先对数据区域判断，再把满足某个指定条件的数据求平均值，可以使用 AVERAGEIF 函数。AVERAGEIF 函数是单条件求平均值。其用法如下。

```
=AVERAGEIF( 判断区域 , 条件值 , 求平均值区域 )
```

AVERAGEIF 函数的用法和注意事项与 SUMIF 函数完全一样。

22.3.3　AVERAGEIFS 函数：多条件平均值

当给定了多个条件时，计算满足这些条件下的平均值，可以使用 AVERAGEIFS 函数。AVERAGEIFS 函数是多条件求平均值。其用法如下。

```
=AVERAGEIFS( 求平均值区域 ,
             判断区域 1, 条件值 1,
             判断区域 2, 条件值 2,
             判断区域 3, 条件值 3,
             ......)
```

可以看到，AVERAGEIFS 函数与 SUMIFS、MINIFS、MAXIFS 函数的语法结构一样，注意事项也一样。

在案例 22-1 中，每个部门的人均工资（单元格 Q3）计算公式如下。

=AVERAGEIF(B:B,M3,G:G)

或者

=AVERAGEIFS(G:G,B:B,M3)

总公司的人均工资（单元格 Q16）公式如下。

=AVERAGE(G:G)

图 22-2 所示是所有数据的计算结果。

成本中心	人数	最低工资	最高工资	人均工资
HR	7	4921	24214	9276
总经办	6	4924	8118	6282
设备部	11	4015	6550	5281
信息部	7	3987	6667	5133
维修	15	3899	5365	4543
一分厂	43	623	8124	4326
二分厂	67	1482	54891	7599
三分厂	31	1767	24691	7620
北京分公司	52	1182	34283	6299
上海分公司	69	673	12620	5343
苏州分公司	40	3489	16699	6290
天津分公司	136	1010	104562	8698
武汉分公司	23	3508	65661	11725
合计	507	623	104562	7094

图 22-2　各部门工资统计分析报表

不论是 AVERAGEIF 函数还是 AVERAGEIFS 函数，对于超过 15 位的数字编码，都要使用通配符将条件值文本化。

22.4 QUARTILE 函数：计算四分位值

四分位分析是工资分析中的常用方法，所谓四分位分析，就是计算一组数中最小值、25% 分位值、50% 分位值（中位数）、75% 分位值和最大值。

四分位分析可以使用 QUARTILE 函数。其用法如下。

= QUARTILE(单元格区域或数组 , 四分位值数字)

第 2 个参数的数值及含义如下。

◎ 数字 0：最小值。

◎ 数字 1：25% 分位值。

◎ 数字 2：50% 分位值。

◎ 数字 3：75% 分位值。

◎ 数字 4：最大值。

案例 22-2

下面以案例 22-1 的数据为例来制作四分位值表。

1. 计算各个部门的四分位值

计算公式分别如下（均为数组公式）。

单元格 N3 计算最小值：

```
=QUARTILE(IF($B$2:$B$508=$M3,$G$2:$G$508,""),0)
```

单元格 O3 计算 25% 分位值：

```
=QUARTILE(IF($B$2:$B$508=$M3,$G$2:$G$508,""),1)
```

单元格 P3 计算 50% 分位值：

```
=QUARTILE(IF($B$2:$B$508=$M3,$G$2:$G$508,""),2)
```

单元格 Q3 计算 75% 分位值：

```
=QUARTILE(IF($B$2:$B$508=$M3,$G$2:$G$508,""),3)
```

单元格 R3 计算最大值：

```
=QUARTILE(IF($B$2:$B$508=$M3,$G$2:$G$508,""),4)
```

2. 计算总公司的四分位值

单元格 N16 计算最小值：

```
=QUARTILE($G$2:$G$508,0)
```

单元格 O16 计算 25% 分位值：

```
=QUARTILE($G$2:$G$508,1)
```

单元格 P16 计算 50% 分位值：

```
=QUARTILE($G$2:$G$508,2)
```

单元格 Q16 计算 75% 分位值：

```
=QUARTILE($G$2:$G$508,3)
```

单元格 R16 计算最大值：

```
=QUARTILE($G$2:$G$508,4)
```

计算结果如图 22-3 所示。

N3			▾	⫶	✕ ✓	*fx*	{=QUARTILE(IF($B$2:$B$508=$M3,$G$2:$G$508,""),0)}							
▲	A	B	C	D	E	F	G	H	I	J	K	L	M	N	O	P	Q	R
1	姓名	部门	基本工资	津贴	加班工资	考勤扣款	应税所得	社保	公积金	个税	实得工资		成本中心	最小值	25%分位值	50%分位值	75%分位值	最大值
2	A001	HR	11000	814	0	0	11814	998	635	781	10200		HR	4888	6109	6655	8517	11814
3	A002	HR	4455	1525	1676	0	7655	836	532	174	7013		总经办	4450	5602	6350	6961	8314
4	A003	HR	5918	737	0	0	6655	1126	0	98	6331		设备部	3477	4335	5138	5411	7019
5	A004	HR	4367	521	0	0	4888	564	359	14	4921		信息部	3848	4006	4116	5208	7206
6	A005	HR	9700	132	0	-454	9378	1286	818	272	24214		维修厂	3395	3798	3858	4064	5346
7	A006	HR	5280	613	0	0	5893	618	393	41	5749		一分厂	623	3627	3832	4009	8226
8	A007	HR	4422	1534	370	0	6326	604	0	117	6505		二分厂	1235	3533	4010	7372	74093
9	A008	总经办	3586	1512	300	0	5397	610	388	27	5315		三分厂	1767	3549	6510	10189	31518
10	A009	总经办	3663	787	0	0	4450	482	0	14	4924		北京分公司	182	4294	5090	6158	44644
11	A010	总经办	4455	1548	1117	0	7120	669	0	190	7161		上海分公司	673	3503	3642	5015	15359
12	A011	总经办	3520	1336	1361	0	6217	583	371	71	6091		苏州分公司	2629	3404	3857	6866	20711
13	A012	总经办	7700	614	0	0	8314	735	0	303	8118		天津分公司	860	2827	3864	9711	163799
14	A013	总经办	4730	1358	395	0	6483	752	478	70	6083		武汉分公司	3137	5339	7394	10601	90965
15	A014	设备部	5280	1810	166	-237	7019	762	485	122	6550		合计	182	3497	4200	7262	163799
16	A015	设备部	5922	440	0	0	6362	552	351	91	6269							
17	A016	设备部	3487	1383	291	0	5162	601	382	20	5116							
18	A017	设备部	3487	1360	291	0	5138	539	0	33	5495							
19	A018	设备部	4290	963	359	0	5611	140	0	92	6279							
20	A019	设备部	3124	962	0	0	4086	502	319	0	4242							
21	A020	设备部	3410	1390	0	0	4800	140	0	35	5548							

3月工资 ⊕

图 22-3　计算四分位值

22.5 综合应用案例：计算加班时间

案例 22-3

如图 22-4 所示，要求计算周末上午的加班时间。

公司的规定如下。

（1）如果在 8:30 之前签到，就按 8:30 计算开始加班时间；如果在 8:30 以后签到，就按实际签到时间计算开始加班时间。

（2）如果在 12:00 之前签退，就按实际签退时间计算加班结束时间；如果在 12:00 以后签退，就按 12:00 计算加班结束时间。

这个计算不需要使用 IF 函数，使用 MAX 函数和 MIN 函数是最简单的。单元格 E2 公式如下。

=MIN(D2,12/24)-MAX(C2,8.5/24)

E2			× ✓ fx	=MIN(D2,12/24)-MAX(C2,8.5/24)		
	A	B	C	D	E	F
1	姓名	日期	签到时间	签退时间	实际加班时间	
2	A001	2020-5-16	9:27:07	12:49:29	2:32:53	
3	A002	2020-5-17	7:27:07	12:50:43	3:30:00	
4	A001	2020-5-23	9:17:54	13:28:30	2:42:06	
5	A002	2020-5-24	8:20:10	11:50:18	3:20:18	
6	A004	2020-5-30	8:53:48	11:47:32	2:53:44	
7	A001	2020-5-31	7:17:43	11:21:44	2:51:44	
8	A002	2020-5-16	8:18:22	12:45:45	3:30:00	
9	A003	2020-5-17	7:18:52	11:47:09	3:17:09	
10	A004	2020-5-23	9:56:02	12:18:13	2:03:58	
11	A005	2020-5-24	7:48:37	13:26:09	3:30:00	
12	A006	2020-5-30	8:57:47	11:26:29	2:28:42	
13	A005	2020-5-16	7:50:58	13:57:23	3:30:00	

图 22-4　计算加班时间

数字的舍入

Excel

　　使用 Excel 计算数据，由于精度的问题，常使得计算结果产生误差；同时，由于单元格格式的影响，使得单元格显示值与实际计算结果并不一样。

　　直接计算的误差，称之为浮点计算误差。一般情况下，这个误差可以使用有关的舍入函数进行处理，例如四舍五入函数 ROUND。

数字的舍入是常见的计算，常用的舍入函数有以下几个。

◎ 四舍五入：ROUND 函数。

◎ 向上舍入：ROUNDUP 函数。

◎ 向下舍入：ROUNDDOWN 函数。

◎ 向上按指定基数的倍数舍入：CEILING、CEILING.MATH 函数。

◎ 向下按指定基数的倍数舍入：FLOOR、FLOOR.MATH 函数。

◎ 按指定基数舍入：MROUND 函数。

◎ 获取除法的整数部分：QUOTIENT 函数。

◎ 获取数字的整数部分：INT 函数。

23.1 | ROUND 函数：普通的四舍五入

ROUND 函数就是把计算结果数字进行四舍五入。用法如下。

=ROUND(数字或表达式 , 小数位数)

举例说明 ROUND 函数的用法，请仔细观察正数和负数在舍入时的区别。

◎ ROUND(3.578931,2) = 3.58。

◎ ROUND(1/3,2) = 0.33。

◎ ROUND(20/3,4) = 6.6667。

◎ ROUND(-20/3,4) = -6.6667。

◎ ROUND(-20/3,0) = -7。

◎ ROUND(-20/3,-1) = -10。

◎ ROUND(20/3,-1) = 10。

23.2 | ROUNDUP 函数：向上舍入

ROUNDUP 函数是朝着远离 0 的方向，将数字向上按照指定的位数舍入。用法如下。

=ROUNDUP(数字或表达式 , 小数位数)

ROUNDUP 函数用法举例说明：

◎ ROUNDUP(2338.5868,2) = 2338.59。

◎ ROUNDUP(2338.5868,0) = 2339。
◎ ROUNDUP(2338.5868,–1) = 2340。
◎ ROUNDUP(2338.5868,–2) = 2400。
◎ ROUNDUP(–2338.5868,2) = –2338.59。
◎ ROUNDUP(–2338.5868,0) = –2339。
◎ ROUNDUP(–2338.5868,–1) = –2340。
◎ ROUNDUP(–2338.5868,–2) = –2400。

例如，在有些城市中，社保金额的计算是"见分进角"，如果计算出的社保金额为 285.82 元，就要处理为 285.9 元。批量处理的公式如下。

= ROUNDUP(285.82,1)

23.3 ROUNDDOWN 函数：向下舍入

ROUNDDOWN 函数是朝着 0 的方向，将数字向下按照指定的位数舍入。用法如下。

=ROUNDDOWN(数字或表达式 , 小数位数)

ROUNDDOWN 函数用法举例说明：
◎ ROUNDDOWN(2338.5868,2) = 2338.58。
◎ ROUNDDOWN(2338.5868,0) = 2338。
◎ ROUNDDOWN(2338.5868,-1) = 2330。
◎ ROUNDDOWN(2338.5868,-2) = 2300。
◎ ROUNDDOWN(–2338.5868,2) = –2338.58。
◎ ROUNDDOWN(–2338.5868,0) = –2338。
◎ ROUNDDOWN(–2338.5868,-1) = –2330。
◎ ROUNDDOWN(–2338.5868,-2) = –2300。

23.4 CEILING、CEILING.MATH 函数：向上按指定基数的倍数舍入

CEILING 函数是将数字向上舍入 (沿绝对值增大的方向) 为最接近的指定基数的倍数。用法如下。

> =CEILING(数字或表达式 , 倍数)

例如，出售商品的价格以 5 角为基本单位，不够 5 角的要向上进位到 5 角。现在计算出折扣后的价格是 357.27 元，要换算成 357.5 元。公式如下。

> =CEILING(357.27,0.5)

CEILING 函数总是沿绝对值增大的方向舍入，因此正负数的舍入方向是不一样的，举例说明：

◎ =CEILING(485.28,0.5)，结果是 485.5。

◎ =CEILING(–485.28,0.5)，结果是 –485。

对于负数来说，如果想控制负数是朝向 0 方向还是远离 0 的方向舍入，可以使用 CEILING.MATH 函数。用法如下。

> =CEILING.MATH(数字或表达式 , 倍数 , 负数的舍入方向)

CEILING.MATH 函数用法举例说明：

◎ =CEILING.MATH(–485.28,0.5,–1)，结果是 –485.5。

◎ =CEILING.MATH(–485.28,0.5,1)，结果是 –485。

◎ =CEILING.MATH(485.28,0.5,1)，结果是 485.5。

23.5 FLOOR、FLOOR.MATH 函数：向下按指定基数的倍数舍入

FLOOR 函数是将数字向下舍入（沿绝对值减小的方向）为最接近的指定基数的倍数。用法如下。

> =FLOOR(数字或表达式 , 倍数)

例如，出售商品的价格以 5 角为基本单位，不够 5 角的舍掉。现在计算出折扣后的价格是 357.77 元，要换算成 357.5 元。公式如下。

> =FLOOR(357.77,0.5)

FLOOR 函数总是沿绝对值减小的方向舍入，因此正负数的舍入方向是不一样的，举例说明：

◎ = FLOOR(485.88,0.5)，结果是 485.5。

◎ = FLOOR(–485.88,0.5)，结果是 –486。

对于负数来说，如果想控制负数是朝向 0 方向还是远离 0 的方向舍入，可以使用 FLOOR. MATH 函数。用法如下。

= FLOOR.MATH(数字或表达式 , 倍数 , 负数的舍入方向)

FLOOR.MATH 函数用法举例说明：

◎ = FLOOR.MATH(–485.88,0.5,–1)，结果是 –485.5。

◎ = FLOOR.MATH(–485.88,0.5,1)，结果是 –485.5。

◎ = FLOOR.MATH(–485.88,0.5,0)，结果是 –486。

23.6 | MROUND 函数：按指定基数舍入

在实际工作中，可能会遇到这样的问题：想把 10 舍入为最接近的 3 的倍数（也就是 9），用哪个函数？ MROUND 函数就可以解决这个问题。该函数的用法如下。

= MROUND(数字或表达式 , 倍数)

MROUND 函数用法举例说明：

◎ =MROUND(10, 3)，结果是 9。

◎ =MROUND(-10, -3)，结果是 -9。

◎ =MROUND(1.3, 0.2)，结果是 1.4。

23.7 | QUOTIENT 函数：获取除法的整数部分

如果有一个除法计算，现在只想要除法的整数部分，可以使用 QUOTIENT 函数。用法如下。

=QUOTIENT(被除数 , 除数)

QUOTIENT 函数用法举例说明：

◎ =QUOTIENT(50,3)，结果是 16。

◎ =QUOTIENT(-50,3)，结果是 –16。

23.8 | INT 函数：获取数字的整数部分

如果要获取一个有小数点的数字的整数部分，可以用 INT 函数。INT 函数就是将数字向下舍入到最接近的整数。用法如下。

=INT(数字)

INT 函数用法举例说明：

◎ =INT(359.285)，结果是 359。

◎ =INT(–359.285)，结果是 –360。

如果结果是正数，直接抓取整数部分；如果结果是负数，则会朝着远离 0 的方向将数字舍入到整数。

23.9 | 应用案例

介绍了舍入函数的基本语法和简单案例后，下面介绍舍入函数几个常见的应用案例。

23.9.1 解决小数点误差

案例 23-1

在如图 23-1 所示的预付账款表中，根据计算出的余额判断借贷方向，但是阴影区域的判断是错误的，因为这里的数字并不是 0，而是一个很小的负数。

例如，单元格 J9 的值是 –4.65661287307739E–10。

A B C D	E	F	G	H	I	J
1		预付账款（其他应收款）				
2				金额单位：	人民币元（填至角分）	
3 发生期间						
4 2020 凭证	摘要	对方科目	借方金额	贷方金额	方	余额
5 月 日 种类 号数					向	
6 1 21 21 付款	银行存款		1,500,000.00	0.00	借	1,500,000.00
7 1 22 21 来票	开发成本		0.00	2,796,086.54	贷	-1,296,086.54
8 2 27 2 来票	开发成本		0.00	2,110,322.22	贷	-3,406,408.76
9 2 27 2 付款	银行存款		3,406,408.76	0.00	贷	0.00
10 3 7 38 付款	银行存款		1,158,297.00		借	1,158,297.00
11 4 8 5 来票	开发成本			1,575,469.89	贷	-417,172.89
12 4 11 17 付款	银行存款		417,172.89		贷	0.00
13 4 23 1 来票	开发成本			643,935.79	贷	-643,935.79
14 5 7 1 付款	银行存款		643,935.79		贷	0.00
15		小计	7,125,814.44	7,125,814.44		
16						

图 23-1 计算误差导致判断错误

解决这个问题很简单，使用 ROUND 函数四舍五入即可。单元格 J7 公式被修改如下，并往下复制。

$$=ROUND(J6+G7-H7,2)$$

这样，就得到了正确的判断结果，如图 23-2 所示。

	A	B	C	D	E	F	G	H	I	J
1					预付账款（其他应收款）					
2							金额单位：	人民币元（填至角分）		
3	发生期间									
4	2020		凭证		摘要	对方科目	借方金额	贷方金额	方向	余额
5	月	日	种类	号数						
6	1	21		21	付款	银行存款	1,500,000.00	0.00	借	1,500,000.00
7	1	22		21	来票	开发成本	0.00	2,796,086.54	贷	-1,296,086.54
8	2	27		2	来票	开发成本	0.00	2,110,322.22	贷	-3,406,408.76
9	2	27		2	付款	银行存款	3,406,408.76	0.00	平	0.00
10	3	7		38	付款	银行存款	1,158,297.00		借	1,158,297.00
11	4	8		5	来票	开发成本		1,575,469.89	贷	-417,172.89
12	4	11		17	付款	银行存款	417,172.89		平	0.00
13	4	23		1	来票	开发成本		643,935.79	贷	-643,935.79
14	5	7		1	付款	银行存款	643,935.79		平	0.00
15					小计		7,125,814.44	7,125,814.44		
16										

图 23-2　用 ROUND 函数处理误差，得到正确结果

23.9.2　加班时间不满 30 分钟不计，满 30 分钟算半小时

案例 23-2

图 23-3 所示是一个加班工作表，现在要计算加班时间。规定加班时间不满 30 分钟不计，满 30 分钟算半小时。

D 列是以时间格式表示的加班时间，D2 公式如下。

$$=FLOOR(C2-B2,30/60/24)$$

E 列是以小时表示的加班时间，E2 公式如下。

$$=FLOOR((C2-B2)*24,0.5)$$

D2		× ✓ fx	=FLOOR(C2-B2,30/60/24)	
	A	B	C	D	E
1	姓名	开始时间	结束时间	加班时间（时间表示）	加班时间（小时）
2	A001	18:56	19:10	0:00	0
3	A002	18:56	21:45	2:30	2.5
4	A003	20:42	23:49	3:00	3
5	A004	19:28	23:12	3:30	3.5
6	A005	19:55	21:43	1:30	1.5
7					

图 23-3　计算加班时间

23.9.3　设置条件格式，每隔一行标识颜色

案例 23-3

如图 23-4 所示，对单元格设置条件格式，偶数行表示为浅黄色。

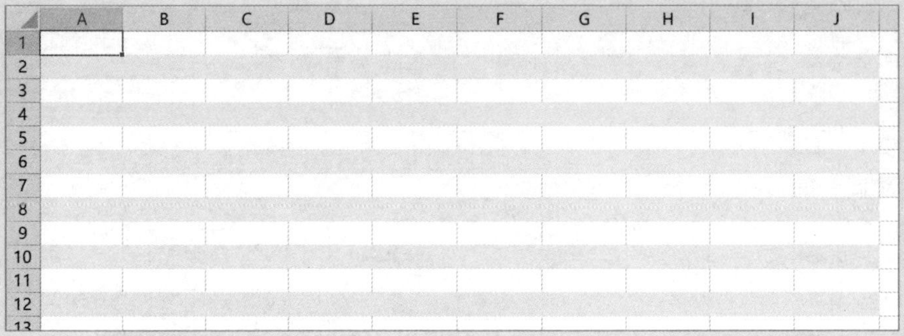

图 23-4　偶数行标识颜色

这是通过设置条件格式来解决的。选择要表示颜色的列，打开"新建格式规则"对话框，设置如下的条件格式公式，如图 23-5 所示，即可完成颜色的标识。

$$=MOD(ROW(),2)=0$$

图 23-5　设置条件格式

第24章

数据预测

Excel

　　对一个企业来说，最关心的并不是过去，也不是现在，而是将来会发生什么，这就需要根据历史数据，对未来的趋势进行预测。

预测包括线性预测和非线性预测，Excel 也提供了一些与数据预测相关的函数，包括以下几个。

◎ 相关分析：CORREL 函数。

◎ 线性预测：INTERCEPT、SLOPE、FORECAST、LINEST 函数。

◎ 指数预测：GROWTH、LOGEST 函数。

24.1 一元线性预测

一元线性预测的方程如下。

$$y=a+bx$$

通过对历史数据进行拟合分析，得出相关系数、方程系数，从而可以对未来进行预测。

案例 24-1

在如图 24-1 所示的表格中，左侧是 2019 年各月的销售量与销售成本的数据汇总，现在已经对 2020 年各月的销售量进行了估计，要求对每个月的销售成本进行预测。

首先对 2019 年数据绘制 XY 散点图，观察销售成本与销售量的关系。图表绘制后，添加趋势线，并显示方程和 R^2，如图 24-2 所示。可以看出，销售成本与销售量呈显著的线性相关，因此可以使用相关的函数进行预测计算。

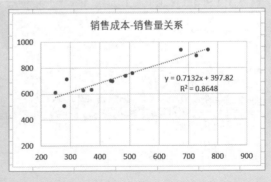

▲	A	B	C	D	E	F	G
1	2019年月度统计				2020年预测		
2	月份	销售量	销售成本		月份	预计销售量	成本预测
3	1月	438	701		1月	624	
4	2月	249	609		2月	900	
5	3月	343	625		3月	834	
6	4月	372	631		4月	1006	
7	5月	443	698		5月	987	
8	6月	288	714		6月	890	
9	7月	486	736		7月	905	
10	8月	509	756		8月	936	
11	9月	673	938		9月	1105	
12	10月	726	894		10月	851	
13	11月	279	508		11月	1034	
14	12月	766	938		12月	992	
15							

图 24-1　历史数据与预测数据　　　　　图 24-2　对 2019 年数据绘制 XY 散点图

（1）CORREL 函数，用于计算两组数的相关系数（R）。用法如下。

=CORREL(数组 1, 数组 2)

（2）INTERCEPT 函数，用于计算线性方程的斜率，也就是系数 *a*。用法如下。

=INTERCEPT(因变量 *y* 数组 , 自变量 *x* 数组)

（3）SLOPE 函数，用于计算线性方程的斜率，也就是系数 *b*。用法如下。

=SLOPE(因变量 *y* 数组 , 自变量 *x* 数组)

（4）FORECAST 函数，用于计算线性方程的预测值。用法如下。

= FORECAST(未来的自变量估计值 , 因变量 *y* 数组 , 自变量 *x* 数组)

（5）STDEVA 函数，用于计算标准差，以了解预测偏差。用法如下。

=STDEVA(数组 1, 数组 2, 数组 3,...)

这样设计预测表格后，各单元格的公式如下。
单元格 J2：

=CORREL(B3:B14,C3:C14)

单元格 J3：

=INTERCEPT(C3:C14,B3:B14)

单元格 J4：

=SLOPE(C3:C14,B3:B14)

单元格 J5：

=STDEVA(C3:C14)

单元格 G3：

=FORECAST(F3,$C$3:$C$14,$B$3:$B$14)

或者

=$J$3+$J$4*F3

2020 年销售成本预测的计算结果如图 24-3 所示。

图 24-3　2020 年销售成本预测的计算结果

24.2 | 多元线性预测

多元线性预测的方程如下。

$$y=a+b_1x_1+b_2x_2+b_3x_3+b_4x_4+\cdots$$

多元线性预测要使用 LINEST 函数。其用法如下。

=LINEST(因变量 y 数组, 自变量 x 数组, 是否要常数 a, 是否返回附加回归统计值)

案例 24-2

图 24-4 所示是历年销售量与居民收入和广告投放的数据，现在要建立一个预测方程，并预测 2020 年销售量。

根据历史经验，假设预测模型如下。

销售量 $= b_1 \times$ 居民收入 $+ b_2 \times$ 广告投放

选择单元格区域 F9:G11，输入以下数组公式，就得到回归结果，如图 24-5 所示。

=LINEST($B$3:$B$15,$C$3:$D$15,0,1)

图 24-4　历史数据

	A	B	C	D	E	F	G	H	I	J
1	历年数据统计					预计				
2	年份	销售量	居民收入	广告投放		年份	2020年			
3	2005年	293	38	24		居民收入	482		相关系数	0.9928
4	2006年	399	65	76		广告投放	358		系数2	3.2377
5	2007年	496	108	123		销售量预测	2446		系数1	2.6694
6	2008年	639	78	54						
7	2009年	588	98	113						
8	2010年	815	110	93		回归结果:				
9	2011年	652	102	128		3.2377	2.6694			
10	2012年	792	139	159		1.0611	0.8115			
11	2013年	947	196	131		0.9857	139.9600			
12	2014年	1048	183	165						
13	2015年	1258	286	198						
14	2016年	1288	335	174						
15	2017年	1599	294	211						
16	2018年	1798	327	257						
17	2019年	1953	369	283						

图 24-5　多元线性回归

然后从这个回归数据区域中提取必要的参数。

单元格 J2 计算相关系数:

=SQRT(F11)

单元格 J3 计算系数 2:

=F9

单元格 J4 计算系数 1:

=G9

这样，就可以计算 2020 年的预测销售量了，单元格 G5 公式如下。

=J5*G3+J4*G4

24.3 | 指数预测

指数预测方程如下。

$$y = b \cdot m^x$$

指数预测可以使用 GROWTH、LOGEST 函数。

GROWTH 函数的语法如下。

= GROWTH(因变量 *y* 数组 , 自变量 *x* 数组 , 自变量预估值 , 逻辑值)

案例 24-3

图 24-6 所示为销售量与销售成本的历史数据，现在要求预测销售成本。本案例采用指数预测。
单元格 E3 的预测公式如下。

=GROWTH(B2:B10,A2:A10,E2)

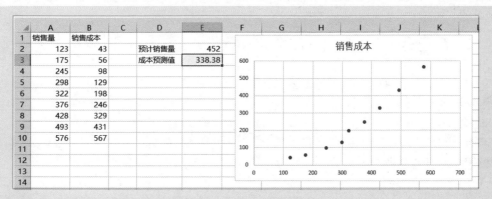

图 24-6　指数预测

数据特殊处理

Excel

在数据处理的实际工作中，还会遇到需要对数据进行特殊处理的问题。例如，看似正常的单元格数据却无法进行加减运算；绘制折线图时，没有数据的单元格被绘制在了横轴上。诸如此类的问题，可以使用有关函数来解决。

25.1 | N 函数：将不能计算的数据转换为能计算的值

案例 25-1

如图 25-1 所示，阴影单元格的值是公式得到的空字符串（如 =""），此时对单元格直接相加就会出现错误值，但使用 SUM 函数却不影响。

E2		× ✓ fx	=A2+B2+C2		
	A	B	C	D	E	F
1	数据1	数据2	数据3		直接相加	使用SUM
2	10	11	22		43	43
3	20		12		#VALUE!	32
4		31	32		#VALUE!	63
5	30	41	42		113	113
6	40	51	52		143	143
7						

图 25-1　空字符串单元格不能直接进行加减乘除运算

为何会出现错误值呢？这是因为看起来是空的单元格，实际上并不是空单元格，而是零长度的文本字符。文本字符当然不能进行加减乘除运算。

如果必须使用加减乘除运算来计算（如资金收入、支出和余额的计算），那么就需要使用 N 函数。N 函数用于将不能计算的数据转换为可以计算的值。用法如下。

=N(要转换的值)

不同情况下的值，会得到不同的转换结果，如下所示。

◎ 数字：仍然为数字。

◎ 日期：日期序列号。

◎ 文本：数字 0。

◎ 逻辑值 TRUE：数字 1。

◎ 逻辑值 FALSE：数字 0。

本案例中需要将 E2 的公式修改为如下的情形，才能得到正确的结果。

=N(A2)+N(B2)+N(C2)

使用 N 函数处理后，得到了正确的结果，如图 25-2 所示。

E2		▼	:	×	✓	fx	=N(A2)+N(B2)+N(C2)	

	A	B	C	D	E	F
1	数据1	数据2	数据3		直接相加	使用SUM
2	10	11	22		43	43
3	20		12		32	32
4		31	32		63	63
5	30	41	42		113	113
6	40	51	52		143	143

图 25-2　使用 N 函数转换数据

25.2 │ NA 函数：绘制折线图时很有用

案例 25-2

图 25-3 所示的表格的左侧是一个从源数据工作表汇总过来的数据，当公式出现错误值时，单元格被处理为了空值（就是零长度字符串 ""）。此时绘制折线图，图表就不正确了。

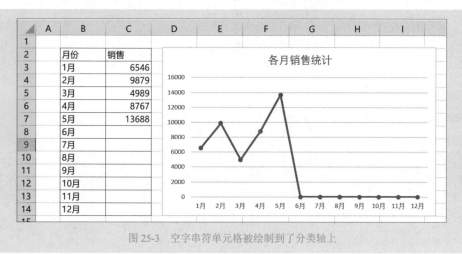

图 25-3　空字符串单元格被绘制到了分类轴上

那么，如何处理这样的问题呢？使用错误值 #N/A 即可。不过，要得到这样的错误值，需要使用 NA 函数。其用法如下。

=NA()

设计辅助列，对空单元格用 NA 函数输入错误值 #N/A。公式如下。

=IF(C3="",NA(),C3)

通过 NA 函数，将原本的错误值还原为 #N/A，然后绘制折线图，即可得到正确的折线图，如图 25-4 所示。

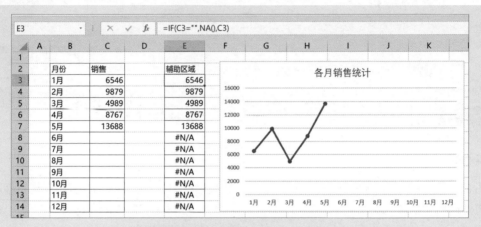

图 25-4　用 NA 函数输入错误值 #N/A，绘制正确折线图

财务基本计算

Excel 提供了 50 多个财务函数，包括资金时间价值计算、债券计算、投资计算、利率计算、本息偿还、折旧计算等。这些函数对于企业财务管理工作者的日常数据处理用途不大，但是对于解决诸如投资决策、本息偿还、固定资产折旧等问题非常有用。

26.1 资金时间价值计算

在资金时间价值计算中，常见的是现值计算和终值计算，分别使用 PV 函数和 FV 函数实现。

PV 函数用于根据固定利率计算贷款或投资的现值，FV 函数用于根据固定利率计算投资的终值。其用法如下。

> =PV(各期利率 , 总投资或贷款期数 , 各期的投资或贷款额 , 终值 ,0 或 1)
> =FV(各期利率 , 总投资或贷款期数 , 各期的投资或贷款额 , 现值 ,0 或 1)

这里 0 或省略表示期末，1 表示期初。

例如，约定年利率为 6%，期限为 20 年，每个月的月初希望能够得到 8000 元的收入，那么现在应该一次性投资多少元？

计算公式如下，结果为 –1122229.40，也就是现在应投资 1122229.40 元。

> =PV(6%/12,20*12,8000,,1)

又如，约定年利率为 6%，期限为 20 年，从现在开始，每个月的月初投资为 8000 元，那么 20 年后的资金变为了多少元？

计算公式如下，结果为 3714808.80，也就是 20 年后可以一次性拿到 3714808.80 元。

> =FV(6%/12,20*12,-8000,,1)

26.2 利率计算

利率计算，就是在给定了初始投资（贷款）、各个投资（收益）、最终价值后，计算各期利率。例如，今天投入资金 20 万元，并在 10 年内的每个月初投资 2000 元，期望能在 10 年后得到总账面价值 100 万元，那么预期的年利率是多少？

这个问题可以使用 RATE 函数来计算。RATE 函数的用法如下。

> =RATE(总期数 , 每月投资或收益 , 当前投资或贷款 , 终值 ,0 或 1)

本问题的公式如下。

> =RATE(10*12,-2000,-200000,1000000,1)*12

结果为 10.57%。

使用这个函数时，要注意区分投资和收益数字的输入：收益为正数，投资为负数。

例如，接收到这样的一个短信："你本月的信用卡应还 8573.41 元，建议分 12 个月还款，每期还款 714.45 元，每个月手续费仅仅 32.56 元。"

这个分期还款额内含实际年利率是多少？下面的公式一目了然。

=12*RATE(12,-(32.56+714.45),8573.41)

结果年利率为 8.31%。

26.3 贷款本息偿还

小王要贷款买房，采用等额本息法还本付息，贷款 30 万元，期限是 20 年，年利率是 5.11%，从 2017 年 10 月 1 日起，每月初还款，那么小王每个月的月供是多少元？

在等额本息还款方式的计算中，常用的有 3 个函数：PMT、IPMT、PPMT。

PMT 函数用于计算各期的本息偿还额，也就是月供。其用法如下。

=PMT(各期利率 , 总贷款期数 , 贷款额 , 终值 ,0 或 1)

IPMT 函数用于计算各期的偿还利息额。其用法如下。

=IPMT(各期利率 , 期次 , 总贷款期数 , 贷款额 , 终值 ,0 或 1)

PPMT 函数用于计算各期的偿还本金额。其用法如下。

=PPMT(各期利率 , 期次 , 总贷款期数 , 贷款额 , 终值 ,0 或 1)

针对小王的问题，计算出的月供是 1989.67 元，计算公式如下。

=PMT(5.11%/12,20*12,300000,,1)

也可以使用上面的 3 个函数制作还款计划表，以做到心中有数，如图 26-1 所示。感兴趣的读者还可以自己动手设计一个贷款偿还表格。

	A	B	C	D	E
1	期数	还款日	每月还款额	每月利息额	每月本金额
2	1	2017-10-1	1,989.67	-	1,989.67
3	2	2017-11-1	1,989.67	1,269.03	720.64
4	3	2017-12-1	1,989.67	1,265.96	723.71
5	4	2018-1-1	1,989.67	1,262.88	726.79
6	5	2018-2-1	1,989.67	1,259.78	729.89
7	6	2018-3-1	1,989.67	1,256.67	733.00
8	7	2018-4-1	1,989.67	1,253.55	736.12
9	8	2018-5-1	1,989.67	1,250.42	739.25
233	232	2037-1-1	1,989.67	74.66	1,915.01
234	233	2037-2-1	1,989.67	66.50	1,923.17
235	234	2037-3-1	1,989.67	58.31	1,931.36
236	235	2037-4-1	1,989.67	50.09	1,939.58
237	236	2037-5-1	1,989.67	41.83	1,947.84
238	237	2037-6-1	1,989.67	33.53	1,956.14
239	238	2037-7-1	1,989.67	25.20	1,964.47
240	239	2037-8-1	1,989.67	16.84	1,972.83
241	240	2037-9-1	1,989.67	8.44	1,981.23

图 26-1　还款计划表

26.4 期限计算

如果给定了利率、现值或终值，以及每期等额分付的金额，就可以计算出每期利率，此时可以使用 NPER 函数。其用法如下。

=NPER(利率 , 每期等付金额 , 现值 , 终值 ,0 或 1)

例如，现在银行账户余额为 10 万元，预计每月初往账户存入 2000 元，按复利计息，年利率为 3.85%，期望若干年后账户金额达到 100 万元，那么需要连续存多少年或者多少个月呢？

计算公式如下。

=NPER(3.85%/12,-2000,100000,1000000,1)

计算结果是 352.58 个月，取整，则应连续存 353 个月，也就是 29 年零 5 个月。

26.5 折旧计算

固定资产折旧，是固定资产由于使用耗损、自然侵蚀、科技进步和劳动生产率提高所引起的价值损耗。决定固定资产折旧的基本因素有：固定资产原始价值、固定资产报废的残值和清理费用、固定资产的经济寿命及折旧计算方法。

（1）固定资产原始价值也称为折旧基数。计提折旧是以固定资产账面原值为依据，原值大小决定了每期计提折旧的数额。

（2）净残值等于固定资产处置时回收的价款减去清理费用的余额。

（3）固定资产的经济寿命即固定资产的折旧年限，决定了每期固定资产折旧数额的相对数。

（4）固定资产的折旧计算方法决定了每期折旧额的分布情况，同时也影响每期应缴纳所得税的情况。常用的折旧方法有平均年限法（又称直线法）、工作量法、余额递减法和年数总和法。

在 Excel 中，计算固定资产的函数有：SLN、DDB、SYD。

SLN 函数用于直线法折旧计算。其用法如下。

=SLN(原值 , 残值 , 使用寿命)

DDB 函数用于余额递减法计算折旧。其用法如下。

=DDB(原值 , 残值 , 使用寿命 , 期次 , 余额递减速率)

SYD 函数是利用年数总和法计算折旧。其用法如下。

=SLN(原值 , 残值 , 使用寿命 , 期次)

例如，固定资产原值是 24000 元，残值为 3000 元，使用年限为 10 年，则使用上述函数计算的折旧如图 26-2 所示。

	A	B	C	D	E	F	G	H	I	J	K
1	固定资产原值	24,000.00									
2	残值	3,000.00									
3	使用寿命(年)	10									
4											
5	期次	1	2	3	4	5	6	7	8	9	10
6	SLN	2,100.00	2,100.00	2,100.00	2,100.00	2,100.00	2,100.00	2,100.00	2,100.00	2,100.00	2,100.00
7	DDB	4,800.00	3,840.00	3,072.00	2,457.60	1,966.08	1,572.86	1,258.29	1,006.63	805.31	221.23
8	SYD	3,818.18	3,436.36	3,054.55	2,672.73	2,290.91	1,909.09	1,527.27	1,145.45	763.64	381.82
9											

图 26-2　固定资产折旧计算

单元格 B6 计算公式如下。

=SLN($B$1,$B$2,$B$3)

单元格 B7 计算公式如下。

=DDB($B$1,$B$2,$B$3,B5,2)

单元格 B8 计算公式如下。

=SYD($B$1,$B$2,$B$3,B5)

26.6 | 固定资产投资计算

固定资产投资首先要预测各期的现金流，然后计算净现值和内部收益率，这两个指标分别使用 NPV 函数和 IRR 函数来计算。其使用方法分别如下。

=NPV(贴现率或投资报酬率, 净现金流序列)

=IRR(净现金流序列, 内部报酬率的预估值)

如图 26-3 所示，现在要在下表中计算净现值和内部报酬率。

	A	B	C	D	E	F	G	H	I	J	K	L
1		初始投资	第1年	第2年	第3年	第4年	第5年	第6年	第7年	第8年	第9年	第10年
2	净现金流量	(3000000)	904817	745965	874675	996386	783800	744122	955202	938511	833994	973865
3												
4	要求的投资报酬率	15%										
5												
6	净现值	1,350,740.05										
7	内部报酬率	25.90%										

图 26-3　净现值和内部报酬率

净现值计算公式如下。

=NPV(B4,C2:L2)+B2

内部报酬率计算公式如下。

=IRR(B2:L2)

📢注意：在计算净现值时，初始投资（即第 0 年的投资）不能作为 NPV 函数的参数，因为它就是现在时刻的价值，不需要往前贴现计算。

第27章

获取工作簿和工作表基本信息

Excel

当经常使用 Excel 处理日常工作或学习时，计算机中保存的 Excel 工作簿文件及文件夹会不断增加，那么如何快速找到所需的工作簿呢？工作表较多时，可以将工作表名称保存下来以作备用，那么如何获取当前工作表名称呢？

诸如此类的问题，使用 CELL 函数即可解决。

27.1 CELL 函数：获取当前工作簿属性信息

CELL 函数的最大用途是获取当前工作簿的属性信息，例如路径、工作簿名称、工作表名称，从而可以建立特殊的数据汇总分析模型。

27.1.1 获取工作簿文件信息

顾名思义，CELL 就是单元格的意思，CELL 函数是获取单元格及文档的信息。其用法如下。

=CELL(信息类型字符串 , 单元格)

如果把该函数的第一个参数设置为 **"filename"**，就会得到该文件的路径、工作簿名称以及当前活动工作表名称。

图 **27-1** 所示就是利用 CELL 函数获得的当前文件信息（仅供参考）。公式如下。

=CELL("filename",$A$1)

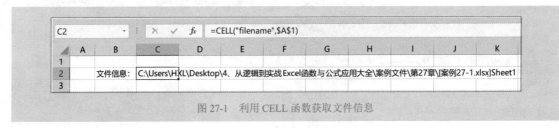

图 27-1　利用 CELL 函数获取文件信息

在这个公式中得到的字符串含有以下信息。

（1）文件夹路径。

（2）工作簿名称。

（3）工作表名称。

27.1.2 获取工作簿路径

工作簿路径是 CELL 函数结果字符串中方括号 "**[**" 前面的部分内容，因此获取工作簿路径可以配合使用 FIND 函数和 LEFT 函数。其公式如下。

```
=LEFT(CELL("filename",$A$1),FIND("[",CELL("filename",$A$1))-1)
```

图 27-2 所示是以上公式的结果，获得了"["前的工作簿路径信息。

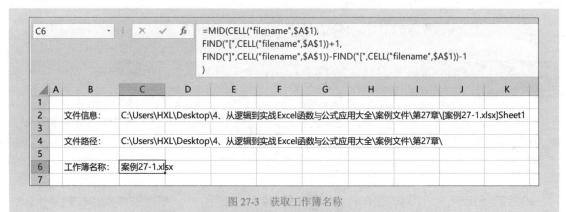

图 27-2　获取工作簿路径

27.1.3　获取工作簿名称

工作簿名称在两个方括号"["和"]"之间，因此获取工作簿名称的公式如下。

```
=MID(CELL("filename",$A$1),
     FIND("[",CELL("filename",$A$1))+1,
     FIND("]",CELL("filename",$A$1))-FIND("[",CELL("filename",$A$1))-1
     )
```

图 27-3 所示为以上公式的计算结果，获取了工作簿名称。

C6		× ✓ fx	=MID(CELL("filename",$A$1), FIND("[",CELL("filename",$A$1))+1, FIND("]",CELL("filename",$A$1))-FIND("[",CELL("filename",$A$1))-1)							
	A	B	C	D	E	F	G	H	I	J	K
1											
2		文件信息：	C:\Users\HXL\Desktop\4、从逻辑到实战Excel函数与公式应用大全\案例文件\第27章\[案例27-1.xlsx]Sheet1								
3											
4		文件路径：	C:\Users\HXL\Desktop\4、从逻辑到实战Excel函数与公式应用大全\案例文件\第27章\								
5											
6		工作簿名称：	案例27-1.xlsx								
7											

图 27-3　获取工作簿名称

27.1.4 获取当前工作表名称

当前工作表名称是在文件信息字符串的最后，其前面是方括号"]"，因此，获取当前工作表名称的公式如下。

=MID(CELL("filename",$A$1),FIND("]",CELL("filename",$A$1))+1,100)

这个公式的基本逻辑：首先利用 FIND 函数从 CELL("filename",$A$1) 的结果字符串中查找方括号"]"的位置，然后再用 MID 函数把方括号"]"右边的所有字符取出来。

图 27-4 所示为获取的工作表名称。

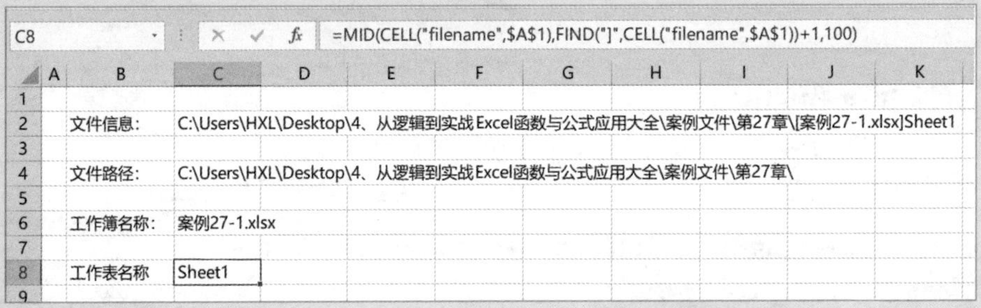

图 27-4 获取的工作表名称

本小节的公式极其有用，因为它能自动得到当前工作表的名称，而在每个工作表中，公式是一模一样的。

可以想一想，在实际数据处理中，这个公式还能解决什么样的问题？

27.2 应用案例：设计动态累计汇总公式

利用 CELL 函数取出当前工作表名称，再构建上一个工作表名称及上一个工作表引用字符串，然后利用 INDIRECT 函数进行间接引用，就可以实现工作表的累计求和。

案例 27-1

如图 27-5 所示，每个月的工作表名称是 1 月、2 月、3 月……，每个工作表的 C 列是计算截至该月的累计数，也就是上月 C 列累计数加上本月数。此时，从 2 月开始，C 列的公式就是通用的了，单元格 C2 公式如下。

=B2+INDIRECT(SUBSTITUTE(MID(CELL("filename"),$A$1),FIND("]",

CELL("filename"))+1,100)," 月 ","")-1&" 月 !C"&ROW())

	A	B	C	D	E	F
1	项目	当月数	累计数			
2	项目01	169	366			
3	项目02	167	349			
4	项目03	149	244			
5	项目04	177	288			
6	项目05	19	103			
7	项目06	123	287			
8	项目07	73	113			
9	项目08	72	82			
10	项目09	198	314			
11						

1月 | 2月 | 3月 | 4月 | ⊕

图 27-5 月度工作表滚动累计计算

这个公式的逻辑原理如下所示。

（1）用 CELL 函数取出工作簿基本信息。

（2）用文本函数取出当前工作表名称。

（3）用 SUBSTITUTE 函数将工作表名称中的文字"月"去掉，得到月份数字。

（4）将月份数字减 1，再连接一个汉字"月"，就得到上个月工作表名称。

（5）构建上个月工作表的引用字符串，并用 INDIRECT 函数进行转换。

（6）将上个月累计数加本月数字，即得本月累计数。

第28章

利用简单的 VBA
创建函数

Excel

有些复杂的数据计算，如果要使用函数，可能要创建很长的、逻辑复杂的嵌套公式，因而容易出错，也影响计算速度。

如果学习了 VBA 知识，就可以自己编程和设计函数，这样就可以很方便地调用这些函数进行复杂的计算。

本节不介绍宏的知识，也不介绍 VBA 语法，仅为大家提供编写自定义函数的基本概念，同时介绍几个实用的自定义函数，以及调用自定义函数的方法。

28.1 调用自定义函数的方法

调用自定义函数并不复杂，单击"插入函数"按钮 fx，打开"插入函数"对话框，从"或选择类别"下拉列表中选择"用户定义"选项，如图 28-1 所示。然后在"选择函数"列表框中选择某个自定义函数，如图 28-2 所示，就打开了该函数的"函数参数"对话框，最后输入相应的函数参数。

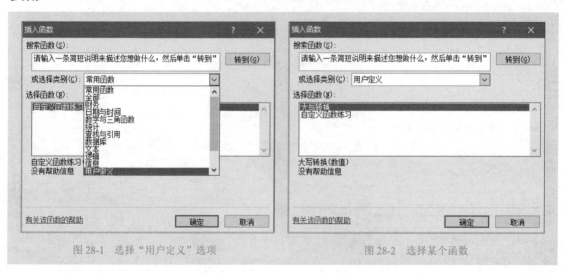

图 28-1　选择"用户定义"选项　　　　图 28-2　选择某个函数

28.2 自定义函数的语法规则

如果在本工作簿中使用 VBA 编写了自定义函数，那么一定要把本工作簿保存在"Excel 启用宏的工作簿"，其扩展名是".xlsm"。

自定义函数要保存在模块中。打开"文件"选项卡，选择"选项"选项卡；打开"Excel 选项"对话框，选择"自定义功能区"，在右侧主选项卡下勾选"开发工具"复选框，这时即可在菜单栏中看到"开发工具"选项卡。执行"开发工具"→ Visual Basic 命令，打开 VBA 窗口，在 VBA 窗口中执行"插入"→"模块"命令，即可建立一个模块。默认情况下，新建模块的模块名依次为模块 1、模块 2 等。

　　然后在某个模块窗口（也就是程序代码窗口）中编写程序代码，如图 28-3 所示。

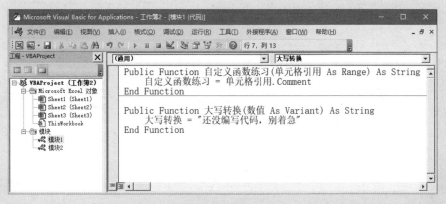

图 28-3　程序代码窗口

自定义函数的代码结构如下。

Function 函数名 (参数 1, 参数 2,...)[As Type]
　　...(程序代码)
　　函数名 = 表达式
End Function

28.3 | 实用的自定义函数：大写金额

下面是金额数字转换为中文大写的自定义函数代码。

```
Public Function 中文大写 ( 数字 As Currency) As String
    Dim A As Variant, b As Integer, c As Integer
    Dim q(1 To 9) As String, s1 As Variant
    q(1) = " 壹 ": q(2) = " 贰 ": q(3) = " 叁 ": q(4) = " 肆 "
    q(5) = " 伍 ": q(6) = " 陆 ": q(7) = " 柒 ": q(8) = " 捌 ": q(9) = " 玖 "
    A = Int( 数字 )
    b = Val(Mid(Str( 数字 ), InStr(1, Str( 数字 ), ".") + 1, 1))
    c = Val(Right(Application.Text(Str( 数字 * 100), "0"), 1))
    s1 = Application.Text(A, "[DBNum2]")
    If A = 0 Then
```

```
        If b = 0 Then
            If c = 0 Then
                中文大写 = "": Exit Function
            Else
                中文大写 = q(c) & " 分 ": Exit Function
            End If
        ElseIf c = 0 Then
                中文大写 = q(b) & " 角整 ": Exit Function
        Else
                中文大写 = q(b) & " 角 " & q(c) & " 分 ": Exit Function
        End If
        ElseIf b = 0 Then
            If c = 0 Then
                中文大写 = s1 & " 元整 ": Exit Function
            Else
                中文大写 = s1 & " 元零 " & q(c) & " 分 ": Exit Function
            End If
        ElseIf c = 0 Then
            中文大写 = s1 & " 元 " & q(b) & " 角整 ": Exit Function
        Else
            中文大写 = s1 & " 元 " & q(b) & " 角 " & q(c) & " 分 ": Exit Function
        End If
End Function
```

图 28-4 就是这个函数的使用示例。

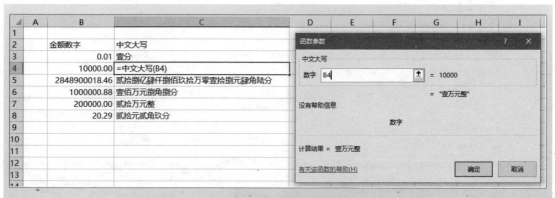

图 28-4　金额数字转换为中文大写